Balth. Neumann

Wilfried Hansmann

Balthasar Neumann

Fotografien von

Florian Monheim

DUMONT

Balthasar Neumann. Gemälde von Marcus Friedrich Kleinert, 1727. Würzburg, Mainfränkisches Museum

Inhalt

Vorwort

Balthasar Neumann zählt zu den Großen unter den Baumeistern des 18. Jahrhunderts, ohne ihn würde es der Kunst des Barock an Glanzpunkten fehlen. Die Würzburger Residenz, ihr Treppenhaus und ihre Hofkirche, die Treppenhäuser der Schlösser in Bruchsal und Brühl, die Wallfahrtskirche Vierzehnheiligen, die Benediktinerabteikirche Neresheim, das Würzburger Käppele: Dies sind Inbegriffe für die Großartigkeit der Architektur jener Epoche. Neumann schuf mit Bauwerken wie diesen Weltarchitektur. Zu Recht hat die UNESCO bereits zwei der Anlagen, die Neumann maßgeblich mitgestaltete, in die Liste des Weltkulturerbes aufgenommen: die Residenz in Würzburg und Schloß Augustusburg zu Brühl.

Seit der Pionierarbeit über Neumann von Joseph Keller 1896 ist die wissenschaftliche Beschäftigung mit diesem Baumeister nie erloschen, wenn auch dessen Bedeutung zeitweise umstritten war. Die Forschung – insbesondere seit den 1950er Jahren und kulminierend im »Neumann-Jahr« 1987 anläßlich des 300. Geburtstages – hat Neumanns Persönlichkeit immer schärfer gezeichnet, seine Schöpfungen immer genauer zu verstehen gesucht. Das Hauptinteresse galt hierbei Neumanns hoher Kunst der Raumgestaltung.

Vorliegendes Werk versteht sich als eine biographisch-monographische Studie, die den Menschen und Künstler Neumann in schwerpunktartig gewählten Themen lebendig werden läßt. Hauptquellen hierfür sind die Briefe des Baumeisters und andere Schriftzeugnisse. Die Bedingungen seines vielfältigen Wirkens, die Wünsche seiner Auftraggeber oder Einblicke in seine Arbeitsweise gehören ebenso zu den Themen dieses Buches wie die analysierende Beschreibung der Bauwerke und die Frage nach den Gestaltungsprinzipien dieses Architekten. Neue Farbfotografien in zumeist noch nie gezeigten Perspektiven ermuntern zum Erleben der Bauwerke und Raumwunder Neumanns vor Ort.

Großer Dank gebührt den Pfarrämtern, Konventen und Schlösserverwaltungen, die alle Bitten um Neuaufnahmen Neumannscher Räume erfüllten und hierbei jede nur denkbare Unterstützung gewährten. Herr Klaus Endemann, München, Herr Prof. Dr. Georg Satzinger, Bonn, Herr stud. phil. Martin Stumpf, Rheinbach, und Herr Prof. Dr. Ludwig Wamser, München, förderten dieses Werk durch Hinweise und Hilfe bei der Beschaffung von Bildmaterial. Hierfür sei nicht minder herzlich gedankt.

»KEINE ZEIT WERDTE NICHT VERGEBLICH ZU BRINGEN«

Jugend und Aufstieg

Das früheste Lebenszeugnis Balthasar Neumanns ist eine Eintragung im Taufbuch 1684–1707 des Erzdekanalamtes zu St. Niklas im böhmischen Eger unter dem 30. Januar 1687. Der Tag, an dem der Knabe in dieser Stadt zur Welt kommt, ist nicht verbürgt. Da ortsüblich katholische Eltern ihre Kinder drei Tage nach der Geburt zur Taufe tragen, könnte Neumann am 27. Januar 1687 geboren sein. Balthasar ist das siebte von neun Kindern – drei Mädchen, sechs Jungen[1] – des Tuchmachers Hans Christoph Neumann in der Schiffgasse. Die Neumanns lassen sich bis ins frühe 16. Jahrhundert als Tuchmacher in Eger zurückverfolgen. 1672 heiratet Hans Christoph Neumann (gest. 1713) Rosina Grassold (gest. 1707). Sie entstammt ebenfalls einer Tuchmacherfamilie in Eger. Im gleichen Jahr überschreibt Esther, die Witwe des Andreas Neumann, ihrem Sohn Hans Christoph das Haus in der Schiffgasse an der Stadtmauer nahe der Niklaskirche. Er wird es 1704 wegen Überschuldung veräußern. Nach dem großen Stadtbrand 1809 ersetzt man Neumanns Geburtshaus durch einen Neubau.

Balthasar Neumann wächst in wirtschaftlich bescheidenen Verhältnissen auf. Das einst blühende Tuchmachergewerbe in Eger hat sich nach dem Dreißigjährigen Krieg nicht erholen können. Neumann weist später einmal auf die Armut seiner Eltern und Verwandten hin. Um 1700 beginnt er, bei seinem Paten Balthasar Platzer das Handwerk eines Glocken- und Geschützgießers zu erlernen. Schon den Jüngling fesseln Feuerwerkstechnik und das Handwerk eines Brunnenmachers. Beruflich ist erstmals 1709 von Neumann die Rede: Inzwischen Geselle, hilft er seinem Paten bei Reparaturen an der großen Wasserkunst unter dem »Oberen Tor« und an der kleinen Wasserkunst unter dem »Brükkentor« in Eger für einen Gulden und 30 Kreuzer.[2]

1711, als Vierundzwanzigjähriger, geht Neumann auf Wanderschaft. Er kommt »mit nichts andern als seinem Wander Päckchen«[3] in die Stadt, in der er Aufstieg und Ruhm erleben wird: nach Würzburg. In der weitbekannten Gießhütte des Ignaz Kopp auf dem Schottenanger gibt es Arbeit zur Genüge. Tüchtige Gesellen wie Neumann sind hier willkommen. Denn Fürstbischof Johann Philipp von Greiffenclau hat sich gegenüber dem Kaiser verpflichtet, für den Spanischen Erbfolgekrieg und die Türkenkriege Truppen zu stellen und sie bestens mit Geschützen und sonstigem Rüstzeug zu versorgen.

Im Jahr seiner Ankunft in Würzburg erwirbt Neumann den Lehrbrief der »Büchsenmeister-Ernst- und Lustfeuerwerkerey«. 1712 tritt er als Gemeiner in die fränkische Kreisartillerie ein, wo er es bis zum Oberst bringen wird.

Das Bruchstück einer Lebensbeschreibung aus Familienbesitz vom Anfang des 19. Jahrhunderts berichtet über Neumanns Wirken in der Gießhütte: »Gar bald zeigte sich glückliches Talent, und Anlage, seine Aufgaben lößte er mit vieler fertigkeit und bedauerte nur nicht zeichnen und seine Modellen selbsten nicht ganz auf eigene faust herstellen zu können. Er war sehr lehrbegierig wuste sich die Chefs durch seine Gefälligkeit zu gewinnen die sich gerne mit ihm abgaben, ihn auch soweit brachten, daß er etwas zeichnen in kurzer zeit lernte, und ihre volle zufriedenheit erwarb. Das Stuckgiessen (Stück, Stücke, Feldstücke = Kanonenrohre) wurde allmälig fertig, so daß der fürst und sein hof selbsten die gefertigte Canonen einsahe, dem hause ein fest zum Zeichen seiner Zufriedenheit gab; die vorzüglichsten Arbeiter ließ sich der fürst namentlich aufzeichnen, rief jeden vor, und beschenkte Sie; besonders wurde ihm von dem Artillerie chef der junge Neumann, sonsten nur der Böhm unter ihnen genannt, empfohlen, mit den kurzen Worten, in dießen burschen liegt seltenes Talent, wenn er wis-

»Dem Hans Christof Neumann, Bürger und Tuchmacher alhier, seiner Frauen Roßina ein Kindt getaufft mit nahmen Balthasar. Bath (Pate) Balthasar Platzer, burger und Klockengißer alhier, getaufft (von) P. Augustin Rappelt, societatis Jesu (am) 30. januarii.«

Eintragung im Taufbuch des Erzdekanalamtes zu St. Niklas in Eger 1687, fol. 41a. Zit. nach: Siegl (wie Anm. 5), S. 74.

Andreas Müller. Johann Adam Remela zugeschrieben, 1715. Würzburg, Mainfränkisches Museum

senschaftliche Vorbildung hätte, dürfte er ein großer mann werden.«[4]

Der Artillerie-Chef, der für Neumann vor dem Fürstbischof so schmeichelhafte Worte findet, ist der Ingenieur- und Stückhauptmann Andreas Müller. Neumann verehrt ihn als »*Einen so freygüthigen, vornehmen Herrn*«.[5]

Müllers Worte sind kein Gerede, sondern Ausdruck ehrlich gemeinter Fürsorge. Das beweist Neumanns Brief an die Ratsherren seiner Vaterstadt Eger vom 30. März 1712. Bereits ein Jahr zuvor hat er sie um ein Darlehen von 30 bis 50 Talern ersucht, weil er sich noch ein oder mehrere Jahre in seinem Gießerhandwerk umsehen will. Sein Wochenlohn aber ist erbärmlich.[6] Nun dankt er dem Rat für die damals vorgestreckten Mittel und fügt hinzu, es stehe seiner »*güsserey, feyerwerckherey vndt brunnenmeisterey wohl vndt beförderlich an, wann ich darzu noch die geometria oder feltmessery erlehrnete*«. Gottlob habe er »*den hochfürstlichen Ingenieur vndt Haubtmann Einer compagnie granadirer gefunden zu Einen lehrbrintzen*« (Lehrherren). Dieser habe ihn animiert, »*auch zur fortification vndt Archidectur gehörige Wissenschafften zu erlehrnen, ja ich solche gelegenheit, junge Jahr vndt frischen muth meiner tag nicht mehr bekommen werdte*«. Deshalb habe er sich »*mit reiffen überlegens, allweilen ich mich wohl getrauete, gentzlichen entschlossen demselben nachzukommen*«. Jetzt stecke er mitten drin in seinen Studien, nicht nur zu eigenem Nutzen, »*sondern zur Grösserer Ehr gottes vnd meinem liben Vatterlandt*«.

Um die Studien fortzusetzen, fehlt es Neumann an Geld zum Kauf »*der notwendigen requisita, alß bücher, reißzeig vndt instrumenta*«. Von seinen Eltern und Verwandten, allesamt nicht begütert, kann er keine Unterstützung erhoffen. Vielleicht ist der Rat von Eger so gnädig, ein weiteres Darlehen von 100 Gulden zu überschreiben, die er in wenigen Jahren zurückzahlen wolle.[7] Der Rat bewilligt 50 Gulden.[8] Neumann gibt sich mit dieser Summe nicht zufrieden. Er berichtet nach Eger, daß er in der »*geometria nun ein solches fundament habe, vnd nun weiter in der fortification auffs fleißigste begriffen sey*«. Es wäre eine Schande, wenn er »*wenigen geldes halber auf dem schon guthen weeg wider zurückkehren sollte, vndt das talentum vergraben machete*«. Man möge ihm nicht verwehren, »*mit den schon gemelten 100 fl. an die Hand zu gehen*«.[9] Der Rat beschließt einsichtsvoll: »Dem Supplikanten sollen 75 fl. gereichet werden.«[10] Stärker, so teilt man Neumann mit, könne man »bey den gegenwärtigen geldklemmen Zeiten die Stadtrenten nit wohl beschweren«. Er könne sich die Summe von einem Fuhrmann aus Eger, der sich in Würzburg aufhalte, gegen Quittung aushändigen lassen. Die Ratsherren hoffen, daß Neumann das Geld »ersprießlich anwendten und derley Wissenschafften erwerben werde, wodurch einstens dem gemeinen Weeßen der Stadt ein nutzen zuwachsen möge, wozu Wir Euch hiemit als ein treues Burgerskindt vätterlich anmahnen«.[11] Bereits 1714 beschäftigt sich Neumann mit der Fassung des »Egerischen Sauerbrunnens« und entwirft für die Stadt Pläne einer Gewürzmühle. Andere Dienste werden folgen.

Neumann hat selbst sein Talent erkannt: seinen »Sinn für das Schöne ..., das feine Gefühl für das Richtige, das Maß- und Wirkungsvolle, die reiche Phantasie, die ihn zum Schaffen immer neuer Formen und Gestalten«[12] befähigen werden. Mit Selbstbewußtsein und der gleichen Durchsetzungskraft, die später für ihn im Umgang mit fürstlichen Auftraggebern wie mit Kollegen oder Untergebenen typisch ist, sucht er Neuland zu betreten und sein Wissen in kürzester Zeit auf allen für ihn wichtigen Gebieten zu vertiefen. Das Fragment seiner Lebensbeschreibung, unter dem Eindruck des späteren Ruhmes glorifizierend, schildert glaubwürdig folgende Episode: »Der Fürst befahl ihn alsbald in die Artillerie Schule zu thun. es geschahe, seine fortschritte waren rapid, nun aber fehlten ihm die Kenntnisse der lateinischen, französischen und italienischen Sprachen, worüber er ganz traurig wurde; von zeit zu zeit wurde günstig für ihn rapportirt, der fürst sahe seine Arbeiten mit wohlgefallen und munterte den jungen Menschen auf sich eine gnade von ihm zu erbitten; er bath blos ein besondern unterricht in den 3 benannten Sprachen, und da meinte er, wenn er die architektonischen werke in den vorgenannten drey Sprachen verstehen könnte, wäre sein glück gemacht. Auch dafür sorgte der gnädige Fürst.«[13]

Neumanns Berufsziel ist klar: Ingenieur und Architekt will er werden. Sein Handwerk gibt er auf. Den Sinn eines Handwerkers für das Praktische aber wird sich der Baukünstler bis ans Lebensende bewahren.

»Ingenieur« und »Architekt« bezeichnen zu Neumanns Zeit verschiedene Berufsfelder des Bauwesens. Der Ingenieur ist seit dem frühen 17. Jahrhundert in Deutschland ein Baumeister, der sich mit Festungsanlagen beschäftigt. Der Architekt widmet sich den zivilen Bauaufgaben. Beide Sparten zu beherrschen ist die Regel. Der Ingenieur beginnt für gewöhnlich mit einer militärischen Laufbahn, wie sie angeblich Neumann auch von seinem Fürstbischof befohlen worden ist.

Für einen Architekten der Zivilbaukunst gibt es keinen vorgezeichneten Bildungsweg. Zumeist hat er eine Lehre etwa als Steinmetz, Schreiner oder Maler absolviert. Weitere Kenntnisse erwirbt er sich durch die Lektüre von Lehrbüchern seines Fachgebietes.[14] Unschätzbar, wenn er wie Neumann in Andreas Müller einen Lehrmeister findet, der ihn an seinen eigenen Bauwerken mit der Praxis vertraut machen kann, und wenn er in einer Stadt zu Hause ist, in der namhafte Baumeister wirken wie in Würzburg neben Müller der Hochfürstliche Stadt- und Landbaumeister Joseph Greising. Erfahrungen im Festungsbau sammelt Neumann unter Müllers Anleitung seit 1712 an einem Außenwerk der Festung Marienberg: an der Bastion »Höllenschlund«.[15]

Aus der Zeit des Lernens haben sich zwei kostbare Gegenstände erhalten: ein Universal-Vermessungsinstrument und ein Proportionalzirkel, die Neumann den Inschriften gemäß 1712 und 1713 selbst anfertigte und signierte. Unerläßlich ist für den Architekten jener Tage das Studium der Säulenordnungen: Toskana, Dorika, Jonika, Korinthika und Komposita. Die Erscheinungsformen dieser Genera – die wichtigsten Vokabeln der Architektursprache in Renaissance und Barock – beruhen auf spezifischen Proportionen und auf mehr oder weniger ausgeprägtem Schmuck. Die Proportionen sucht Neumann mittels seines Propotionalzirkels in Zahlen festzulegen. Dieser ist aber auch ein Zeugnis für den Praktiker Neumann: Klappt er die beiden Zirkelschenkel zu einem Lineal aus, so hat er einen Maßstab mit der Länge eines Nürnberger Schuhs von ca. 30,3 cm in der Hand. Das Universal-Vermessungsinstrument ist Sonnenuhr, Vollkreis- und Nivellierinstrument, Richtgerät für Geschütze und Kippregel für Vertikalmessungen in einem.[16]

Neumanns Karriere als Soldat in den frühen Würzburger Jahren verläuft stetig. Vom 8. Mai 1714 datiert das Fähnrichspatent für die »Schloß-Leibkompagnie« des Fürstbischofs Johann Philipp von Greiffenclau.[17] Neumann ist 27 Jahre alt, wirtschaftlich einigermaßen abgesichert und als Geschützjunker Adjutant seines Lehrers Andreas Müller (noch einmal 27 Jahre, und Neumann wird Oberst der Artillerie des Fränkischen Kreises sein). 1717 nimmt Neumann mit dem fränkischen Truppenkontingent im Türkenkrieg an der siegreichen Belagerung Belgrads durch Prinz Eugen von Savoyen teil.

Noch 1804 wird sich unter den Hinterlassenschaften des Neumann-Sohnes Franz Ignaz Michael ein vom Vater gezeichneter Plan der Stadt mit den Stellungen der Kaiserlichen Truppen finden.

In einem Brief an den Fürsten Dominikus Marquard zu Löwenstein-Wertheim-Rochefort von 1729 erinnert sich Balthasar Neumann an seine »*ungarischen Campanien*« und berichtet, man habe ihn in Wien nach dem Sieg über die Türken zum Stückhauptmann befördern wollen. Er aber widersteht der Verlockung, in kaiserliche Dienste treten zu dürfen. Der Grund: Neumann möchte sein Wissen weiter vertiefen und noch »*ahn mehrer orden practiciren*«[18] – ein Entschluß, der den Verlauf der deutschen Architekturgeschichte wesentlich beeinflussen wird.

Neumann durchwandert die Kaiserstadt gewiß mit dem Eifer des Lernenden. Er steht vor den Bauwerken eines Johann Bernhard Fischer von Erlach und

Universal-Vermessungsinstrument Balthasar Neumanns. Messing mit Glasplatte, 6,5 x 9,5 x 1,6 cm (zusammengeklappt).
Als Lagerstein der Magnetnadel wahrscheinlich ein Türkis.
Eigenhändige Inschrift: »*Balthasar Neumann fecit 1712*«.
München, Deutsches Museum.
Mit diesem Instrument sind alle Vermessungsoperationen möglich, die ein Ingenieur- und Artillerieoffizier des 18. Jahrhunderts auszuführen hat. Die Genauigkeit des Meßergebnisses ist nicht überragend, aber zumeist ausreichend.

sieht das Belvedere, die Schöpfung Johann Lucas von Hildebrandts für den Prinzen Eugen von Savoyen, entstehen. Von Wien aus hat Neumann 1718 »*eben auch die gnad gehabt in Mailand bey Ihro hochfürstl. Durchleicht sehligen andenkkhens 14 Tag gestanden, undt von denen Zivil Gebeuhen zu thuen gehabt*«.[19] Fürst Maximilian Karl zu Löwenstein, der Vater des Adressaten von 1729, ist kaiserlicher Gouverneur in Mailand. Ihm wird Neumann für zwei Wochen zugeteilt, um eine Aufgabe auf dem Gebiet der Zivilarchitektur zu übernehmen. Keine Frage, daß er auf der Reise durch Oberitalien alles an Baukunst studiert, was sich seinen Augen bietet. Vielleicht hat er in Turin die Schöpfungen Guarino Guarinis gesehen, ohne dessen Anregung Neumanns spätere Meisterschaft in der Erfindung komplizierter Raum- und Gewölbestrukturen schwerlich vorstellbar ist.
Am 19. August 1718 wird Neumann zum Ingenieurhauptmann[20], zwei Jahre später, am 25. November 1720, zum Stückhauptmann ernannt, womit sich sein jährliches Gehalt von 300 auf 400 Reichstaler verbessert.[21] Er genießt freie Wohnung und Kost bei Hofe an der Offizierstafel. Auf Namensangabe steht ihm ein Vespertrunk zu.[22]
Neumanns Ruf als Brunnenspezialist führt ihn 1715 nach Gaibach zum Landschloß des Mainzer Kurfürsten Lothar Franz von Schönborn. Erstmals wird Neumann für das herausragende Mitglied der Familie tätig, der er seinen Aufstieg verdanken soll: Neumann macht Angaben für ein neues Brunnenwerk. Die Ausführung durch den Würzburger Brunnenmeister Schneider enthält Fehler, und man ist überzeugt, »daß Er solchens in odium des Würzburg. Ingenieurs Neumann, so das Werckh angegeben, gethan, damit Er Keinen Bestand finden Könne«.[23] Ist es Sabotage, die den Ruf des jungen Talents erschüttert soll? Die Fehler werden behoben, und Neumann behält seine Reputation: »dem hiesigen wirt an zehrung ersetzt bei übermittaghaltung des ingenieur Neumanns sambt trunck in nachsehung des brunnenwerks ... den 13. juli«[24], vermeldet eine Gaibacher Amtsrechnung noch 1718.
Eine Aufgabe von einiger Bedeutung fällt Neumann 1716 beim Neuen Bau des Klosters Ebrach zu, den Joseph Greising errichtet. Hat Greising ihm ein Projekt vermittelt, das besondere technische Fähigkeiten erfordert? Oder sucht Neumann mit einem Konkurrenzprojekt seinen Einstieg ins Berufsleben als Zivilarchitekt? Immerhin erhält er die stattliche

Summe von 100 Gulden, fast soviel, wie ein Jahresgehalt Greisings in Ebrach beträgt.[25]
Die Quellen bezeugen Neumann in diesen Jahren als Mitarbeiter Müllers oder Greisings. Freilich sucht er Gelegenheit, sich bekannt zu machen: 1719 liefert er Konkurrenzpläne für das durch Brand zerstörte Benediktinerstift Göttweig in Niederösterreich gegen Pläne Johann Lucas von Hildebrandts und Jacob Prandtauers – ohne Chance auf Verwirklichung.[26]
Wie kein zweiter kennt Neumann Würzburg als städtebaulichen Organismus: 1715 zeichnet er den Plan dieser Stadt (das Original ist verloren, doch hat sich eine Kopie von 1775 erhalten[27]). Erfaßt sind die hochstiftischen Gebäude, Kirchen, Klöster und Domherrenhöfe und das Profil der Stadt von der Festung Marienberg durch das Mainviertel bis zu den Teilen auf dem anderen Ufer des Flusses. Man erkennt die Struktur der Gärten. Die Befestigungswerke sind klar herausgestellt. Hat die Forschung dem Zeichner auch Fehler angekreidet, sie tun der Gesamtleistung doch keinen Abbruch.
Dieses Plandokument entsteht zu einer Zeit, »da die Baugeschichte der Stadt sich dem Abschluß der zweiten Periode des fränkischen Barocks nähert; die Ära Greising geht ihrem Ende entgegen, und der junge Fähnrich Neumann nimmt den Bestand des bisher Geleisteten auf; er legt das Erbe seiner Vorgänger fest«[28] oder anders gesagt: »Er zeichnet das ›vorneumannische‹ Würzburg auf, den status post quem für sein künftiges Lebenswerk.«[29] Noch ein halbes Jahrzehnt, und er wird damit beginnen, die Stadt nach seinen Vorstellungen umzuformen.
1719 ist Neumanns Schicksalsjahr. Von der Wertschätzung des Fürstbischofs für den Ingenieurhauptmann berichtet nicht nur die zitierte Lebensbeschreibung. Wohlwollen äußert sich auch in einer Geste des Johann Philipp von Greiffenclau: Am 10. März 1719 stellt die Hofkammer[30] drei Hofbeamten ein Grundstück bei der Schönfärberei in der Nähe von St. Burkard am Fuß des Marienbergs und jeweils ein Darlehen von 800 Gulden zum Hausbau bereit. Die Nutznießer sind der Kammersekretär Blum, der Schanzschreiber Sebald und Balthasar Neumann. Nach einem halben Jahr ist die zweigeschossige Reihenhauszeile, heute Burkarder Straße 28–32, nach Neumanns Entwurf vollendet. Bei der Rückzahlung des Darlehens erwägt die Hofkammer 1720 für Neumann eine Vergünstigung, »weil er sehr fleißig sei«.[31]

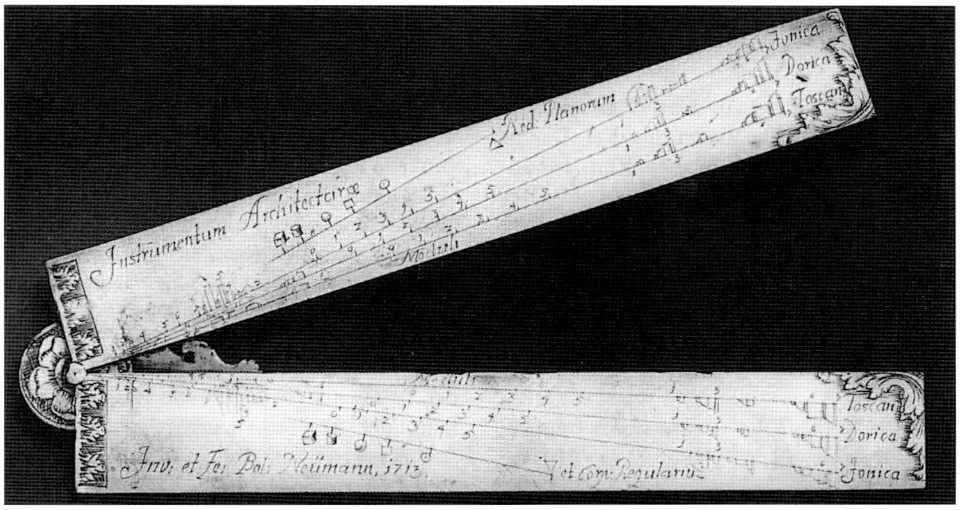

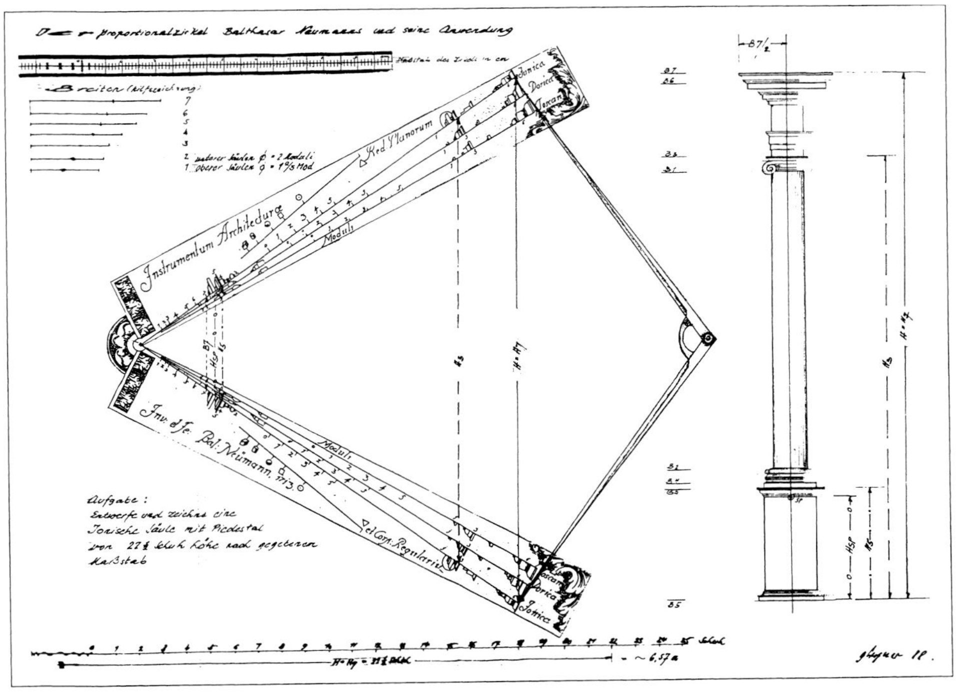

Neumanns frühestbekannte Architekturausführung mag in ihrer Anspruchslosigkeit enttäuschen. Was aber anderes hätten die drei bei ihrer damaligen gesellschaftlichen Stellung und mit beschränkten Mitteln errichten sollen als ein Zweckgebäude bescheidener Art? Ohne von horizontalen oder vertikalen Gliederungselementen rhythmisiert zu sein, sitzen die Fenster in der Mauerfläche der Straßenfront. Aber sie sind eng aneinandergereiht und so wirkungsvoll in der Waagerechten gebunden.
Noch ist das Haus bei St. Burkard nicht fertig, als Neumanns Dienstherr und Förderer stirbt. Am 18. September 1719 wird der Dompropst Johann

Proportionalzirkel Balthasar Neumanns. Messing, bezeichnet auf der Vorderseite: »*Instrumentum Architecturae Inv: et fe: Bal: Neümann, 1713.*« Würzburg, Mainfränkisches Museum

Anwendungsbeispiel des Neumannschen Proportionalzirkels. Dargestellt ist der Zeichenvorgang für eine Jonische Säule mit Hilfe eines Stechzirkels zum Abgreifen der Einzelelemente.

Ansicht der Stadt Würzburg. Stich von Johann Salver nach Balthasar Neumann, 1722/23

Philipp Franz von Schönborn zum Fürstbischof gewählt. Hat Greiffenclau noch auf der Festung Marienberg residiert, so trägt sich der neue Herr mit dem Gedanken, die unnötig hohen Kosten der Hofhaltung dort oben einzusparen und sich eine neue Residenz in der Stadt zu schaffen. Am Rennweg hat Johann Philipp von Greiffenclau um 1700 nach den Plänen Antonio Petrinis ein Palais errichten lassen, ohne es jemals zu beziehen. Denn bald nach der Vollendung zeigen sich Bauschäden von so bedrohlichem Ausmaß, daß es Greiffenclau ratsam erscheint, auf dem Marienberg zu verbleiben. Der Nachfolger erinnert sich »des allhiesigen Rennweeger schlößleins« und gedenkt, es bewohnbar zu machen.[32]

Ein Architekt, der die Bausubstanz begutachten kann und erste Pläne zeichnet, ist zur Stelle: Balthasar Neumann. Dessen Tüchtigkeit und Begabung sind Johann Philipp Franz von Schönborn schon seit seinen Tagen als Dompropst bekannt. Auch weiß er um den Erfolg der Arbeiten in Gaibach für seinen Oheim Kurfürst Lothar Franz von Schönborn. Gleich nach der Thronbesteigung stellt der neue Fürstbischof Neumann (Müller und Greising, die dem Regime des von Schönborn mißtrauisch beobachteten Vorgängers verbunden waren, gar nicht erst erwägend) an die Spitze des Bauwesens im Würzburger Hochstift.

Verdient ein Architekt, der bisher überhaupt nichts künstlerisch Spektakuläres vorzuweisen hat, einen solchen Vorschuß an Vertrauen? Hinter dieser Protektion ist ein mächtiger Fürsprecher zu vermuten: Kurfürst Lothar Franz von Schönborn. Mitte Oktober 1719 begibt sich Neumann auf Weisung des Fürstbischofs nach Pommersfelden, um Lothar Franz Umbaupläne für das Rennwegschlößchen zu überbringen und zu erläutern. Der Kurfürst beobachtet Neumann mit dem Blick des Menschenkenners und fällt ein Urteil über ihn, das seinen Aufstieg fördert, wenn nicht gar besiegelt. Der Ingenieur-Leutnant, gibt Lothar Franz seinem Neffen in Würzburg zu verstehen, begreife rasch und scheine »von solcher guten eigenschaft zu sein …, daß er sich durchgehents gern weisen lasset, sogestalten, daß, wo dieser mensch nur auf zwei jahr in Italien und Frankreich zu gehen das glück haben sollte, von dessen guter application sich zu Euer Liebden und Dero hochstift diensten viel ersprißliches zu versprechen und die auf selbigen gehende kösten verwendung nicht übel angeleget sein dörfte«.[33] Lothar Franz empfiehlt Neumann aufs wärmste »in Dero hohe gnaden protection«. Augenzeuge der Baubesprechung in Pommersfelden ist der Lieblingsneffe des Kurfürsten, der Reichsvizekanzler Friedrich Karl von Schönborn aus Wien, ein Bruder des Fürstbischofs von Würzburg. Friedrich Karl bekräftigt das Urteil des Onkels: Neumann habe »eine guthe docilität und willen«. Man möge an seiner Förderung nicht sparen.[34]

Neumann für ein oder zwei Jahre auf Bildungsreise schicken? Jetzt, da konkrete Bauprojekte zu realisieren sind? Johann Philipp Franz von Schönborn denkt nicht daran. Weiter zu entwickeln ist das Residenzprojekt, und dies erfordert eine Kraft, die den Ansturm der Bauideen aus den verschiedenen Schönbornlagern aufzufangen und aufzubereiten imstande ist. Anfangs hat Johann Philipp Franz das Baukonzept an den finanziellen Möglichkeiten des Hochstifts ausgerichtet. Aber er baut nicht für sich allein. Er ist Glied einer Herrscherfamilie, die in kaiser- und reichspolitischen Dimensionen denkt. Kurfürst Lothar Franz und Reichsvizekanzler Friedrich Karl sind sich einig: Die neue Residenz in Würzburg soll Familiendenkmal werden und die imperiale Gesinnung der Schönborn machtvoll demonstrieren. Folgerichtig, daß Kurfürst und Reichsvizekanzler auch ihre eigenen Architekten von Rang ins Planungsspiel einbringen: Maximilian

von Welsch, Johann Dientzenhofer, Johann Lucas von Hildebrandt – allesamt Namen, gegenüber denen Neumann fürs erste nur sein Streben nach künstlerischer Vollendung in die Waagschale werfen kann.
Anfang Januar 1720 beschließt der Fürstbischof auf Neumanns Rat hin, das Rennwegschlößchen »samt keller und allen zugehörungen außer dem cammerbau aus dem Grund abbrechen zu lassen«.[35] Der Weg zur endgültigen Planung der Residenz ist frei. Gleichsam über Nacht schwinden auch die Sorgen um die Finanzierung. In einem Prozeß hat Johann Philipp Franz die Amtsführung des Hofkammerdirektors seines Vorgängers revidieren und das Vermögen des wegen Veruntreuung Beschuldigten beschlagnahmen lassen: »und vermuthe ich«, schreibt der Oberstallmeister von Rotenhan an Kurfürst Lothar Franz, »es werde derselbe einige 100 000 fl. schwitzen müssen, womit die baukosten gar leichtlich zu bestreiten sein werden«.[36] Am Ende springen um die 600 000 Gulden heraus. Welch ein Schatz sei gefunden, jubelt Lothar Franz: »Ergo nur wacker bauconcepter her …«[37]
In einem solchen Klima Schönbornscher Baueuphorik entwickelt Neumann seine spezifische Architektursprache. Sie wird erstmals faßbar in Entwürfen zur Residenz und zur Schönbornkapelle am Würzburger Dom (vgl. S. 53 ff.). An handwerklich-technischem Vermögen ist Neumann schon lange von niemandem mehr zu übertrumpfen, aber zum fertigen Künstler reift er erst an den Aufgaben, die der Fürstbischof ihm überträgt, ferner im Umgang mit den anderen Architekten, die den Schönborn zu Diensten stehen. Durch Maximilian von Welsch, die Gebrüder von Erthal und Anselm Franz Reichsfreiherr von Ritter zu Groenesteyn, die zum Architektenkreis um Kurfürst Lothar Franz gehören, dürfte Neumann mit der Baukunst François Mansarts und der französischen Frühklassik in Berührung gekommen sein. Um 1720/21 ist die Architekturatmosphäre in Würzburg französisch gestimmt.
Über die Gegenentwürfe Johann Lucas von Hildebrandts für die Schönbornkapelle könnte Neumann zu seinem Architektursystem gefunden haben. Um die gleiche Zeit beginnt die Auseinandersetzung mit dem Wiener Meister, »die für Hildebrandt Einfluß und Anerkennung, für Neumann aber höchste Steigerung des raumschöpferischen Vermögens bringen«[38] wird.
Die Forschung hat in Neumanns Gewölbe- und Raumbildung Abhängigkeit von böhmischen Vorbildern gesehen. Doch gibt es nach neueren Erkenntnissen wenig tatsächlich Vergleichbares. Der für Neumanns Sakralraumkunst vielleicht fruchtbarste »böhmische« Bau steht in Franken: die Klosterkirche Banz (1710–1719; vgl. Abb. S. 108) von Johann Dientzenhofer mit ihren neuartigen, verzogenen Gewölbegurten.[39]
Als Neumann 1723 nach Paris reist, ist er weit mehr als »nur Spion in Sachen des modernsten Geschmacks«.[40] Er ist herangereifter Künstler mit eigener Architekturauffassung. Er kann sich kompetent mit Fachkollegen von Rang auseinandersetzen und Gesehenes schöpferisch umwandeln.
Dennoch hält Neumann seinen sozialen Status keineswegs für so befriedigend, als daß er nicht verbessert werden könnte. Deshalb sucht er beim Fürstbischof um die Bestallung als Kammerrat nach. Er bringt vor, er bekomme für die Residenz und andere nichtmilitärische Bauaufgaben keinen Kreuzer extra, weil er nur als Ingenieuroffizier verpflichtet sei und besoldet werde: »*undt doch alle meine Zeit frühe undt spath recht gerne zu Ewer hochfürstl. Gnaden unterthänigsten diensten aufopfere.*« Ein Soldat wie er besitze kein großes Ansehen, und bei seinen bescheidenen Mitteln könne er kaum ans Heiraten denken, wenn nicht »*etwas civiles* (wie der Kammerrat) *dabei zu mehrer sicherheit wehre*«.[41] Das Gesuch bleibt erfolglos.
Neumanns Stolz auf das, was er erreicht hat, kommt zum Ausdruck in dem Brief, den er 1722 an den Rat von Eger richtet. Nicht allein die Verantwortung für die neu zu erbauende Residenz sei ihm übertragen, sondern er habe die fürstbischöflichen Baulichkeiten im ganzen Stiftsgebiet zu betreuen. Daneben müsse er sich um die Befestigungswerke in Würzburg und in Königshofen kümmern. Auch habe er sich ein neues Haus errichtet, in dem er künftig seine Landsleute besser bewirten könne. 1722 ist Neumann in der Lage, die 175 Gulden zurückzuzahlen, die er am Beginn seiner Lehrjahre aus Eger empfangen hat. Er hinterlegt sie beim Sekretär des Klosters Münsterschwarzach. Fuhrleute, die Wein im Frankenland einkaufen, sollen sie in Empfang nehmen und mit nach Hause bringen. Neumann dankt für die Güte des Rates, ihm das Geld ohne Zinsen überlassen zu haben, und hofft auf baldige Gelegenheit, die Wohltat zu erwidern.[42]
Nahe der Residenz, in der heutigen Kapuzinerstra-

Würzburg, Burkarderstraße. Das erste Wohnhaus von Balthasar Neumann

Gaibach, Pfarrkirche. »Das Haus Schönborn huldigt der Heiligsten Dreifaltigkeit«. Hochaltargemälde von Franz Lippold, um 1748.
Hintere Reihe v. l. n. r.: Fürstbischof Johann Philipp Franz, Kurfürst Lothar Franz, Kurfürst Franz Georg, Kardinal und Fürstbischof Damian Hugo, Dompropst Marquard Wilhelm, Oberhofmarschall Rudolf Franz Erwein, General Anselm Franz.
Vordere Reihe v. l. n. r.: Fürstbischof Friedrich Karl, Kurfürst Johann Philipp, Obermarschall Philipp Erwein, Obermarschall Melchior Friedrich.

ße, beginnt Neumann 1722 mit dem Bau des neuen Wohnhauses für sich selbst (vgl. S. 35 und 184). Es steht im Zusammenhang mit Maßnahmen zur Neugestaltung der Stadt. Hierzu verfaßt er 1720 eine Denkschrift. Seit seinem Plan von 1715 ist er aufs genaueste mit allen Vorzügen und Mängeln des Stadtbildes vertraut. 1721 erläßt der Fürstbischof eine Bauordnung, die Neumann in den wesentlichen Punkten entworfen hat, und beruft 1722 eine Kommission für das Stadtbauwesen ein. Neumann ist bis an sein Lebensende ihr Gutachter. Nichts kann in Würzburg ohne sein Wissen und ohne seine Billigung gebaut werden. Er erteilt Anweisungen, setzt Baulinien fest, berät in Fragen der Bautechnik und beurteilt Schmuckelemente. Auf diese Weise sollen allmählich die Straßenansichten und Wohnverhältnisse verbessert werden. Neumanns eigenes Haus erhält Mustercharakter, »*hauptsächlich der Stadt zur Zierde*«.[43] Wie das Würzburg der Zukunft aussehen soll, zeichnet er in einer grandiosen Vogelschauansicht, die 1723 als Thesenblatt des Freiherrn Franz Wilhelm von Reitzenstein im Stich erscheint (vgl. Abb. S. 12).[44]
Ob Neumann sein Haus in der Kapuzinerstraße jemals bezogen hat, ist nicht sicher. Zwei Jahre nach Baubeginn befindet es sich nicht mehr in seinem, sondern im Besitz der Familie des neuen Fürstbischofs Christoph Franz von Hutten. Neumann hat es 1724 – aus welchen Gründen auch immer – gegen den Ende des 17. Jahrhunderts errichteten Huttenschen Hof »Oberfrankfurt« in der Franziskanergasse eingetauscht und noch 6000 Reichstaler dazubekommen. 1743 erwirbt Neumann außerdem den Nachbarhof »Niederfrankfurt« und baut ihn um.
Anfang 1725 läßt Fürstbischof von Hutten dem Major Neumann, weil er »nunmehro seine eigene wohnung genommen«, für jetzt und künftig zwölf Klafter Holz überschreiben.[45] Im Hof »Oberfrankfurt« gründet Neumann – bereits 38 Jahre alt – noch im selben Jahr seinen Hausstand mit Maria Eva Engelberta Schild (1704–1775). Sie ist die Tochter des ältesten würzburgischen Geheimrats und Vizekanzlers Franz Ignaz Schild. Mit dieser Heirat, die engste verwandtschaftliche Bindungen mit einflußreichen Beamten- und Ratsfamlien bedeutet, befestigt Neumann seine Position gegenüber Hof und Stadt. Kurfürst Lothar Franz stellt für die Trauung seine Privatkapelle im Schönbornhof zur Verfügung, und Rudolf Franz Erwein Graf von Schönborn übermittelt aus Wiesentheid ein »*sehr kostbahres hochzeitliches present*«.[46] Die Ehe wird zwischen 1726 und 1743 mit acht Kindern gesegnet, drei Söhnen und fünf Töchtern.[47]
Zeit seines Lebens bleibt Neumann seiner Vaterstadt Eger verbunden. Zu seiner Hochzeit am 29. Juni 1725 lädt er den dortigen Rat nach Würzburg ein (ein zweiter Brief wird eiligst nachgeschickt, denn im ersten hat Neumann den Hochzeitstermin verschrieben[48]). Der Rat gratuliert, bedauert aber wegen der weiten Reise keinen Vertreter entsenden zu können, läßt aber einen Doppeldukaten als Geschenk überreichen.[49] Als 1742 der Blitz die St. Niklaskirche trifft und ihre Turmhelme durch Feuer vernichtet werden, ersuchen die Ratsherren Neumann um ein Baugutachten. Doch erst 1747 findet er Zeit, den Schaden an seiner Taufkirche zu besichtigen und mit einem Bauplan zu dienen.[50]

Die Schönborn – ihr Mäzenatentum und Neumann

»Schönbornzeiten«. Noch um die Wende vom 18. zum 19. Jahrhundert beschwört man mit diesem Begriff die als glücklich empfundenen Dezennien herauf, in denen Herrscher aus dem Hause Schönborn in Franken, am Rhein und in anderen Regionen regierten.[51] Wer sind die wichtigsten Persönlichkeiten, ohne deren Mäzenatentum sich Neumanns Talent wohl nicht so reich hätte entfalten können?
Oberhaupt des Familienclans ist Lothar Franz von Schönborn (1655–1729), Kurfürst-Erzbischof von Mainz und in dieser Eigenschaft Erzkanzler des Reiches, außerdem Fürstbischof von Bamberg. Vier seiner Neffen treten in seine Fußstapfen. Es sind die Brüder: Johann Philipp Franz (1673–1724), Fürstbischof von Würzburg; Friedrich Karl (1674–1746), Reichsvizekanzler in Wien, seit 1729 Fürstbischof von Würzburg und Bamberg; Damian Hugo (1676–1743), Kardinal und Fürstbischof von Speyer und Konstanz; Franz Georg (1682–1756), Kurfürst-Erzbischof von Trier, Fürstbischof von Worms. Keiner von ihnen hegt Kriegsgelüste. Ihren Nachruhm suchen sie sich auf anderem Gebiet zu sichern. Alle verbindet die Leidenschaft zu bauen, im

Benedicite Sacerdotes Domini Dei
Reges Terrae et omnes populi
Principes et omnes judices Terrae
Laudate Dominum.
Sic Benedicetur qui Dominum

Familienjargon: der »bauwurmb«. Bauen ist ihnen »ein teuffels-ding, dann wann man einmahl ahngefangen, darnach nicht aufhören kann«.[52] Die Neffen verehren ihren Onkel als den »Erzbaumeister«. Er ist liebenswürdig, klug, jovial, hintergründig humorvoll und den Künsten zugetan. Als Friedrich Karl ihm für ein Gespann Spessarter Pferde Gemälde oder Tokayer bietet, wählt er die Kunstwerke, denn nach Trinkgenuß bleibe nichts als ein leeres Faß.[53] Dilettant in der Architektur von bestem Schlag, schätzt Lothar Franz die Auseinandersetzung mit den »herren virtuosi, curiosi et sumptuosi«[54], wie er die Baumeister betitelt. Balthasar Neumann ist in seinen Augen »ein guether kerl«.[55]

Da die Schönborn ihre eigentliche Lebensaufgabe als Bauherren und Mäzene sehen, entwickeln sie zu Künstlern und Architekten ein Verhalten, wie es zu ihrer Zeit nicht selbstverständlich ist. In der ihm eigenen Redeweise meint Lothar Franz: »...wie köndten die künstler undt andere handtwerksleuth, die doch Gott auf dieser welldt haben will, bestehen, wann er nicht zugleich narren werden ließe, die sie ernehren theten.«[56] Und Johann Philipp Franz entscheidet: »Es weren die künstler eben nit wie andere hergeloffene bursch zu tractiren.«[57]

Oberbaudirektor des Lothar Franz ist Maximilian von Welsch (1671–1745).[58] Hoher Offizier, Ingenieur und Baumeister in einer Person, dürfte Welsch für Neumann eine Leitfigur gewesen sein. Künstlerische Berührungspunkte sind jedoch seltener, als man vermuten möchte. An namhaften Architekten neben Maximilian von Welsch wirken für Kurfürst Lothar Franz von Schönborn Johann Dientzenhofer und gastweise Johann Lucas von Hildebrandt aus Wien, der Lieblingsbaumeister des Reichsvizekanzlers Friedrich Karl von Schönborn. Ferner bedient sich der Kurfürst sogenannter Kavalierarchitekten. Dies sind junge Adelige, die am Hof Ludwigs XIV. nicht nur vollendeten Schliff der Umgangsformen und der französischen Sprache erworben haben, sondern sich auch von den Baumeistern des Sonnenkönigs zu tüchtigen Architekten haben ausbilden lassen: Philipp Christoph Freiherr von Erthal, Anselm Franz Reichsgraf von Ritter zu Groenesteyn.

Was Neumann durch Abstammung und Bildungsweg verwehrt geblieben ist, sucht er auszugleichen durch rastloses Arbeiten. Eines hebt ihn über seinen Stand empor, und dessen ist er sich bewußt: seine Unentbehrlichkeit dank seiner Begabung für die Praxis und seiner Erfahrung. Neumanns bedeutendster Dienstherr über einen Zeitraum von 17 Jahren ist Friedrich Karl von Schönborn. Beide verbindet der Sinn für das Praktische, ein ausgeprägtes Selbstgefühl und nicht alltägliche Tatkraft. Neumann ist in den Augen des Fürstbischofs ein Geschenk des Himmels, ein technischer Genius, der sich nicht nur in der Baukunst bewährt, sondern auch die Entwicklung des Gewerbes in den Bistümern zu fördern vermag. Land und Leute sind in den Augen des Herrschers sein persönlicher Besitz. Die Untertanen sind ihm zu Dienst verpflichtet, Neumann auf seine Weise. Wie der Fürst »im Staate der Höchste ist, so ist auch in der Kunst dem Stoffe wie dem Geiste nach alles unter seine Botmäßigkeit gebracht«.[59] Alle Leistungen der Künstler sind in Wahrheit Ausfluß fürstlicher Herrschergewalt: Neumann bekundet dies selbst in der Dedicatio zur Festschrift der Hofkirchenweihe 1743 in Würzburg (vgl. S. 61).

Untereinander halten die Schönborn Kontakt durch rege Korrespondenz. Stets weiß der eine, was der andere plant und baut. Entwürfe werden ausgetauscht, begutachtet, Korrekturen und Gegenentwürfe erbeten. Architekten, Maler und Kunsthandwerker schaffen hier wie dort. Bauherren und Architekten setzen sich in Baukonferenzen auseinander. Bei solchen Gelegenheiten beweist Neumann sein Geschick, zu koordinieren.

Einen Teil seines Lebens verbringt er damit, von einem Hof der Schönborn zum andern zu reisen. Der Trierer Kurfürst Franz Georg liegt gleichsam vor ihm auf den Knien, wenn er ihm bedeuten läßt, die Bauarbeiten stockten, und darüber sei er »gantz hilf- und trostlohß nit ohne grose Angst vndt Cummer«. Nur der Herr Obristleutnant sei in der Lage, »die handt zu biethen vndt darinnen behilflich« zu sein, »weshalben aus besonderm gnädigsten befehl abereins umb alles in der Welt« er ersucht werde, die geplante Reise so rasch wie möglich zu verwirklichen.[60]

Die Bistümer Bamberg und Würzburg umfassen Gebiete, die zu den fruchtbarsten in Deutschland zählen, gesegnet mit Getreide und Wein. Friedrich Karl bekennt, er herrsche über »schöne und uninterrumpierte Länder«.[61] Wenn er Abt Januarius Schwab von Münsterschwarzach mit Nachdruck zuredet, eine sehr große und prächtige Ordenskirche mit hohem finanziellem Aufwand zu bauen, die vergleichbare Kirchen in Deutschland an Glanz

Münsterschwarzach.
Zeichnung von Johannes Pleikard Bitthäuser, 1823.
Privatbesitz

übertreffe, so ist nicht allein die höhere Ehre Gottes im Spiel, wie vorgegeben. »Abgesehen von dem großen Einfluß, den der Fürstbischof im fernen Wien auf das Schwarzacher Kloster auszuüben vermochte, zeugt dieses Drängen zu einer großen Lösung von dem besonderen Repräsentationsbedürfnis des Schönborn-Fürstbischofs. Wohlstand und Frieden im Lande sollten sich auch in den Bauwerken nach außen ausdrücken ... Münsterschwarzach liegt nicht nur an wichtigen, großen Straßen ..., sondern dazu am Main, der seit jeher ein bedeutender Verkehrsweg war. Gewissermaßen vor den Augen des vorüberfahrenden Auslandes konnte Friedrich Karl von Schönborn durch die prächtige Gestaltung des Münsterschwarzacher Gotteshauses für die Prosperität im Hochstift Würzburg werben.«[62]

Neumann ist zeitlebens ein eifriger Schreiber. Schreiben gehört zu seinen Berufspflichten, denn sein Fürstbischof will Auskunft über alles, was der Baumeister verrichtet, insbesondere auf Reisen. Allein die edierte Sammlung der Briefe an Friedrich Karl von Schönborn umfaßt annähernd 200 Dokumente. Neumann berichtet vom Alltagsgeschäft, über Hergänge auf der Baustelle, vom Ärger mit Unterstellten oder mit fürstbischöflichen Beamten. Friedrich Karl erfährt in seiner Abwesenheit, wo Mauern errichtet, wo Fenster gesetzt und wo Bögen oder Gewölbe über Lehrgerüsten gemauert werden; daß Schreiner die Arbeit beenden und Stukkateure mit ihrem kunstvollen Handwerk beginnen. In Briefen von Neumanns Reisen ist gelegentlich von Ereignissen an anderen Höfen die Rede. Auch Hinweise auf politische und militärische Begebenheiten in der Ferne sind für den Fürstbischof von Interesse. Vergebliches Suchen, will man eine Äußerung des Architekten über sich selbst als Künstler finden. Selten auch Selbstzeugnisse bezüglich Sorgen, Bedürfnisse und Freuden des Menschen Neumann.

Prägnant und stets auf das Wesentliche zielend ist die inhaltliche Aussage der Briefe. Bei aller Holprigkeit, die man heute empfinden mag: Neumann versteht sich zupackend, mitunter temperamentvoll auszudrücken. Aus den Briefdaten ergibt sich, daß er vorzugsweise die Sonntage nutzte, um seine Be-

richte abzufassen.[63] Verbesserungen und Streichungen sind selten. Neumann muß beim Schreiben äußerst konzentriert gewesen sein. Die Schrift ist charaktervoll ausgeprägt. Oftmals spürt man die Eile, mit der die Hand den Federkiel führte.
Über Höflichkeitsfloskeln hinaus ist Neumann in den Briefen niemals kriecherisch. Jedoch zur Selbstgefälligkeit neigend, wird er nicht müde, seine Tüchtigkeit und seinen Fleiß herauszustellen. Dem Fürstbischof bekundet er offen seine Loyalität, scheut sich aber nicht, ihm unverblümt seine Meinung zu sagen.

Reise nach Paris 1723

Balthasar Neumann ist in keinem seiner Selbstzeugnisse lebensnäher gegenwärtig als in den Briefen, die er Fürstbischof Johann Philipp Franz von Schönborn 1723 auf seiner Paris-Reise schreibt.[64]
Vom 24. Dezember 1720 datiert ein Brief des Fürstbischofs an den Architekten Philipp Christoph von Erthal, in dem er um Empfehlungsschreiben für Neumann bittet. Er solle nun nach Frankreich, »fürnemlich auf Paris« reisen, »damit er die gelegenheit habe, etwas mehreres zu sehen, sich in der Baukunst fähiger und vollkommener zu machen und mithin bei fortführung meines angefangenen baues (der Würzburger Residenz) desto bessere und nützlichere dienste leisten zu können«. Da wäre es eine Gefälligkeit, wenn »der herr von Erthal, sowohl als dessen herr bruder« mit ihren Beziehungen vor allem zu den vornehmsten französischen Baumeistern dienen könnten. Um den Adressaten williger zu machen, erinnert Johann Philipp Franz an die Empfehlung des Mainzer Kurfürsten Lothar Franz, Erthals Gönner, der die Reise Neumanns »selbsten veranlaßet« habe. Bei der Abfassung der Empfehlungsschreiben sei es ratsam, nur zu vermerken, Neumann sei Architekt, aber zu verschweigen, daß er auch Stückhauptmann und Ingenieur sei: Die Franzosen, besorgt um ihre Festungsbauten, könnten ihn sonst der Spionage verdächtigen.[65]
Aus den Reiseplänen wird auch diesmal nichts. Denn um die gleiche Zeit beginnt die endgültige Planung für die Schönbornsche Grabkapelle am Würzburger Dom. Diese Maßnahme ist eingebunden in das Residenzprojekt und in die Pläne zur Neugestaltung der Stadt: gewichtige und schwierige Aufgaben, denen Neumann seine ganze Arbeitskraft zu widmen hat.
Erst zwei Jahre später, von Januar bis Mai 1723, kann Neumann außer Landes gehen. Dem Fürstbischof scheint für Neumanns Reise »gegenwärtige zeit, wo er mit der arbeit am wenigsten gehindert ist, das bequämste«, gibt er dem Domkapitular und kurpfälzischen Obristkämmerer Heinrich Wilhelm Joseph Freiherrn von Sickingen zu verstehen. Dieser soll Neumann die Möglichkeit verschaffen, den Neubau des Mannheimer Schlosses zu besichtigen, liegt doch die künftige Residenz des Kurfürsten von der Pfalz an der Route nach Paris. In Mannheim, meint Johann Philipp Franz, könne sein Baumeister gewiß viel Gutes und Schönes sehen, und seine Eindrücke würden für das Gelingen des Würzburger Residenzprojektes nützlich sein.[66]
Über alle Begegnungen und Begebenheiten auf der Reise, die ihm wichtig erscheinen, berichtet Neumann seinem Dienstherrn minuziös. Nirgendwo erfährt man mehr über die Interessen des Künstlers. Der Fürstbischof erwartet die Briefe mit Spannung und reicht sie sogar an den Mainzer Kurfürsten weiter mit der Bitte, sie zurückzusenden. Leider scheinen die Antwortbriefe an Neumann mit den oft erbetenen Weisungen verloren zu sein.
Den frühestbekannten Reisebericht schreibt Neumann am 11. Januar in Mannheim. Zwar habe es einen Tag gedauert, bis er Freiherrn von Sickingen das Empfehlungsschreiben des Fürstbischofs überreichen konnte und bis der Baudirektor Johann Clemens Froimont ihm offiziell den Bau und die Pläne zeigte. Aber Neumann hat keine Zeit verstreichen lassen und schon gleich bei der Ankunft das Schloß »*vor mich besehen*«. Was er kritisch anzumerken hat, legt sein Grundverständnis von Architektur an den Tag: Die Schönheit eines Gebäudes hängt ab von der architektonischen Gliederung und von den richtigen Proportionen einer solchen Gliederung. Dieses Gestaltungsprinzip, von dem er sich in seinem künftigen Werk strikt leiten lassen wird, vermißt er an den achtachsigen Seitenteilen des Mannheimer Corps de logis. Die Pilaster des Erdgeschosses erscheinen ihm im Verhältnis zu ihrer Breite zu kurz, die des Hautgeschosses mit einem Mezzanin darüber zu lang. Außerdem wirkt nach seinem Empfinden das Zusammenspiel mit

den Fenstern im Hauptgeschoß zu gedrängt, »*worinnen sie sich ahn keine architectur regel gebunden*«.

Neumann breitet vor Kurfürst Karl Philipp von der Pfalz und seiner Umgebung die Würzburger Residenzrisse aus, um die Reaktion auf dieses Projekt zu ergründen. Man betrachtet alles mit Aufmerksamkeit. Besonders interessieren die Proportionen: »*alle höhen der zimmer, saal, fernstern undt dergleichen … In den zimmerrisse undt dachwerckh haben sie sich auch mit den zircel lang aufgehalten …*«[67]

Von Mannheim reist Neumann über Philippsburg, Bruchsal und Kehl nach Straßburg. Am 21. Januar weilt er in Nancy und gibt zu Papier, was er in Zabern, Lunéville und Nancy Bemerkenswertes gesehen hat. Schloß Zabern[68], die Residenz des Straßburger Fürstbischofs Kardinal Gaston Armand de Rohan (in Versailles wird Neumann ihn kennen- und schätzenlernen), fesselt ihn zuerst mit seinem Garten. Das Schönste sei das große Wasserstück »*undt eine so grosse cascada, woriber ein gantzer flus gehet*«. Das Äußere des Schlosses bietet ihm bis auf zwei Giebel »*weiter keine architectur*«. Doch das Innere erregt Neumanns Aufmerksamkeit. Hier nämlich findet er Ähnliches vor, was auch in Würzburg zu planen ist und als Anregung vielleicht verarbeitet werden kann: »*Erstens bei den eingang oder durch die colonade undt dan den eingang zur stige wie eine sala terrena mit saulen, undt kommet der ahndritt durch die völlige breithe, wie die stige in Euer hochfürstl. Gnaden residenz.*« Statt Baluster hat die Stiege Eisengitter und Umgänge unten wie oben (diese Idee wird für die Stiege in Würzburg fruchtbar). Auf das Treppenhaus folgen zwei Säle. Der zweite ist bemerkenswert, denn er zeigt »*architectur*«, deren Einzelheiten Neumann mit auffallendem Interesse registriert: freistehende Säulen mit Vergoldung vor einer Wandverkleidung aus Holz. Sie ist weiß gefaßt. Ihre Zierprofile aber sind matt- und glanzvergoldet. Ein Raum mit plastisch gegliederter Umwandung: Bei der Planung der Schönbornkapelle in Würzburg ist diese Gestaltungsweise für Neumann zu einem Hauptthema seiner Architekturauffassung geworden. Der Hinweis auf das System der Vergoldung verdeutlicht, daß der Baumeister sich auch mit den Details der Ausführungstechnik beschäftigt und sie nicht den Kunsthandwerkern allein überläßt. Die Schreiner- und Schlosserarbeit der Fenster und großen Türen beurteilt er als »*sehr guth, absonderlich die dührschlissung*«. Die Türen werden skizziert, ihre Maße genau vermerkt, »*damit hernach componiren könne*«. In den Räumen, die Wandbespannungen haben, interessiert Neumann die Höhe der hölzernen Sockelverkleidung. Hatte er in Mannheim an prächtig modellierten Stukkaturen seine Freude, so bewundert er in Zabern die holzvertäfelten Kabinette, »*mit vergolten zirathen schön geschnitten*«.

Am Schloß zu Lunéville von Germain Boffrand fallen Neumann die drei Durchfahrten auf: »*dessen ornament sind 4 einfache freistehende saulen, so von unten bis oben gehen zum haubt gesimbs*«. Bedenkt man, welche Rolle die Säule im Projekt der Schönbornkapelle spielt und im Neumannschen Œuvre stets spielen wird, so ist die Aufmerksamkeit nicht verwunderlich, die der Baumeister ihr widmet. Er betrachtet die Säule als edelstes Architekturelement. Auch an der begonnenen Residenz zu Nancy, einem anderen Werk Boffrands, findet er sie verwendet. Aber was ist die Kompositionsweise hier gegen die in Würzburg: »*ist dies dabei, daß die saulen* (in Nancy) *nur einfach undt in E. hfl. Gn. residentz dopelte saulen.*« Dies habe, wo immer er die Würzburger Residenzpläne vorgezeigt, »*noch all zeit approbation gefunden*«.[69] Doppelsäulen werden zu einem Leitmotiv Neumannscher Architektur.

Die ersten Tage in Paris nutzt Neumann, um sich die großen Kirchen »*von innen undt aussen*« anzuschauen. Manches ist ihm bereits durch Stiche vertraut. Er besucht eine Reihe von Stadtpalais und studiert sie nicht nur von außen, sondern ist begierig, die Idee ihrer Raumdisposition zu ergründen.

Am Morgen des 6. Februar, einem Samstag, begibt sich Neumann nach Versailles, sieht den dreizehnjährigen Ludwig XV. mit seiner kindlichen Braut Maria Anna Viktoria von Spanien im Schloß bei der Tafel und betrachtet die Spiegelgalerie, die Gesandtentreppe und die angrenzenden Appartements. Dann drängt es den Wasserspezialisten zu einem Wunderwerk der Technik aus den Tagen Ludwigs XIV.: zur Maschine von Marly. Diese ist ein genial ersonnenes Räder- und Pumpenwerk, mit dessen Hilfe das Wasser aus einem Zwillingsarm der Seine hangaufwärts zu einem Aquädukt gehoben wird, um das Reservoir der Wasserspiele in den Gärten von Versailles zu füllen. Neumann hat Glück: Er erlebt die größte bis dahin erdachte Ansammlung von Wasserrädern, Kolbenpumpen und Verbindungsgestängen in Funktion und studiert die verschiedenen Abschnitte der Anlage am Berghang.

Anderntags, am Sonntag, locken Neumann in der Frühe die Gärten von Versailles. Nach dem Rundgang möchte er Kardinal de Rohan seine Aufwartung machen, doch kann er nur ein Empfehlungsschreiben hinterlassen, denn der König und sein Gefolge begeben sich soeben in den Gottesdienst. Neumann mischt sich unter die Kavaliere, Prälaten und Kanoniker, die zur Kirche eilen. Hier wird er Zeuge, wie »*ahmb ende der messe I. Majestät der könig in etwas erblaßt undt ein wenig übel wordten, woh mit gleich mit pasam vndt andern nothwendigkeiten zur hilfe kommen, so nur 2 oder 3 vatter unser lang getauert*«. Sobald der Königsknabe die Kirche verlassen hat, fühlt er sich besser und ist in der Lage, des Mittags öffentlich zu speisen. Neumann zieht es aber zur liebreizenden »*fantin d'Espanie oder de la reine*«, um bei ihrer Tafel zuzuschauen.

Den Nachmittag widmet er wieder den Gärten und Ludwigs XIV. Lustschloß Grand Trianon, das er innen und außen »*recht bedracht*«. Auch hat er »*alles wasserwerckh genauh besehen*«. Am Abend verfügt er sich zum Marquis de Livry, Premier Maître d'Hôtel du Roi, um ihm ein Kompliment seines Fürstbischofs zu überbringen. Der Marquis bietet Neumann jede Hilfe an, die er nur wünscht. Auch will er ihm im Schloß von Versailles »*die andere zimmer als des königs undt andere apartement...zeigen lassen undt einen darzu beordnen*«.[70]

Am Montag besucht Neumann den Garten von Schloß Marly und wiederum die Wassermaschine, »*die ich aus dem fundament gefasset undt notiret*«.[71]

So wie dieses Wochenende in Versailles und Marly wird Neumann alle seine Tage in Frankreich mit Gewinn zu verbringen wissen. Er lasse keine Stunde unnütz verstreichen, versichert er nach Würzburg: »*Ich finde viele sachen, die sehr nützlich sein undt ahn sonsten mir schwer gewesene leichter werdten.*«[72]

Im Mittelpunkt des Aufenthalts in Paris steht die Begegnung mit den führenden Architekten Frankreichs: Robert de Cotte und Germain Boffrand.[73] Die wichtigsten Dokumente in Neumanns Reisegepäck sind die Pläne der Würzburger Residenz und der Schönbornkapelle. Fürstbischof Johann Philipp Franz, allem Französischen zugetan, möchte erfahren, ob die Pläne vor den Pariser Meistern bestehen können und wie diese selbst die Aufgabe des

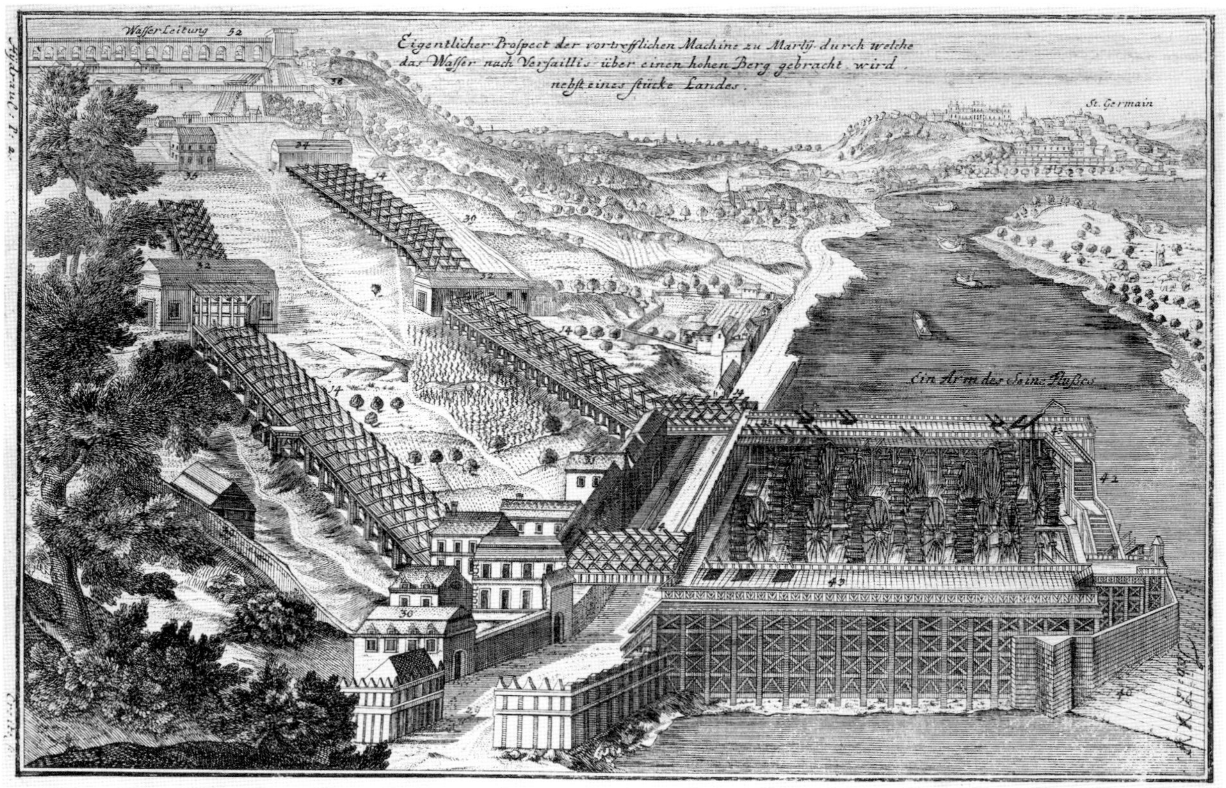

Die Maschine von Marly.
Stich von Creite

Residenzbaues lösen würden. Sicher lasse sich der eine oder andere ihrer Gedanken in der Planung verwerten. Für Neumann ist der Disput mit den Architekten eine Herausforderung von höchstem Reiz. Wie Neumann sich ihnen nähert, sie allmählich aus der Reserve lockt, wirft ein Licht auf sein Geschick und sein Einfühlungsvermögen, aber auch auf seine Eigenständigkeit als Künstler. Neumann ist zuversichtlich, »*mit den architectis undt dererlei*« fruchtbar zusammenarbeiten zu können.[74] Durch seine Studien gleich in den Tagen nach seiner Ankunft hat er sich gründlich über französisches Architekturdenken kundig gemacht, und so ist er, der noch Namenlose, aufs beste gerüstet, mit Sachverstand und Kritik den Kapazitäten gegenüberzutreten.

Robert de Cotte (1656–1735) ist Erster Architekt des Königs. Bis zu seinem Tode erfreut sich de Cotte eines großen Rufes und wird aus ganz Europa um Pläne und Ratschläge gebeten. De Cottes Bedeutung liegt weniger in der Originalität seines Werkes begründet, als vielmehr in der Verbreitung des französischen Architekturideals, das die Zeitgenossen in diesem Baumeister verkörpert sehen. Die erhaltenen Bildnisse zeigen eine liebenswürdige, selbstbewußte Erscheinung mit entschlossenen Zügen und einem wachen, klaren Blick.

Den Weg zu de Cotte ebnet Kardinal de Rohan, Fürstbischof von Straßburg. Als Suffraganbischof von Mainz steht er in enger Beziehung zum Hause Schönborn und ist befreundet mit Kardinal Damian Hugo von Schönborn. Neumann hat auf der Reise in Straßburg ein Empfehlungsschreiben des Generals Christian Joseph Franziskus Freiherr von Roth an Kardinal de Rohan erhalten. Dieser ist bestens durch Roth informiert, was Neumann von ihm wünscht. Ein weiteres Schreiben, das Damian Hugo von Schönborn in Bruchsal versprochen hat, »*seindt unterbliben*«, wird aber nachgereicht.[75]

Kurze Zeit darauf – Neumann hat inzwischen sein Planmaterial von Paris nach Versailles geschafft – kommt es zur ersten Begegnung mit de Cotte und

Robert de Cotte. Stich von Pierre Drevet nach Hyacinthe Rigaud, um 1715

Kardinal Gaston Armand de Rohan. Werkstatt Hyacinthe Rigaud, Zweites Viertel 18. Jahrhundert. Brühl, Schloß Augustusburg

dessen Sohn im Hause des Kardinals. Dieser bittet de Cotte um die Mühe, seine Meinung über die Pläne der Residenz zu äußern, die Neumann vorlegt und erläutert, »*wohbei S. Eminentz dero cammerdiener befohlen dabei zu bleiben undt, woh ich zuweilen in Frantzhech etwas nicht gantz habe sagen können, selbiger explicirt, weilen S. Eminentz nicht teutsch sprechen*«. De Cotte gibt nach dem ersten Augenschein zu verstehen, man sehe wohl, »*daß es viel auf die italienische manier undt etwas Teutsches dabei wehre*«. Gegen die Gesamtform des Bauwerks hat er nichts einzuwenden, doch kritisiert er die Raumdisposition.

Um seine Gedanken zu präzisieren, wünscht de Cotte einen in Blei gezeichneten Grundriß. Neumann verspricht, so rasch wie möglich zwei Grundrisse beizubringen, »*woh mir dan miteinander arbeithen wolten*«. Er eilt nach Paris und bittet den Bruder des Anselm Franz von Ritter zu Groenesteyn, ihm gegen Bezahlung beim Zeichnen der Pläne zu helfen. Doch dieser ist anderweitig »*occupirt*« und hat auch niemanden zur Hand, der helfend einspringen könnte. So bleibt Neumann nicht anderes übrig, als »*kurtzen processe*« zu machen und »*mit der nacht hilf die 2 grosse grundtrisse*« selbst anzufertigen.[76]

Dem Kardinal versichert de Cotte, er werde sich schriftlich zum Residenzprojekt äußern. Den Gedanken, die er selbstlos entwickeln werde, könne der Fürstbischof von Würzburg folgen, wie es ihm beliebe. Auch Neumann gegenüber hat de Cotte »*öfters repetirt, E. hfl. Gn. mögten hernach viel oder wenig brauchen von seinen concepten*«.[77] Zwar erklärt sich de Cotte bereit, die Risse zu erarbeiten, doch seine Zeit ist »*sehr pretios*«, weil er stets in der Nähe des Königs sein und ihm zu Diensten stehen muß. Neumann will de Cotte nicht drängen. Das überläßt er dem Kardinal. Und dieser scheut sich nicht, den Ersten Architekten des Königs an die Würzburger Planung förmlich zu treiben. Was der Fürstbischof von de Cotte »*pro informatione*« sehen möchte, erläutert Neumann zuerst dem Kardinal, der es hernach dem Baumeister begreiflich macht. »*Ich verwundere mich selbsten, daß S. hfl. Eminentz herr cardinal von Rohan so viele mühe sich geben.*«[78]

Aus dem Nachlaß de Cottes bewahrt die Bibliothèque Nationale in Paris fünf Pläne zur Würzburger Residenz, darunter zweifellos die beiden Grundrißkopien, die Neumann in Nachtarbeit gezeichnet und die de Cotte nach seiner Vorstellung korrigiert hat. Die linke Hälfte des Erdgeschoßplanes ist identisch mit dem sog. ovalreichen Grundriß, zu dem das Residenzprojekt nach dem Eingriff Maximilian von Welschs gediehen ist. Charakteristisch sind die rechteckigen Binnenhöfe, als »Instrument der Baugliederung«[79] einer der prägenden Gedanken Neumanns für die Residenz. In den Augen de Cottes sind sie nichts als freier willkommener Baugrund, in den er seine Raumdisposition hineinplanen kann. Neumann widersetzt sich aufs heftigste, weil de Cotte »*mir gar weith in die kleine höfe eingeruckht undt etliche cabinetiger nebst der garderobe daran gemacht*«.[80] Bis zuletzt wird Neumann gegen die Verkleinerung der Höfe protestieren, doch de Cotte bleibt kompromißlos bei seiner Idee.

Bemerkt Neumann nicht, welch souveränen Raumzusammenhang de Cotte entwickelt, völlig bestimmt von Großzügigkeit und Bequemlichkeit? Haben Neumanns Bemühungen um die Kunst der Raumdisposition in Frankreich so wenig gefruchtet? Fragen, die Neumann nicht gerecht werden. Sein Widerstand drückt aus, wie stark er von seinem künstlerischen Weg überzeugt ist. Neumann begreift den Residenzkomplex von der großen äußeren Form, von der »*haubtfigur*« her. De Cotte dagegen plant von innen nach außen.

In einem anderen Konzept nimmt de Cotte den ovalen Saal der Südseite in eine lange Galerie hin-

Erdgeschoß der Würzburger Residenz. Zeichnung Balthasar Neumanns, rechts mit Überplanungen Robert de Cottes. Paris, Bibliothèque Nationale

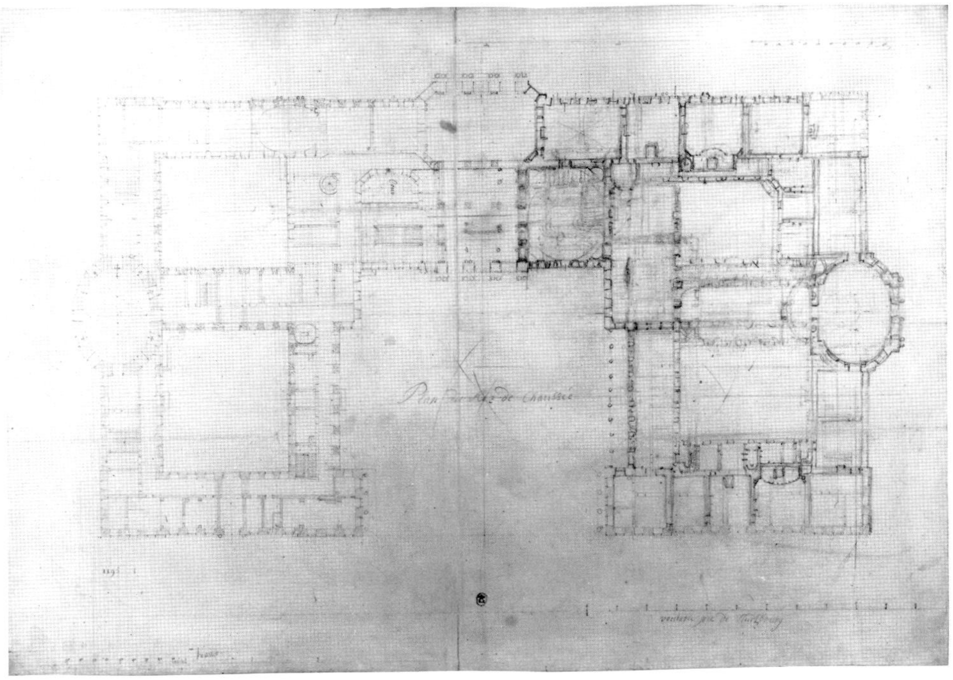

ein und legt in die beiden Pavillons an den Enden der Galerie *»cabineter…als wie zu Versailie gegen den gardten«*.[81] Ferner plant er eines der beiden Treppenhäuser im Mittelbau, die Neumann auf Wunsch des Fürstbischofs vorzusehen hat, als Kirche um. Neumann möchte sie an der bisherigen Stelle belassen wissen: im Nordoval am Rennweg. De Cotte aber meint, eine Kirche dürfe nicht zu weit entfernt sein von der Mitte des Schlosses. Neumann wirft seine Kenntnisse der französischen Architektur in die Waagschale und widerlegt den Franzosen mit dem Hinweis auf die Schloßkirche zu Versailles, die Jules Hardouin-Mansard begonnen und de Cotte selbst vollendet hat. Auch sie liege weit ab von der Mitte des Schlosses, *»ja ich setzte noch hinzu, daß, wan es einen großen herrn zu weit ist in die kirche zu gehen, so könt mann sich ja tragen lassen, in deme die kirch zu Versaile weiter gleichsamb entlegen wehre als diese.«*[82]

Neumann verteidigt schlagfertig seine ureigene Architekturidee. Er begreift die Mitte des Corps de logis als Saalbau, und diesen Gedanken verficht er mit Hartnäckigkeit. Auch die Aufrißlösung de Cottes ist nicht nach Neumanns Vorstellung. Er hat dem Franzosen den Planungs- und Ausführungsstand genau geschildert, aber de Cotte berührt dies nicht. Er gestaltet den Aufriß mit einem achteckigen »dôme à l'impériale« über dem Mittelbau, einem Frontispiz auf Freisäulen und einer Fassadengliederung – Rundbogenöffnungen im Erdgeschoß, Segmentbogenfenster im Obergeschoß und Mezzaninfenster darüber –, die Neumanns Empfinden von Rhythmus verletzt. Auch von Schmuckreichtum an den Außenfronten, wie ihn die ausgeführte Residenz im Überfluß zeigen wird, will der Franzose nichts wissen.

De Cotte interessiert auch nicht im geringsten, daß Teile der Residenz mit ihren spezifischen Gliederungsformen bereits ausgeführt sind. Neumann mag am Ende des Zusammenwirkens nicht weiter widersprechen und nimmt die Möglichkeit in Kauf, daß der Fürstbischof nicht ganz mit dem Planungsergebnis zufrieden ist. Sicher aber werden die Risse dazu dienen können, *»umb den hiesigen gusto daraus zu nehmen«*.[83]

Neumann versagt de Cotte als dem älteren, erfahreneren und hochberühmten Baumeister nicht den Respekt. Vater und auch der Sohn de Cottes seien kenntnisreich und *»von großer vernunft«*.[84] Letztlich aber kommen sich Neumann und de Cotte nicht näher, weder menschlich noch künstlerisch. Der Franzose fühlt sich bedrängt von der Beharrlichkeit, mit der der Deutsche auf seiner Meinung besteht, und Neumann ist verärgert über den Unwillen de Cottes, auf Wünsche einzugehen und Kompromißbereitschaft zu zeigen.

Nur einmal sind sie sich einig: als Neumann die Risse vom Mannheimer Schloß präsentiert. De Cotte betrachtet sie nicht lange, sagt kein Wort, schüttelt nur mit dem Kopf.[85] Neumann weiß, wie wichtig es ist, wenigstens die Mitarbeiter de Cottes für sich zu gewinnen, haben sie doch die Ideenskizzen ihres Meisters für ihn ins reine zu zeichnen. Nicht nur, daß Neumann mit ihnen redet und sie für tüchtige Architekten hält, *»bin auch gesinnet einen jeden ein 5 duchaten stuckh, so ich mir extra mitgenohmen, zu geben.«*[86]

Wegen seiner offiziellen, hochdotierten Stellung bei Hof empfängt de Cotte selbst kein Honorar von auswärtigen Bauherren, die ihn um Planungshilfe ersuchen. Er begnügt sich mit einer »petit reconnaissance«, einem – oft fürstlichen – Ehrengeschenk: einem kostbaren Möbel, einem Kleidungsstück aus Goldbrokat, erlesenem Porzellan oder anderem mehr.[87] Auch Neumann hat eine ehrende Abschiedsgabe für de Cotte im Reisegepäck: *»5 oder 6 ducaten mettailen«* mit dem Bildnis des Fürstbischofs von Würzburg. Diese Schaumünzen anzunehmen weist de Cotte zwar anfangs zurück; er wolle Neumann nicht berauben.[88] Doch letztlich gebietet es die Höflichkeit, die Aufmerksamkeit nicht abzuschlagen, denn Neumann handelt ja im Namen des Fürstbischofs.

Auf dessen Wunsch hat Philipp Christoph von Erthal Neumann dem anderen der großen Architekten, Germain Boffrand (1667–1754), empfohlen. Ein zweites Empfehlungsschreiben erreicht Boffrand aus Nancy. Neumanns Verhältnis zu ihm ist weniger förmlich und distanziert als das zu de Cotte. Mit Boffrand pflege er freier umzugehen, schreibt Neumann mehrmals nach Würzburg. Den Deutschen wird der Franzose in seinem Werk »Livre d'Architecture« als fähigen Kollegen würdigen. Zwar ist Neumann zu Ohren gekommen, Boffrand sei nicht so gut wie de Cotte und dessen Sohn. Aber für Neumann stehen de Cotte und Boffrand auf gleicher Stufe: *»die andern seindt eines geringeren calibers.«*[89]

Der Umgang mit de Cotte und Boffrand gleicht in Neumanns Augen einem Hochseilakt. Damit keine

»Den grösten gout, den ich gefunden, welche die große herrn dahier amb meisten zugethan seindt, ist von der boiseri, das gantze zimmer mit lauter fillungen, aber verschiedentlich verkröpfet, mit denen darauf geschnittenen feinen laubern, theils mit mosaique vermischt, vergolt undt deren grundt gantz weiß, alle caminer, so von marmor, mit darauf gesetzten großen spigeln, und woh mann spigel nur ohne dissordre anbringen kan. Die tische ahn denen pfeillern, als zum exemple halbe oval mit denen vergolten durchbrochenen disch geristen, idem die große luster nicht nur von glas undt cristall, sondern aufs neyeste von messing vergolt, wie nicht weniger die wandleichter mit denen lüstern correspondiren undt alles andere.«

Balthasar Neumann am 1. März 1723 an Fürstbischof Johann Philipp Franz von Schönborn aus Paris. Zit. nach: Quellen 1036.

Germain Boffrand.
Porträt von Jean Restout.
Nancy, Musée des Beaux-Arts

Eifersucht entsteht, darf der eine nicht wissen, daß der Baumeister aus Würzburg mit dem anderen verkehrt. Schon gar nicht darf Boffrand oder irgendein anderer die Pläne de Cottes zu Gesicht bekommen: »*werdte schon die pilance halten undt mich in acht nehmen undt alle jalousie evitiren.*«[90] Boffrand geht williger auf Neumanns Vorgaben ein als de Cotte. Neumann ist überzeugt, daß in Boffrands Planung »*sachen sich darin finden, die E. hfl. Gn. angenehm sein werdten*«.[91]
Zwei Schwerpunkte der Ideen Boffrands deutet Neumann dem Fürstbischof an: das Haupttreppenhaus, für das ein großer Umgang vorgesehen ist (man erinnere sich an Zabern), und die Hofkirche, die im nördlichen Oval verbleibt, jedoch ein Langhaus im Trakt zwischen den Höfen erhalten soll.
Vergleicht man die Grundrißlösung Boffrands – er nennt Neumann einen »habile Architecte«[92] – mit den Plänen de Cottes, so wird verständlich, warum Neumann Boffrand den Vorzug gibt: Er hat Neumanns Grundkonzept mit den großen klaren Innenhöfen respektiert. Auch der Gedanke des doppelten Treppenhauses findet sich hier wieder. Neumann gelingt es nicht, die beiden französischen Architekturkapazitäten »*auf eine meinung alleine undt zu sammen*« zu bringen. Er begnügt sich am Ende damit, »*daß ich eines jeden meinung gar wohl genohmen, die eben in den rissen nicht so exprimirt sein undt E. hfl. Gn. werdte referiren können*«.[93] Eines ist Neumann als Ergebnis seiner Erkundungen klar: »*daß es ohn einige enderung in den weiter zu bauhen habenden arbeithen nicht lehr wirdt abgehen*«.[94] Schon in Paris macht er sich Gedanken, wo Verbesserungen unvermeidlich sind.
Versucht man eine Bilanz zu ziehen, so ist Neumanns Begegnung mit den französischen Architekten für die Formierung der Residenzarchitektur nicht sonderlich folgenreich gewesen – von einer Ausnahme abgesehen. Neumann befestigt in seiner Architektursprache etwas, was ihn schon vor der Reise beschäftigt: die Kenntnis von der »kolumnaren Architektur« Frankreichs, von der Verwendung der Kolonnade als einem besonders raumhaltigen, klaren Architekturelement.[95] Im Ehrenhof und an den gartenseitigen Außenpavillons der Würzburger Residenz treten Kolonnaden in Erscheinung.
Die französische Auffassung von Architektur, die Kunst der Raumdisposition und die neue Geschmackskultur, kurzum den »*hiesigen gout*«, den er künftig »*zu E. hfl. Gn. satisfaction anwenden*« könne[96], lernt Neumann nicht allein im Umgang mit den Baumeistern kennen. Er nutzt jede Gelegenheit, einen Fundus an Skizzen, Kupferstichen und Modellen zusammenzutragen. Nicht nur Versailles und Marly durchmustert er mit den Interessen des Baumeisters und des Technikers, er besucht auch Schlösser in der Umgebung von Paris wie St. Cloud, Meudon, Chantilly, Issy und Fontainebleau, studiert die »*manier in garten undt andern distribution*« und hat bei allem »*verknügen gehabt*«.[97]
In den Gärten findet er Anregungen für den Würzburger Hofgarten, insbesondere für die Wassertechnik. Was die »Manier« der Gärten betrifft, so erlebt Neumann die neueste französische Tendenz nach mehr Einfachheit und Natürlichkeit. Dies wird er sich bei seinen eigenen Gartenentwürfen zunutze machen (vgl. Werneck, Guttenberg). Wie beim Studium der Maschine von Marly versucht Neumann stets, das Gesehene »*aus den fundament*« zu ergründen und spart nicht mit Trinkgeldern, »*bis ichs aus den grundt habe umb meine mesures darnach nehmen zu können*«.[98]
Schon in Zabern und anderswo hat Neumann ein waches Auge gehabt für Schloßausstattungen und ihre Qualität. Was er in den Pariser Stadtpalais an

Raumdekoration zu sehen bekommt, bringt ihn fast ins Schwärmen.
Neumann wird klar, daß er bezüglich des künstlerischen Anspruchs und der handwerklichen Erfordernisse hier den Maßstab für die Ausstattung der Würzburger Residenz gefunden hat. Mit seinen Kenntnissen des aktuellen Geschmacks geht er auf die Suche nach Musterstücken und kauft Lüster aus vergoldetem Messing oder Glas, Türbeschläge, Türschlösser, Kaminböcke *»von der schönsten gattung«*, doppelarmige Wandleuchter, prächtig geschnitzte und vergoldete Spiegelrahmen, unvergoldete Rahmen, außerdem kleine Modelle von Sitzmöbeln und Betten, die den Bildhauern in Würzburg die allerneueste Machart demonstrieren sollen. Auch die Bronzesachen ersteht Neumann teilweise in unvergoldetem Zustand, *»damit mans abformen kann undt den golt kein schaden thuet«*. Die Kunsthandwerker sollen sich an den Modellstücken orientieren, *»wie die sache in der execution zu machen seindt«*, sollen Guß und Goldfassung studieren und herausfinden, *»wie die beste farb ahmb golt, so wohl auf mettall als holtz zu halten seie«*. Freilich begnügt sich Neumann nicht mit sklavischen Imitationen. Schon beim Kauf der Musterstücke stellt er sich vor, *»was undt wie ferner in dergleichen sachen reicher zu componiren«* sei. Impulse zu schöpferischer Arbeit erhofft er sich auch von den erstandenen Kupferstichen, darunter Werke von Bérain und Marot. Was nicht in Kupfern zu haben ist, aber besonders interessant erscheint, wird abgezeichnet: so z. B. Muster von *»dapeten«* (Wandbespannungen).[99]
Als hilfreich schätzt Neumann die persönlichen Bekanntschaften ein, die er geschlossen hat. Was er, wieder in Würzburg, an Problemen zu bewältigen hat, ist in kluger Berechnung *»schon mit einigen guthen freinden unterbauhet, damit ich allzeit, was ich verlange, von Paris haben werdten könne, so wohl an leithen als arbeit, rissen vor die zimmer inwendig undt dergleichen«*.[100]
Auch schaut sich Neumann nach Kunsthandwerkern um, die zu bewegen sind, nach Würzburg zu kommen. Bereit hierzu sind ein Tapezierer (Wandbespannungsmacher) und ein Vergolder, dessen Qualitäten ihm Boffrand bestätigt: *»Gemelter d'oreur ist auch ein mahler undt ist seines thuens zu vergolten auf holtz, gips, blei und metall.«* Zwar redet er kein Deutsch, was tut dies aber, wenn er gute Arbeit leistet. Als jährliches Honorar stellt er sich 1200 Franken vor, doch Neumann drückt ihn fürs erste Jahr auf 1000 Franken.
Tapezierer und Vergolder machen sich Ende März auf den Weg nach Würzburg. Sie begleiten zusammen mit einem *»landtmann«* den Transport der Gegenstände, die Neumann in Paris erworben hat: *»einen beladenen wagen, auf welchen 2 küsten, die lengste worinnen die vergolte spigelrahmen undt unvergolte arbeit, dan ein kleinere, worinnen die gläser oder spigel, ferner ein kasten, worinnen 2 dischcreitz vergolter, eine schwere küsten mit denen metallen sachen, so über 7 centner wiget, ferner 2 küsten, worinnen die 10 kutschen geschier sich befinden.«*[101]
Nach Kutschen zu suchen und sie möglichst zu einem vernüftigen Preis zu erwerben, gehört ebenfalls zu den Wünschen, die Neumann in Paris für den Fürstbischof zu erfüllen hat. Bei zwei Sattlern stehen drei goldprunkende Karossen, die ein spanischer Gesandte als Pfand zurückgelassen hat, darunter eine Staatskutsche. Sie sei nicht übermäßig groß, aber auch nicht zu klein, keineswegs unbequem, *»undt ist alles was daran ist, sauber undt solle nicht mehr als 5 mahl sein gebraucht wordten«*.[102] Der Fürstbischof, durch Neumanns Beschreibung und Handskizzen anschaulich informiert, entscheidet rasch über den Kauf nicht nur der Staatskutsche; die beiden anderen Gefährte werden gleich miterworben. Nun befinden sich auch die Karossen, wie alles übrige Gut vom Zoll versiegelt, auf dem Weg nach Straßburg. Von dort aus soll die Fracht zu Schiff rheinabwärts befördert werden. Neumann ist zuversichtlich, daß sie ohne Schaden in Würzburg eintreffen werden: *»Auf den straßen ist anjetzo alles sicher, man heret nicht*

Seitenansicht einer Kutsche. Skizze von Balthasar Neumann, 1723. Würzburg, Staatsarchiv

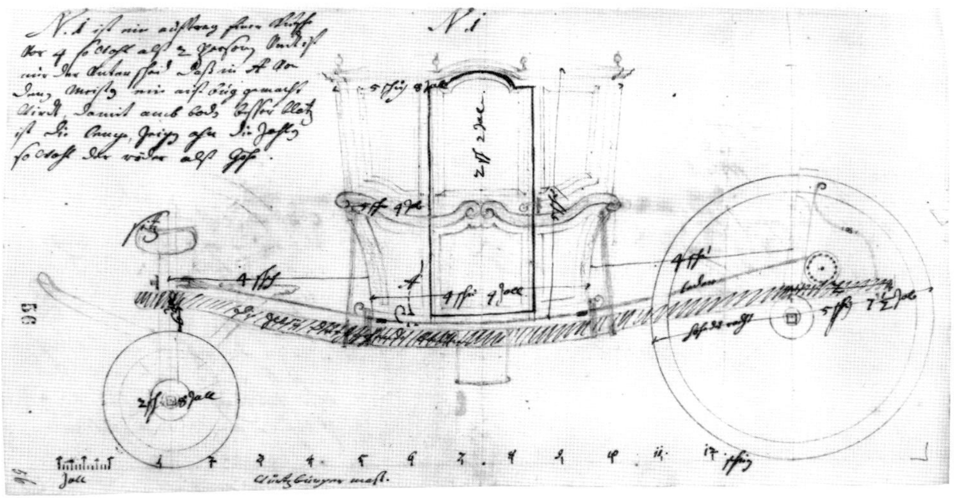

Wasserspiele (»Les trois Fontaines«) in Versailles. Stich von Jacques Rigaud, um 1741

das geringste, ich habe alle mögliche vorsorg gethan.«[103]

Fürstbischof Johann Philipp Franz ist leidenschaftlicher Jäger und Sammler von Waffen. Die meisten Modelle, die Neumann für ihn in Frankreich auftreiben kann, stammen aus deutscher Fabrikation und bieten nichts Extravagantes. Der Fürstbischof wünscht ferner – offensichtlich in letzter Sekunde geordert – einen Hühnerhund. Schwieriger, als einen zu bekommen, ist sein Transport. Die Karossen und der Frachtwagen sind »*ohn fehlbar zu Straßburg sambt allem abgeschickt*«.[104] Flinten und Pistolen lassen sich leicht noch in der Reisekutsche verstauen. Aber ein Hühnerhund?

Der letzte bekannte Brief aus Paris datiert vom 14. April 1723. Neumann ist zur Abreise bereit: »*Mein paßeport von könig undt cardinal du Bois unterschribener habe vor 3 tagen auch erhalten.*« Schon im März hat der Fürstbischof ihm durch Hofrat Fichtel bedeuten lassen, er möge noch vor den Ostertagen nach Würzburg zurückkehren, und Neumann hat diese Anweisung pflichtschuldigst bestätigt. Aber der Wechsel für die Kutschen ist nicht rechtzeitig eingetroffen. Neumann muß sich einen Kredit besorgen, damit er sie bezahlen und auf den Weg bringen kann. Das Warten auf den Wechsel ist Neumann nur lieb. Bei den Besuchen in Versailles hat er sich immer gewünscht, einmal das Wunder der Wasserspiele in den Gärten zu erleben. Jedesmal wird er enttäuscht. Wie ein dankbar-freudiges Aufatmen klingt die Briefpassage: »*Ferner habe gestern noch das glückh gehabt, daß das erste mahl die wässer in Versailie habe alle springen sehen, welches mich noch vor meiner abreis sehr verknüget, anheind solches zu Marly geschehen solle, allwohin ich auch gesint bin zu gehen. Undt morgen, wils Gott, von hier abreise.*«[105] Die Hoffnung, einen Abstecher zu Festungsanlagen in den Spanischen Niederlanden, nach Holland und England machen zu dürfen, erfüllt sich nicht.

Vielfalt des Schaffens

Bereits unter Fürstbischof Johann Philipp Franz von Schönborn ist Neumanns Arbeitslast erdrükkend gewesen. Was seit der Thronbesteigung Friedrich Karls von Schönborn 1729 den Schultern des Baumeisters aufgebürdet ist, erfordert geradezu die Kraft eines Giganten. Neumann sucht seine Pflichten zu bewältigen durch eisernen Fleiß und kluge Organisation: »*Keine Zeit werdte nicht vergeblich zu bringen.*«[106] Er ist verantwortlich für das militärische, kirchliche und zivile Baugeschehen der Hochstifte Würzburg und Bamberg und für die Schlösser des Fürstbischofs einschließlich ihrer Gärten. Hinzu kommen Straßen-, Brücken- und Wasserbau. Entlastet wird Neumann durch die Berufung Johann Jacob Michael Küchels zu seinem Beauftragten in Bamberg 1735.

Nimmt schon Damian Hugo von Schönborn, der Bischof von Speyer, Neumann für seine Unternehmungen in Anspruch, so vertraut seit 1732 auch der Trierer Kurfürst Franz Georg von Schönborn ihm alles an, was mit Militär-, Zivil- und Sakralbau zusammenhängt. Außerhalb des Schönbornschen Herrschaftsbereichs vergibt der Kölner Kurfürst Clemens August von Bayern Aufträge an Neumann.

In Würzburg ist neben Bau und Ausstattung der Residenz der Städtebau zu beaufsichtigen. Friedrich Karl von Schönborn richtet Neumann 1732 an der Universität Würzburg einen Lehrstuhl für Zivil- und Militärbaukunst ein. Gelegentlich sind Festdekorationen und Feuerwerke zu arrangieren. Unentbehrlich ist der Sinn des Baumeisters für die Praxis bei der Förderung von Handel und Gewerbe. In Würzburg und Bamberg gründet Neumann in den Zuchthäusern Werkstätten für Sträflinge und eingefangene Bettler, die sich hier mit Tuchmacherei und Färben zu betätigen haben. Als nicht mehr alle im Textilgewerbe beschäftigt werden können, erweitert Neumann die Arbeitsmöglichkeiten durch eine Marmorschleiferei und eine Mühle zum Raspeln von brasilianischem Farbholz.[107] Bei allem Wirken in fürstlichem Auftrag bleibt Neumann Zeit für kommerzielle Tätigkeit in eigener Unternehmerverantwortung: Er betreibt im Steigerwald die Schleichacher Glashütte und in Würzburg eine Spiegelschleiferei.

Die Würzburger Residenz im Bau. Zeichnung von Wolfgang Högler d. Ä., 1731. Hdz 4686

folgende Doppelseite:
Würzburg, Residenz. Gartenfront

Vieles, was Neumann auf seinen Reisen zu bewältigen hat, sind Bagatellen. Um so erstaunlicher, daß sein künstlerisches Wirken nicht Schaden nimmt. Im Gegenteil. In der Vielfalt an Pflichten wachsen dem Baumeister Aufgaben zu, an denen sich seine Schöpferkraft vollends entfaltet. Neben der Würzburger Residenz wünscht Fürstbischof Friedrich Karl von Schönborn ein Landschloß, wie er es in seiner Wiener Zeit als Reichsvizekanzler mit seinem Privatschloß Göllersdorf besessen hat. Zusammen mit Hildebrandt plant Neumann das majestätische Gegenstück und führt es aus: Schloß Werneck. Für Damian Hugo von Schönborns Residenz in Bruchsal gestaltet Neumann neben anderem sein geistvollstes Treppenhaus. Ein nicht minder bravouröses entwirft er für den Kölner Kurfürsten Clemens August im Brühler Schloß Augustusburg. In das letzte Regierungsjahr Friedrich Karls 1746 fällt die Planung des Schlößchens Guttenberg bei Würzburg.

An der Schönbornkapelle in Würzburg reift Neumann zum Meister der Raumgestaltung heran. Für Holzkirchen konzipiert er einen Kirchenraum, in dem das Erlebnis der Paris-Reise schöpferisch verarbeitet ist. Gelegenheit, räumliches Gestalten aus eigener Inspiration zu verwirklichen, findet Neumann in Münsterschwarzach, in den Schloßkirchen zu Würzburg und Werneck, in Gaibach, in Kitzingen-Etwashausen, in Vierzehnheiligen und anderswo. Raumlösungen schlichterer Art gelingen für Gößweinstein, für Heusenstamm, für die Peterskirche in Bruchsal, für St. Paulin in Trier und für die Dominikanerkirche in Würzburg, von der Zahl der Landkirchen zu schweigen, die Neumann teils selber entwirft, teils von seinen Zeichnern erarbeiten läßt.

Schon einmal, im Jahr der Paris-Reise, hat Neumann mit dem Augustinerchorherrenstift Heidenfeld einen Beitrag zum barocken Klosterbau geleistet. Nun folgen Pläne für die Prämonstratenserabtei Oberzell bei Würzburg, die teilweise erst der Sohn Franz Ignaz Michael verwirklicht.

Neumanns Urteil in Fragen des Bauwesens ist souverän. Mitarbeiter haben keine Gefälligkeit zu erwarten, wenn sie Fehler begangen haben. 1738 wird Küchel beauftragt, den baufälligen Turm der Pfarrkirche St. Kilian in Pretzfeld bei Forchheim, einer gotischen Chorturmanlage, zu untersuchen. Sein Vorschlag: Das schadhafte Obergeschoß aus Holz soll heruntergenommen und auf dem verblei-

Die Würzburger Residenz. Kaisersaal, Gewölbemalerei von Giovanni Battista Tiepolo »Die Trauung Kaiser Friedrich Barbarossas mit Beatrix von Burgund durch den Würzburger Bischof Gebhard«

benden Mauerwerk – gesund wie es sei – ein neuer Turmabschluß gemauert werden. Küchel zeichnet den Plan. Der Maurermeister Schröffel führt ihn unter Küchels Aufsicht aus. Bald nach der Vollendung stürzt der Turm zusammen und richtet argen Schaden an. Schröffel hat um den morbiden Zustand des Mauerwerks gewußt, aber Küchel soll ihn angewiesen haben, »fein beherzt« zu sein und »kecklich darauf zu bauen«. Küchel dagegen schiebt die Schuld auf den Maurermeister. Dieser habe den spitzen Chorbogen wider Befehl durch einen runden ersetzt und so das Zusammenspiel von Stützen und Last durcheinandergebracht. Neumann wird als Gutachter bestellt. Er geht der Einsturzursache vor Ort auf den Grund und legt ein sachorientiertes Untersuchungsergebnis vor: Hätte der Chorbogen nachgegeben, hätte der Chorturm *»gegen der Kirchen ... Seithen fallen müssen, indeme durch die Zersprengung des Bogens das eine Eck ausweichen müssen, wodurch der Thurn Luft bekommen hätte, und dahin gefallen wäre«.*[108] Aber der Turm sei auf die Gegenseite gekippt. Die Ursache: das morsche Fundament, das unter der Last des Aufbaus nachgegeben habe. Küchels Versagen steht für Neumann außer Zweifel. Schützenhilfe bekommt Küchel von seinem Lehrer Maximilian von Welsch. Die Grundlage seiner Aussage aber bilden überschickte Zeichnungen, eine Beschreibung und Mutmaßungen: keine Untersuchung am Objekt, keine Analyse selbstermittelter Zusammenhänge der Bautechnik.

Noch ein ganzes Jahrhundert nach Neumanns Tod profitieren die Würzburger von der Kenntnis und der Weitsicht ihres Stadtbaumeisters als Wasser- und Brunnentechniker. 1730 berichtet er dem Fürstbischof über eine Kanalisierung des Quellwassers im Steinbruch des Faulenbergs, das in die Stadt geleitet werden soll. Jubel und Freude, als der neue Brunnen vor dem Rathaus zu sprudeln beginnt und man nicht mehr das oft verseuchte stinkende Naß der Schöpfbrunnen trinken muß: »einige Stehen mit Krügen, Einige mit gläser andere mit bütten da, das wasser zu hohlen, Einer drinckhet auß der Röhren, der andere haltet den hutt auf und thun nicht anderst, als laufete wein heraus.«[109] So schildert der Leutnant Tatz dem Fürstbischof, was sich zugetragen hat. Als Neumann 1733 den Wunsch vernimmt, er solle einen schönen Zierbrunnen errichten, wehrt er ab und beruft sich auf die Meinung des Fürstbischofs, erst müsse überall in der Stadt gesundes Wasser verfügbar sein, *»die andere Zirath sprüngbrunnen werdten schon nachfolgen. Es ist zeithers die Satisfaction aller leithe, daß das Wasser gesunt vndt zu allen theè vndt getrenck dienlich vndt guth ist.«*[110]

Auch andere Orte haben Nutzen von Neumanns Geschick im Wasserbau. In Bad Bocklet faßt er 1725 die im Jahr zuvor von Pfarrer Schöppner entdeckte Heilquelle. In Bad Kissingen findet Neumann 1738 bei der Regulierung der fränkischen Saale den Hauptanziehungspunkt des Ortes wieder auf: den Rakoczysprudel. *»Die quellen ist starck, daß manns mit den schöpfen kaum hat zwingen können.«*[111]

Neumann ist auch ein kenntnisreicher Gartenarchitekt. Nicht nur auf seiner Paris-Reise hat er den prachtvoll gestalteten Gärten und ihren Wasserkünsten seine Aufmerksamkeit gewidmet und die neueste Machart verinnerlicht, Gärten interessieren ihn auch auf seiner Reise 1740 durch Holland. Die Baukunst dort findet er kaum der Rede wert, wasserbautechnische Anlagen wie Schleusen und Deiche ausgenommen. Was aber die Gärten und ihre Ausstattung betrifft, so kann er sich nicht sattsehen an ihrer Schönheit. Aber er genießt nicht nur, sondern überlegt zugleich, was sich von holländischen Gärten zuhause übernehmen läßt.[112]

Ein Werkstoff, der dem Sinn des Barock für Effekte und Illusion, für traumhafte Übersteigerung und Imagination in Form von Spiegeln entgegenkommt, ist Glas. Neumann beschäftigt sich mit Glas nicht nur als Baumeister, er ist auch Glasproduzent und Glasexporteur.[113] Gemäß einem Dekret des Würzburger Fürstbischofs besteht 1686 bei Neuschleichach im Steigerwald eine Glashütte. Sie hat das Privileg, einzige erlaubte Bezugsquelle für Glas im Fürstbistum zu sein. Doch es kommt zu Schwierigkeiten bei Herstellung und Absatz. Die Hütte wird an die Stelle des heutigen Fabrikschleichach verlegt. 1727 ist auch diese »Neue Hütte« am Ende. 1733 referiert Neumann vor der Hofkammer über den notwendigen Bau eines neuen Ofens. Aber der Ofenbauer versagt und wird mit Schimpf entlassen. Nun muß Neumann sich selbst um die Hütte kümmern. Er sorgt für bessere Öfen und erweitert die Gebäude. Neumann möchte durch Eigenproduktion die Kosten für die Unmengen an Fenster- und Spiegelglas verringern, die beim Residenzbau in Würzburg benötigt werden. Deshalb gründet er in Würzburg die Spiegelschleiferei.

1735 kann die Schleichacher Hütte wieder zu produzieren beginnen. Neumann ist glücklich, als er Proben »*von recht schönen hellen glaß*«[114] in Händen hält. 1737 nimmt er die Hütte für 13 Jahre selbst in Pacht. Als Beamter betreibt er jetzt auf eigene Kosten eine Fabrikation, von der nicht nur er, sondern auch der Staat profitiert. Schleichach blüht zu einem Unternehmen heran, das einen wohlbekannten Namen führt und seinem Pächter stolze Gewinne bringt. Produziert wird neben »kleinem Glas« – Glasgeschirr – vorzugsweise Mondglas: In einer Kombination von Blas- und Schleuderverfahren wird durch rasches gleichmäßiges Drehen eine erhitzte Glaskugel am Hefteisen zu einer flachen Scheibe von etwa 130 cm Durchmesser ausgeschleudert. Aus dieser Scheibe können Tafeln von höchstens 52 Quadratzentimetern geschnitten werden. Für größere Spiegelscheiben muß Neumann das Zylinderblas- und Streckverfahren oder gar das Gießverfahren angewendet haben. Doch diese Techniken sind für Schleichach nicht verbürgt. An Neumanns Mondglas schätzt man den besonderen Glanz durch Feuerpolitur und die kristallhelle Farbe.

Neumann versorgt nicht nur die eigenen Bauten, sondern er exportiert sein Glas und seine Spiegel bis nach Holland und England. Als Kaufmann ist er von der Qualität seiner Produkte überzeugt. So schreibt er 1740 an den Fürstlich Brandenburgisch-Ansbachischen Baudirektor Leopoldo Retti anläßlich einer Lieferung für die Ansbacher Residenz: »*Es ist mir … geschriben worden, wie daß die kleine spigel richtig und gut alda ankommen, auch mir den rest gelt richtig überschickt, dabey auß Dero befehl gemelt, daß an den hochfürst. hof man verschidene brauchen wird, dieße seind zwar nur eine kleine prob, es ist aber in den kleinen als grossen spigeln in der güte und weise von glaß auch in der farb kein unterscheit, ich verhoffe, daß sie werden anständig sein.*«[115] Man möge Spiegel aus Lohr, venezianische und französische Spiegel danebenstellen, um sich von der Güte der Schleichacher Ware zu überzeugen. Für die Inneneinrichtung des neuerbauten Nordflügels von Schloß Rentweinsdorf will Johann Friedrich von Rotenhan so günstig wie möglich Spiegelglas erwerben und Neumann zu einem Nachlaß bewegen. Doch der läßt nicht mit sich handeln. Der Preis sei endgültig wie der für ein Brötchen beim Bäcker: »*dabey bleibet es wie der weck auf den laden.*«[116]

Herstellung von Mondglas. Nach der Enzyklopädie von Denis Diderot

Die Laufbahn als Soldat ist Neumann stets wichtig gewesen. 1729 wird in der Sitzung des Fränkischen Kreistages am 14. November zu Nürnberg ein Schreiben des Stück- und Ingenieur-Majors verlesen, in dem er um eine kürzlich vakant gewordene Stelle eines Obristleutnants nachsucht. Sicher solle sie wieder »*mit einen erfahrenen und versirten artillerie officier*« besetzt werden. Neumann bringt vor, er habe seit seiner Jugend bei der Artillerie gedient, sei 14 Jahre lang Stückgießer gewesen und habe sich danach »*sowohl in kriegsdiensten, als ingenieur und baukunst, auch anderen hierzu dienlichen wissenschaften beständig geübet und qualificirt*«. Viele höchste und hohe Herren besäßen Proben seines Könnens, »*mithin mich in standt befinde, einem hochlöbl. fränkischen creiss erspriessliche dienste zu leisten*«.[117] Neumann hat sich der Fürsprache einflußreicher Persönlichkeiten versichert. Er bekommt den Posten.

Den höchsten Rang seiner Waffengattung erreicht er 1741. Jetzt, 54 Jahre alt, wird er nach 29 Jahren Militärdienst zum Oberst der Fränkischen Kreisar-

Würzburg, Neumanns Haus in der Franziskanergasse, 1945 zerstört, nur das Portal ist erhalten

tillerie befördert. In seinem Ernennungsgesuch bedauert er, keine Gelegenheit gehabt zu haben, »*daß in belagerungen und deren militär übungen mit meiner schuldigkeit mich hätte hervor thun können*«. Doch habe er in Würzburg, im Bambergischen und für den Kurfürsten von Trier in Ehrenbreitstein und Trarbach »*derley gute fortifications und artillerie-diensten gethan, also, daß dabey mich allezeit unermüdet in besseren dienst stand gesetzet*«. Das Kreiskollegium merkt kritisch an, der Herr Obristleutnant habe »dem creyss noch keine stund im feld gedienet, und doch schon über 10000 rthlr. an gage und portionen aus der cassa gezogen«.[118] Man müsse überlegen, ob das Avancement überhaupt zu bewilligen sei. Aber das Votum des Fürstbischofs für Neumanns Beförderung wiegt schwer. Man will sie nicht verweigern, wenn dadurch die Kasse nicht aufs neue belastet wird.

Dem Oberst obliegt die Inspektion der Festung Marienberg und der Stadt Würzburg, der Festungen Königshofen, Rosenberg ob Kronach und Forchheim. Hinzu kommt die Oberaufsicht über das Zeughaus der Fränkischen Kreisartillerie in Nürnberg, dessen Arsenal in gutem Stand zu halten ist. Unbrauchbare Geschütze werden umgegossen: »*Ahn metall zum nöthigen stuck zu güssen fehlt es unss nicht, dan der grosse steinstucke, als haubitz, so nicht zum guthen gebrauch seind, geben unss das metall.*«[119]

Neumann gibt seine Kenntnisse im Artilleriewesen und in der Feuerwerkskunst an Jüngere weiter. Einer seiner Schüler ist der fürstlich-bambergische Artillerie- und Ingenieurleutnant Johann Roppelt.[120] Um in der Kriegswissenschaft erfahrener zu werden, will er sich 1743 im Österreichischen Erbfolgekrieg an einigen Kampagnen am Rhein oder andernorts beteiligen. Neumann befürwortet dies beim Fürstbischof, und Roppelt erhält monatlich Feldsold.[121]

Aus dem Quartier in Breisach, wo sich österreichisch-ungarische Truppen und Franzosen gegenüberstehen, schreibt Roppelt an Neumann einen Lagebericht und fügt einen Stellungsplan bei. Neumann leitet Bericht und Plan an den Fürstbischof weiter, aber nicht ohne Kommentar. Belagerungstaktiker, der Neumann ist, erörtert er aus seiner Sicht, wie die prekäre Situation, in die die Kaiserlichen geraten sind, hätte vermieden werden können: »*anjetzo aber ist zu betaueren, daß es zu spad ist.*«[122]

Mit Kriegstrophäen, darunter Artilleriegerät, läßt Neumann das Eingangsportal seines Hauses in der Franziskanergasse beziehungsvoll skulptieren. Der Zweite Weltkrieg hat von diesem Anwesen fast nichts übriggelassen. Doch das Portal ist erhalten und in den heutigen Neubau eingefügt. Wiedererrichtet ist ferner das mit schwungvollem Gitterwerk versehene Belvedere, die sog. Neumannkanzel, von der aus der Stadtbaumeister seinen Amtsbezirk überblicken konnte. Fotos aus der Vorkriegszeit überliefern ein eher nüchternes Gebäude, nicht zu

vergleichen mit dem zurückhaltend vornehmen Haus in der Kapuzinergasse.
Im Gesuch um die Stellung eines Kammerrats gibt Neumann zu verstehen, er wolle junge Kavaliere und andere in Zivil- und Fortifikationsarchitektur unterweisen. An Esse, Amboß und Werkbank gedenkt er ihnen »*mechanique*« zu demonstrieren, »*als da bestehet in regierung der feuer zum schmeltzen und schmithen, das was rundt getrehet oder gleich gefeilet und gehofelt werdten muß*«. Er hat Platz geschaffen für Modelle von Festungsanlagen und Zivilgebäuden, von »*machinen in zugwerk*«, von Brunnen- und Mühlenwerken und anderem mehr, »*darinnen denenjenigen, nach welchem jedes sein genie gehet, nach den nicht allein auf den babier, sondern in denen modelen und theils auch in natura unterweisen und lehren werdte können*«.
Anschaulichkeit geht dem Praktiker Neumann über alles. Anderen, die alleine mit Lehren, Schreiben und theoretischen Erörterungen die Zeit verplempern, hat er eines voraus: Er kann alles »*in praxi*« bieten.[123] Die Schüler Neumanns sind »einheimische und ausländische, selbst kaiserliche und preussische Officiere mit anderen Standespersonen, die ohne Absicht auf Kriegsdienste, nach nützlichen Kenntnissen trachteten«.[124] Als Fürstbischof Friedrich Karl von Schönborn Neumann an der Universität Würzburg einen Lehrstuhl für Zivil- und Militärbaukunst überträgt, ist bereits Bewährtes vorhanden. Aus Neumanns Privatschule wird eine öffentliche Institution.
1731 gibt der Nürnberger Architekturtheoretiker Johann Jacob Schübler den ersten Band seiner »Nützliche(n) Anweisung zur unentbehrlichen Zimmermanns-Kunst etc.« heraus und widmet ihn Neumann. Dieser hat Schübler einige Dachwerkskonstruktionen zur Publikation überlassen, und der Verfasser des Buches nimmt sie dankbar in sein Lehrbuch auf, denn er erkennt die Originalität der Neumannschen Konstruktion, die die Baumethodik bereichert. Deshalb darf sie den »lehrbegierigen Werckleuten« nicht vorenthalten werden.[125]
Neumanns Sohn Franz Ignaz Michael hat einen beträchtlichen Schatz an Büchern, Kupferstichen und Handzeichnungen hinterlassen, der in einem gedruckten Verzeichnis für die Versteigerung 1804 überliefert ist.[126]
Unterstellt man, daß die älteren Titel bereits vom Vater zusammengetragen worden sind, so lassen sie allein schon ein universelles Interessenspektrum erkennen. Neben juristischen und staatswissenschaftlichen Werken finden sich medizinische, naturwissenschaftliche, philosophische, historische, geographische und mathematische Bücher, ferner Anleitungen zur theoretischen und praktischen Zeichen-, Mal-, Bildhauer- und Kupferstecherkunst, Werke und Stiche zur theoretischen und praktischen Kenntnis der Zivilbaukunst und der Kunst des Wasserbaus, der theoretischen und praktischen Kriegswissenschaft, der Befestigungskunst, der Ingenieur- und Artilleriewissenschaft.
Hervorzuheben ist die Fülle an Stichwerken zum Bau- und Ausstattungswesen, über Schlösser und Gärten. Darüber hinaus sind Hunderte von Einzelstichen mit berühmten Bauwerken aus ganz Europa beisammen. Vertreten sind die wichtigsten Architekturschriftsteller: aus Italien Palladio, Pozzo, Scamozzi, Serlio, Vitruv, aus Frankreich Blondel, Boffrand, Briseux, Daviler, aus Deutschland Decker, Schübler, Sturm und andere. Über Fischer von Erlachs »Entwurf einer Historischen Architektur« verfügt Neumann ebenso wie über Campbells »Vitruvius Britannicus« oder über Dezallier d'Argenvilles »Theorie und Praxis der Gartenkunst«, der Neumann einen Plan für einen Entwurf zum Würzburger Hofgarten entnimmt.[127] Wenn Bibliotheken die Neigungen, die Fähigkeiten und das Wesen ihrer Besitzer spiegeln, so gilt dies besonders für die Büchersammlung im Hause Neumann.

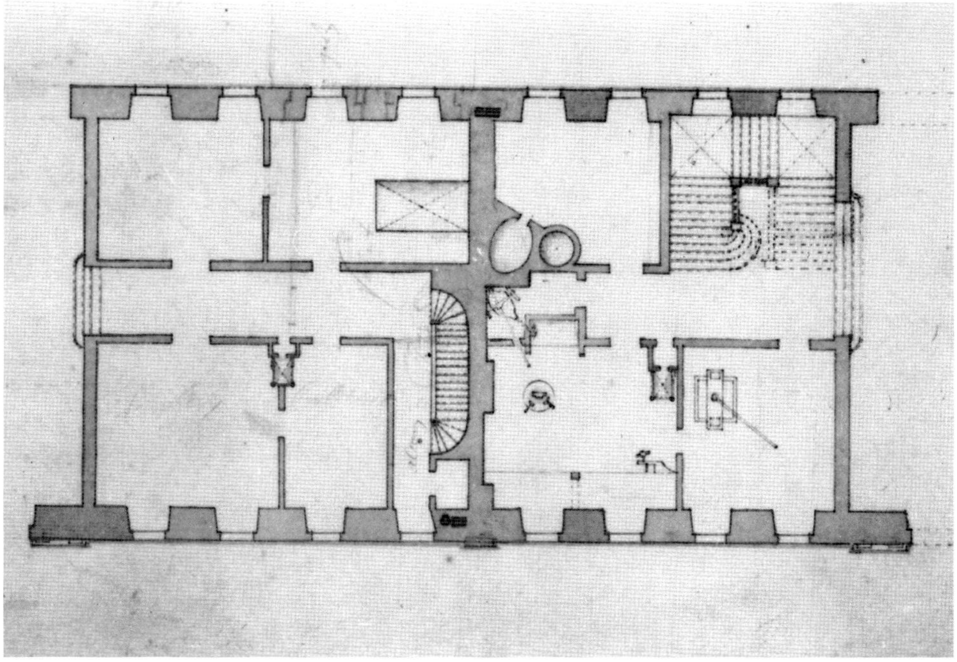
Entwurf für die Werkstatt in Neumanns Würzburger Haus in der Kapuzinerstraße, 1722. Delin II, 64

Arbeitsweise und Mitarbeiter

Wo immer nach seinen Plänen gebaut wird, will Neumann zugegen sein, um die Gewißheit zu haben, daß er das Ausgeführte mit seinem Namen decken kann. So viel er auch reist und seinen äußersten *»fleiss und Mühe«*[128] beteuert: Die Fülle der Aufgaben fordert Prioritäten, und er ist angewiesen auf verständige Bauführer, die vor Ort in seinem Sinne wirken.

Einzelheiten über die Organisation der Baustellen draußen im Lande sind erst sporadisch erforscht. In Münsterschwarzach z. B. obliegt Neumann als »architectus primarius« die Planung und Bauüberwachung der Abteikirche. Um die Finanzierung, den Erwerb der Baumaterialien, die Entlohnung der Handwerker und Tagelöhner kümmert sich der Kanzleidirektor P. Karl Siedler als »inspector fabricae«. Einen Generalunternehmer gibt es nicht, sondern nur eigenverantwortliche Meister für die verschiedenen Gewerke: so einen Maurer- und zwei Steinhauermeister. Der eine behaut grob mit seinen Leuten die Steine im Abtswinder Bruch, der andere richtet sie auf der Baustelle zum Vermauern.[129] Neumann erscheint zwischen dem 15. März und dem 11. Juli 1744 mindestens viermal für kurze Zeit.[130] Zumeist macht er hierbei Station auf der Durchreise. Das spart Geld und Zeit.

Im ersten Baujahr der Wallfahrtskirche zu Gößweinstein, 1730, ist Neumann nach den Quellen im Pfarrarchiv fünfmal am Ort für jeweils zwei bis fünf Tage. In den Jahren 1731–1741 sind zumeist je zwei Inspektionsbesuche überliefert.[131] Neumann, immer in Eile, reist in Gößweinstein vierspännig in der Kutsche an, begleitet von einem Diener und einem Vorreiter. Manchmal entsteigen noch andere Personen der Neumannschen Kutsche, die bei den Baubesprechungen mitzureden haben. Teuer zu Buche schlägt der Wein, der »bey mehrmahligen dasein Herrn Obrist Lieutenant Balthasar Neümann und anderweitheren Rptve Herren und personen, so ihn begleidet«, kredenzt wird.[132] Und auch die Kosten »für Reparirung Tit. Herrn Obrist Lieutenant Neumann alß Baumeisters Kutschen« werden mehrfach dem stets klammen Bauetat zugeschlagen.[133]

Höchstpersönlich steckt Neumann am 12. Mai 1730 den Bauplatz für den Chorbereich der Wallfahrtskirche Gößweinstein ab (auf dem anderen Teil steht noch der Vorgängerbau). Einen Tag später werden die Gräben des Fundamentes ausgehoben, und am 15. Mai beginnt man in Neumanns Gegenwart, das Fundament zu mauern. Die Bauleitung ist anfangs dem Werkmeister Johann Georg Seiz aus Wiesentheid übertragen. Als er auf den Posten eines Hofwerkmeisters nach Trier berufen wird, übernimmt Pfarrer Johann Eberhard Dippold gemeinsam mit dem Maurer- und dem Steinpolier die Bauaufsicht, um Kosten zu sparen. Die Fachleute einfach übergehend, wird er sich später rühmen, er habe seine »obsicht der arbeit« so rißgenau wahrgenommen, daß Neumann »bey seiner zuweiligen anherokunfft nit einmahl einen stein verendert zu werden vor nöthig befunden hat«.[134] Die Akkorde mit den Bauhandwerkern und Künstlern schließt Neumann ab. Seine künstlerische Urheberschaft an der Wallfahrtskirche Gößweinstein ist von Baubeginn an unbestritten: Die Kapselurkunden des Grundsteins und im Turmknauf nennen seinen Namen und daß er »Architectus herbipolensis« (Architekt aus Würzburg) sei.[135]

Neumann veranschaulicht seine Ideen in Zeichnungen und Modellen. Bekannt sind heute mehr als 600 Entwürfe zu seinen architektonischen Werken. Dies dürfte nur ein Teil dessen sein, was er und seine Zeichner geschaffen haben.

Welche Sorgfalt Neumann den Rissen als Kommunikationsmittel zwischen ihm in Würzburg und dem Bauführer in der Ferne widmet, verdeutlicht der Brief an Abt Aurelius Braisch in Neresheim vom 24. März 1749. Neumann übersendet ihm ein Plankonvolut, bestehend aus einem Grundriß (*»in einem teytlichen Maaß der grösse nach formiret, damit mann alles mit dem Circul begreifen undt die maß nehmen könne«*), einem Fassadenaufriß, einem Schnitt durch Vierungskuppel und Querhausarme und einem Längsschnitt durch die ganze Abteikirche (vgl. Abb. S. 120). Alle Pläne haben den gleichen Maßstab, *»damit mann nicht transponiren betarff«*. Im Grundriß ist der Vorgängerbau gelb markiert, um zu verdeutlichen, wie der südliche Querhausarm des Neubaus mit dem Altbestand verzahnt wird, *»welches Meister Dominicus gar wohl wirdt verstehen«*. Einstweilen kann er nach diesem Grundriß mit den Fundamentarbeiten fortfahren, nur soll er darauf achten, daß er die Querhausecken nicht zu schwach fundamentiert, *»dann die Ecken seindt die störke eines solchen gewichtigen Werks«*.[136] Einzelheiten sind bei einem hoffentlich baldigen Besuch zu besprechen.

Entwürfe wie diese gibt Neumann nur als Kopien aus der Hand. Die Originale behält er in seinem Büro für die Entwicklung weiterer Planungsschritte und als Dokumente, auf die sich bei Gelegenheit zurückgreifen läßt, etwa wenn neue Bauprojekte zu konzipieren sind.

Für den Neubau der Abteikirche Neresheim sind zahlreiche Grundrisse, Schnitte und Aufrisse bekannt: von Vorentwürfen bis zum vorläufigen und endgültigen Ausführungsprojekt mit verschiedenen Varianten.[137] Auch bescheidenere Bauwerke werden für die Ausführung bis hin zu Einzelteilen gezeichnet, wie die Spezifikation der 15 Risse für die Pfarrkirche in Heusenstamm dokumentiert: Darstellung des Neubaus, Turm- und Seitenfassaden, Längs- und Querschnitt, Sakristei, Altäre, Beichtstühle, Kanzel, Orgelgrundriß, Stiege zur Orgel, Glockenstuhl, Turmhaube.[138]

Neumanns Pläne, vornehmlich die Ansichten und Schnitte, sind Spitzenleistungen architektonischer Zeichenkunst im 18. Jahrhundert, in der Darstellung mit Feder und Lavierpinsel prägnant oder mit Neumanns Worten: *»in aller accuratisten maß.«*[139]

Jene Eigenart Neumannscher Baukunst, das Zusammenwirken von Plastizität, Raumvolumen und Licht, ist in den Rissen erstmals zu bewundern. Nicht allein das Konstruktive bis hin zum Dachwerk, der Verlauf und die Stärke der Mauern, die Maße, die Proportionen, die Zuordnung von Stützen und Last, auch Bildung und Erscheinungsweise des Räumlichen werden vermittelt. Genügen solche Zeichnungen nicht, um eine Vorstellung des Dreidimensionalen zu geben, muß ein Modell aus Holz, Gips oder aus beidem her.[140]

Von nur wenigen der überkommenen Entwürfe ist völlig zweifelsfrei, daß Neumann sie selber gezeichnet hat. Spätestens seit 1722 verfügt er über einen Stab von Mitarbeitern, die seine Ideen zeichnerisch umzusetzen verstehen. Wie sonst auch hätte er die Vielzahl an Plänen, die er für sich selbst und für die Auftraggeber benötigt, beschaffen sollen. Entspricht die Ausarbeitung eines Zeichners seinen Aufgaben und seinen künstlerischen Intentionen, approbiert er sie mit seiner Unterschrift. Entscheidend ist »stets die Idee, nicht die Hand dessen, der in der Reinzeichnung die Ziehfeder oder den Pinsel für die Lavierung«[141] führt.

Unter den Zeichnern[142] finden sich Kräfte, die für Neumann auch die Aufsicht über Bauobjekte führen: z. B. der Ingenieur-Fähnrich und Stückjunker

Johann Wolfgang van der Auvera. Gemälde von Joseph Anton Glantschnigg, um 1743. Ehem. Würzburg, Mainfränkisches Museum; 1945 verbrannt

Johann Georg Müller. Männer wie ihn, auf die man sich verlassen kann, gibt es nicht im Überfluß, *»dan die junge leithe, die nur riss Copiren vndt produciren, muß ich nehmen alß Studioßen, man kan aber nichts mit außrichten ecc«.*[143]

Eine andere Begabung aus dem Zeichenbüro, Johann Michael Fischer, nutzt die Chance, bei Neumann arbeiten zu können, um seine persönliche Architektursprache zu finden. Er setzt sich kritisch mit Schöpfungen seines Meisters auseinander, dessen jeweils neueste Entwürfe ihm leicht zugänglich sind, und sucht seine eigenen Lösungen. Fischer wird es lange nach Neumanns Tod bis zum Hofarchitekten in Würzburg bringen.[144]

Gleichfalls einen Namen machen sich Johann Wolfgang van der Auvera und Johannes Seiz. Van der Auvera (1708–1756), Zeichner und Bildhauer, zählt zu Neumanns engsten Vertrauten. Bei Altarentwürfen bestimmt der Baumeister den Architekturaufbau, van der Auvera fügt den Dekor und die Skulpturen hinzu. Sein Talent für Ornamentales ist unübertroffen, und Neumann überläßt ihm dieses Gebiet. Van der Auvera prägt wesentlich den Zeichenstil in Neumanns Baubüro.[145]

Johannes Seiz (1717–1779) ist Bauzeichner und steigt 1750 zum kurtrierischen Hofwerkmeister auf,

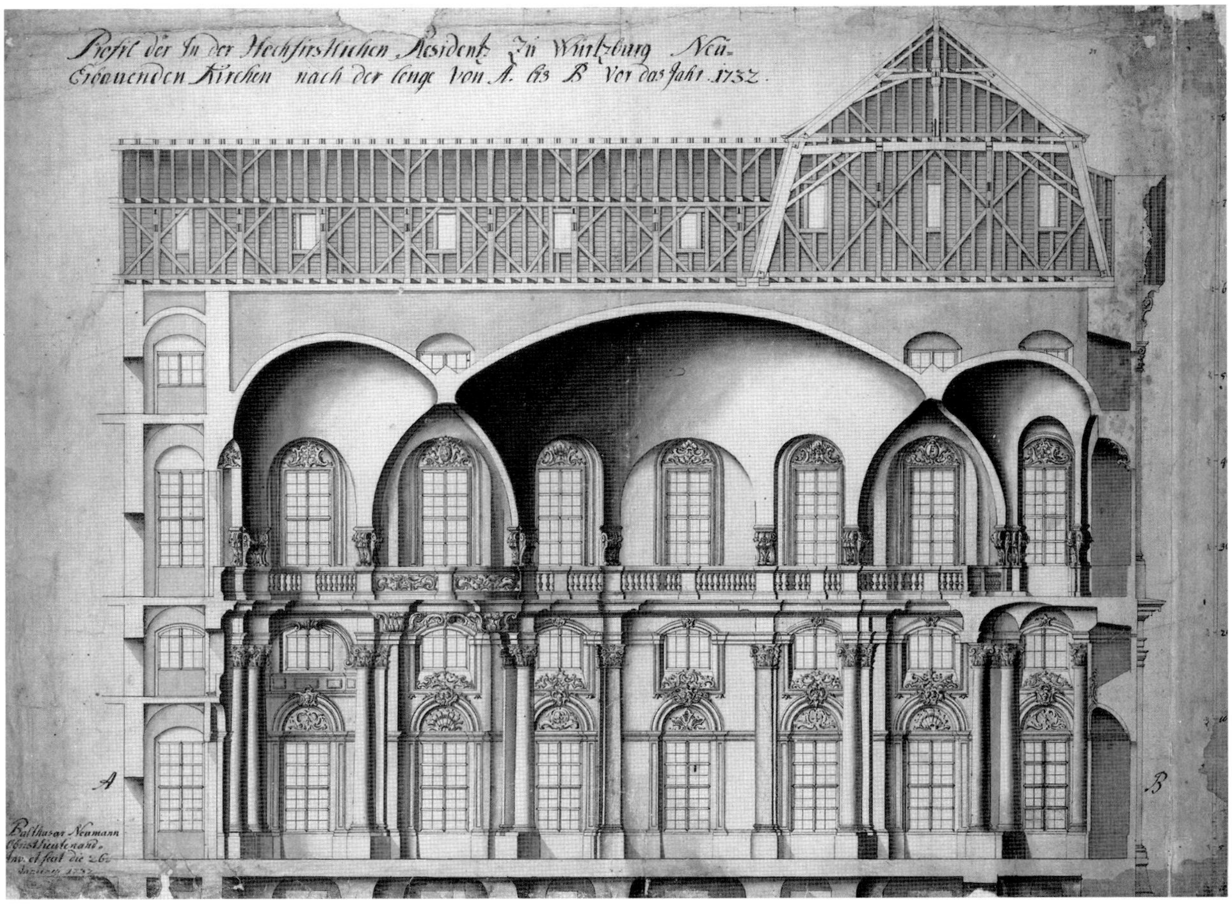

Würzburg, Residenz. Längsschnitt durch die Hofkirche. Entwurf von Balthasar Neumann, 1732. Hdz 4687

Würzburg, Residenz. Altarraum der Hofkirche

später zum Hofarchitekten, Obristwachtmeister und Kommandeur des Artilleriecorps. Er gilt als Neumanns Lieblingsschüler und ist die verläßliche Stütze seines Lehrers in Kurtrier. Seiz' Zeichnungen verraten eine geübte Hand und Freude am Dekor, die er vielleicht van der Auvera verdankt.[146] In den Lohnabrechnungen für die Zeichner taucht 1730/32 ein Anton Neumann auf.[147] Er ist der Neffe des Baumeisters, Hans Anton, Sohn seines ältesten Bruders Hans Adam.[148]

Balthasar Neumann erfreut sich vor allem der zeichnerischen Virtuosität seines eigenen Sohnes Franz Ignaz Michael. Bleibt ein Bauriß für den Vater ein Mittel zur Verbildlichung seiner Architektur- und Raumideen, so wird er beim Sohn zu einem graphischen Kunstwerk.[149] Franz Ignaz Michaels Konstruktionsriß für die Wölbung der Abteikirche Neresheim von 1755 erschließt spontan auch dem Laien ein Verständnis für technische Zusammenhänge und vermittelt zugleich ästhetischen Genuß.

Die Ansicht der älteren Forschung, Balthasar Neumann sei ein schlechter Zeichner, sein Verhältnis zum Ornamentalen und Dekorativen gestört gewesen, ist umstritten. Glaubt man der Lebensbeschreibung aus Familienbesitz, so war er zu Beginn seiner Karriere im Zeichnen ungeübt.

Sollte er Vorlagen wie für das Thesenblatt des Freiherrn von Reitzenstein oder für das Feuerwerk von 1725 mit solcher Feinheit der Einzelheiten wirklich selbst geschaffen haben, kann er nicht unbegabt gewesen sein und muß mit Eifer sein schlummerndes Talent gefördert haben. Flüchtig hingeworfene Skizzen wie die von der Paris-Reise sind als Erinnerungsstützen kein Maßstab für Neumanns Zeichenqualität.

Sind die Entwürfe für die Würzburger Hofkirche von 1732 Hdz 4687 und 4688 tatsächlich eigenhändig, dann lassen Prägnanz und Subtilität in der Wiedergabe von Architekturgliedern, Raumvolumen und Lichtwirkung keinen Zweifel zu, daß Neumann den hohen zeichnerischen Standard seines Büros nicht erst durch geschickte Zeichner entwickeln lassen muß, sondern dank eigenen Könnens bestimmt. Doch dies ist nicht einwandfrei nachzuweisen.[150]

Der Längsschnitt durch die Hofkirche zeigt: Neumann denkt den Raum nicht ohne Schmuckelemente. Die Überfülle an täglicher Arbeit erlaubt es ihm oft nicht, Entwürfe mit allen wünschenswerten Details zu versehen. So kommentiert er 1733 eine Sendung an Friedrich Karl von Schönborn nach Wien: »*Ewer Hochfürstl. Gnaden habe ich mit den gestr. abgegangenen Postwagen vnterthänigst überschickt den grundriss von der Hofkirchen dahier mit dessen langen Durchschnitt vndt innern Architectur, welchen zwar in Abgang der Zeit nicht gantzl. Illuminirt vndt außgezeignet, wie es sein solte, Ewer Hochfürstl. Gnaden werdens nichts ungnädigst vermercken.*«[151]
Dominiert stets auch die Architekturform, Dekoration und Ausstattung läßt Neumann nicht außer acht. Die Ausarbeitung von Einzelheiten überträgt er in der Regel seinen Fachkräften und beobachtet ihr Wirken mit kritischem Interesse.
Zu Neumanns Arbeitsmaterialien in seiner Sammlung von Handzeichnungen, Fachbüchern, Stichen und Modellen gehört das »Skizzenbuch«, heute in der Würzburger Universitätsbibliothek.[152] Es ist ein Konvolut mit Zeichnungen und Zeichnungsfragmenten: Architekturdetails, figürliche und ornamentale Bauplastik, Ziervasen, Wappen, Stuckdekorationen, Wandverkleidungen, Spiegelrahmen, Möbel, Öfen, Kamine und anderes mehr. Den Grundstock zu dieser Sammlung legte der Maler Johann Rudolf Byss. Neumann erweitert das heterogene Material, aus dem sich manche Anregung für die tägliche Arbeit schöpfen läßt. Hier finden sich mainfränkische, Mainzer, Wiener und Pariser Entwürfe beieinander, auch Blätter zu eigener Architektur. Wer kein Verhältnis zu Fragen der Dekoration und des Ausstattungswesens hat, hätte sich kaum einen solchen Fundus geschaffen.

Zu Gast beim Kurfürsten von Köln

Der Kurfürst von Köln, Clemens August von Bayern, ruft Neumann an seinen Hof, um Rat und Planungshilfe für die Bauunternehmungen im Umkreis seiner Bonner Residenz zu erhalten.[153] Der Wunsch Clemens Augusts, Neumann für eine Gastrolle zu verpflichten, kommt dem Fürstbischof von Würzburg nicht ungelegen. Denn mit der Beurlaubung seines Baumeisters kann er dem Vertreter des Hauses Wittelsbach und damit der antiösterreichischen Partei im Reiche seinen Willen zur Neutralität demonstrieren.
In der Lieblingsresidenz des Kurfürsten, Schloß Augustusburg zu Brühl, sind bei der Neuplanung der Räume des Corps de logis Probleme entstanden, die sich mit heimischen Kräften nicht zur Zufriedenheit des Bauherrn lösen lassen. Neu zu gestalten sind ein repräsentatives Treppenhaus und zwei Säle als Bestandteile der Hauptraumfolge für das Empfangs- und Regierungszeremoniell. Da Clemens August zur glanzvollen Darstellung seiner Herrscherwürde führende Künstler ihres Faches zu engagieren pflegt, ist ihm Balthasar Neumann auch unter diesem Aspekt höchst willkommen.
Neumann denkt wie immer bei Reiseplänen ökonomisch: Die Aufwartung bei Clemens August plant er ein als eine von mehreren Stationen einer Reise nach Amsterdam, wo Handelsgeschäfte zu tätigen sind. »*Ewer Hochfürstl. Gnaden Habe vnterthänigst berichten sollen*«, schreibt er am 9. Juni 1740 im frühestbekannten Brief aus Brühl an Friedrich Karl von Schönborn, »*wie weith ich mit meiner Reiß kommen bin, nachdeme seiner Churfürstl. Gnaden* (Franz Georg von Schönborn, Kurfürst von Trier) *zu Ehrenbreitstein daß bauweßen in Eine ordnung interims gebracht, vndt andere mehrere sachen bereiths gehoben, so bin den Pfingstsambstag von Cärlich abgereißet vndt zu Andernach, wie auch leitensdorf* (Leutesdorf) *Kirchen vndt bauhweßen besichtigen müssen, sodann abents nacher Bonn gekommen, mich alda umb gesehen*«.
Clemens August weilt nicht in seiner Bonner Residenz, sondern in Brühl. Auf der Fahrt dorthin besichtigt Neumann das Jagdschloß Falkenlust, »*so auf den weeg ist…, zu Bryl nach der tafel bin gleich gemelt wordten, so balden habe die gnad gehabt in beysein deren herrn Ministern, Ein Compliment von Ewer Hochfürstl. Gnaden abgelegt, über welches seine Churfürstl. Duchlaucht des hohen wohlsein Ewer Hochfürstl. Gnaden erkundigt vndt eine freyd bezeiget haben, so fort mit mir vndt Einigen Ministern in den gantzen bau durch alle fertige vndt unfertige Zimmer paßiret vndt mir die fehler vndt ahnständt selbsten die gnad gehabt zu erzehlen, ich gabe vnterthänigst zu verstehen, daß ich den abents gerne wolt nach-*

er Cöln die reiß fortsetzen, seine Churfürstl. Durchleicht aber vermelteten mir gnädigst, daß es seine Hochfürstl. Gnaden nicht würdten übel vermercken, sie wolten guth davor sein, vndt wirdte höchst dieselbe obligiret sein, wan ich etwan 8 tag hier verbleibte vndt die tubia mit rath vndt thad heben helfte, ich faste mich gleich vndt andworthete vnterthänigst, die haubt Idee davon zu machen wirdte wohl inner 3 vier tagen können gemacht werdten, ich wolte so lange vnterthänigst aufwardten vndt mit meiner wenigen möglichkeiten mich darahn machen, so auch geschehen, vndt bin gesichert, daß seine Churfürstl. Durchleicht vergnügen werdten haben.«

Mit keinem Wort gibt Neumann zu erkennen, worin die »tubia« liegen, die es zu lösen gilt. Unter der »haubt Idee« wird eine allgemeine Ideenskizze für die gesamte Gestaltung des Corps de logis, vor allem für das Treppenhaus, zu verstehen sein. Bei allem, was er plant, möchte Neumann nicht die Kompetenz des örtlichen Baumeisters, des tüchtigen Michael Leveilly, verletzen, sondern er arbeitet mit ihm zusammen, »*damit keinen vertruß andern mache*«.

Erhalten sind zwei Entwürfe für die Brühler Treppenläufe, gezeichnet von Johann Wolfgang van der Auvera, der Neumann auf der Reise nach Amsterdam begleitet: »*Den bildhauer nutzet die reiße viel, er hat Vergnügen vndt siehet hier vndt da Einige guthe sachen, die er sich wohl zu nutzen machet.*«[154] Van der Auvera erlebt die Planungsarbeit an Ort und Stelle mit. So wird es ihm nicht schwergefallen sein, die Entwürfe für Brühl in Würzburg unter den Augen Neumanns auszuarbeiten.

Juni 1741 brilliert er mit seinem Können erneut in Schloß Augustusburg. Er speist an der Tafel des Kurfürsten, »*wo die herrn gesandten alß frankreichs, sachsen, vndt Bayerns gegenwerdig geweßen, welche alle trey von Civil vndt fortifications bauweßen wissend, vndt noch extra Ingenierers bey sich gehabt, welche allerley rath seiner Churfürstl. Durchleicht mit gegeben, vndt ich auch particulare mit bekandt wordten*«. Als die Äußerungen dieser Experten in Belanglosigkeiten zu verplätschern beginnen, bittet Neumann den Kurfürsten mit der Tafelrunde zu einer Ortsbesichtigung, wahrscheinlich ins künftige Treppenhaus. Dort führt der Baumeister ein Modell vor, an dem er seine »*ohnmaßgebliche meinung*« veranschaulicht und vom Kurfürsten wie »*ahnweßenden herrn abgesanden vndt ministern*« Beifall erhält: »*mit hin ich keinen deren gedancken gefolget vndt was bessers gemacht.*«[155]

Als Neumann Ende Juli 1741 sein Gesuch um die Ernennung zum Oberst der Fränkischen Kreisartillerie verfaßt, erwähnt er auch seine Arbeit kürzlich in Brühl, wo er »*die gnad gehabt, einige gute unterthänigste dienste zum gnädigsten vergnügen zu tun*«.[156] Neumann weiß um die Ehre und das Prestige, für den Kölner Kurfürsten tätig gewesen zu sein. Der Hinweis darauf verfehlt seine Wirkung nicht.

Eine kurze, doch arbeitsreiche Reise nach Bonn und Brühl unternimmt Neumann zwischen dem

Kurfürst Clemens August. Ausschnitt aus dem Porträt im Unteren Salon des Schlosses Falkenlust in Brühl

folgende Doppelseite: Brühl, Schloß Augustusburg. Treppenhaus

29. März und 2. April 1742: »*Ewer Hochfürstl. Gnaden solle vntherthänigst berichten, wie daß den verwichenen Donnerstag d. 29. Martii zu bonn nachts angelanget, den frey*(tag) *umb 9 Uhr bey seiner Churfürstl. Durchlaucht in der Ersten Audientz geweßen, daß spihl tischlein* (vielleicht ein Gastgeschenk des Würzburger Fürstbischofs) *aber vorhero in dero ahn der handt seinende Bibliodeca gesetzt, so dann nach abgelegten Compliment vndt discurs dahin gegangen vndt den tisch besehen, worüber höchst dieselbe ein grosses Vergnügen bezeiget vndt höflichst bedanckhet haben, alß dann wegen des wasserwercks zu brühl* (Springbrunnen im Brühler Schloßgarten) *der weithere discurs wahre, ich so dann, die sache kurtz zu machen, gleich mit dero Architecten nacher besagten brühl vndt nachts widerumb nach bonn den sambstag umb 9 uhr früh widerumb zu seiner Churfürstl. Durchlaicht, vnterthänigst referirt, so dann die Wirtzburger Ryss vorgezeiget, vndt höchst Dieselbe in denen Zimmern mit herumbgegangen vndt ich gleich die Dubia gehoben, so dann nach Einer zugebrachten stundt meinen vnterthänigsten abschied genohmen mit gnädigster zufridenheit, die parad Kutschen vndt dergleichen besehen, vndt abents in mein schifflein abgereißet.*«[157]

Erst für 1744 ist eine weitere Reise nach Bonn bezeugt, ein Abstecher diesmal aus kurtrierischem Gebiet. Neumann hält in Ehrenbreitstein ein Schreiben Clemens Augusts in Händen, »*daß es recht gnädigst angenehms weher, wann ich wirdte hinunter kommen*«. Der Kurfürst möchte lange mit Neumann diskutieren und fordert ihn auf, mit ihm in seiner Jacht auf dem Rhein nach der kurkölnischen Zollfeste Zons, »*5 stundt unter Cölln zu gehen, wo ich die beste gelegenheit hatte, mit seiner Churfürstl. Durchleicht vnterthänigst die dubia zu solviren*«.[158] Dort angekommen, bleibt kaum Zeit, sich umzusehen, und mit dem Intendanten der kurfürstlichen Bauten und Gärten, August Wilhelm Graf Wolff Metternich, eilt Neumann zurück nach Brühl, Poppelsdorf und Bonn.

Erstmals erwähnt er das Poppelsdorfer Schloß bei Bonn, wo nach längerem Stillstand seit 1744 wieder eine lebhafte Bau- und Ausstattungstätigkeit in Gang gekommen ist. Neumann berät auch hier. Einzelheiten seines Wirkens sind aber nur noch für den Außenbau zu erschließen (Fassadengestaltung der Nordseite) und zu vermuten (Plan für die Freitreppe der Südfront). Das Innere bewahrt nur wenig vom ursprünglichen Zustand.[159]

1745 ist Neumann gleich zweimal, Anfang und Ende des Jahres, Gast von Clemens August. Am 22. Januar teilt der Baumeister dem Fürstbischof aus Ehrenbreitstein mit, der Kurfürst verlange nach ihm. Auch müsse er »*alda Einige gelter von mehr alß 1000 Reichsthaler vor glaß et spigel*« eintreiben.[160] Neumann trifft den Kurfürsten in Trauer an. Am Tage zuvor hat ihn die Nachricht vom Tode Kaiser Karls VII., seines Bruders, erreicht. Obgleich Clemens August »*etwaß retirè geweßen*«, empfängt er Neumann in Audienz, »*vndt hernach gleich zu werck gegangen, vndt mit herrn von Metternich nachmittag auf Poppelsdorf alleins, abents widerumb vnterthänigst referirt, den andern tagß... seindt seiner Churfürstl. Durchleicht selbsten widerumben mit auf Poppelsdorf, umb daß, waß ich vormittags gemacht, zu examiniren, sodann alles mit gnädigsten vergnügen approbieret*«.

Nicht anders verläuft der Aufenthalt in Brühl, wohin der Kurfürst Neumann begleitet. Was er zu Papier bringt, wird sogleich vom Kurfürsten »*approbiret, vndt dießes wohl den tag zu 4 vndt 6 mahl*«. Neumann bleibt in Brühl bis Maria Lichtmeß und nimmt in der Franziskanerkirche an der Liturgie teil, »*woh seiner Churfürstl. Durchleicht selbsten in Pontificalibus, die Kertzen gewühen, außgetheilet, mit der Procession gegangen, hernach die Hayl. Mess geleßen, den hoff, vndt die franciscaner Communiciret, vndt noch eine Heyl. Mess geheret, so dan nachmittags in die vesper vndt Littenay vndt den Hayl. segen abgewardtet, sodann beschlossen, woh ich nach dießen abents meinen vnterthänigsten abschid nahme*«.[161]

Die Kirche der Franziskaner in Brühl ist zugleich die Schloßkirche. Ihre Ausstattung entspricht aber keineswegs dem Anspruch des Kurfürsten. Am 1. März schreibt Neumann aus Ehrenbreitstein, er habe durch seine Zeichner »*umb die Zeit zu paßiren, Einen hohen altar in Marmor zu setzen Einen schönen Riss gemacht für seine Churfürstl. Durchleicht zu Cölln, nacher Bryhl in die franciscaner Kirchen, demselben auf der post nacher Bonn vnterthänigst überschickt vndt mit gnädigster approbation vndt wohlgefallen zurück gestern bekommen, deme ich zu wirtzburg für höchst deroselben privat machen solle lassen*«.[162]

Der Altar ist die glanzvollste und zugleich originellste Schöpfung Neumanns dieser Art.

Auf der zweiten Reise im November 1745 sind die Arbeiten an und in Schloß Poppelsdorf zu inspizieren, wo für die Innenausstattung »*12 stück spigel glückl. angekommen*«. In der Brühler Schloßkirche läßt Neumann im Beisein Clemens Augusts einen Teil des Hochaltars errichten. Der Kurfürst genießt die Anwesenheit Neumanns. Selbst auf der Jagd darf der Baumeister nicht von seiner Seite: »*auch ich müste vor 2 tagen mit auf die perforsch jagt* (Parforcejagd), *wo alles wohl von statten vndt seiner Churfürstl. Durchleicht sich in Gottlob in besten wohlsein sich befinden.*«[163]
Im letzten der bekannten Briefe aus Bonn vom 28. November 1745 klagt Neumann, wie schwer es sei, von Clemens August verabschiedet zu werden. Er bittet hierfür seinen Dienstherrn um Nachsicht. Wiederum finden Kurfürst und Baumeister Muße zum Gespräch bei einer Fahrt in der Kutsche auf den Kreuzberg bei Poppelsdorf und nach Brühl. Zu den Projekten, die diesmal Neumanns Aufenthalt in die Länge ziehen, gehört »*Eine Hayl. stigen auf den Creitzberg ober Poppelstorf*«[164], eine der zahlreichen Nachbildungen der Scala santa beim Lateran in Rom.
Nach 1745 sind keine Reisen Neumanns an den kurkölnischen Hof mehr bekannt. Keineswegs aber brechen die Verbindungen zum Kurfürsten ab, von dem er sich als Mensch und Künstler tief verstanden fühlt. 1747 besucht er ihn in Mergentheim, wo Clemens August als Hochmeister des Deutschen Ritterordens residiert. Im April 1748 wartet Neumann auf Nachricht, ob er in Kurköln benötigt wird.[165] 1750 verzeichnen die extraordinären Kabinettsrechnungen des Kurfürsten eine Summe für Glas, die »dem obristen neumann von Würzburg« gezahlt worden ist.[166]

Späte Jahre und Tod

Neumanns Ruhm hat seinen Höhepunkt erreicht, als 1746 sein Fürstbischof mit 72 Jahren stirbt. »So überwältigend reich war die Welt, die am Todestage Friedrich Karls versank. Oder wenigstens in den allernächsten Jahren unwiederbringlich versunken schien. Denn Anselm Franz von Ingelheim, der dem großen Schönborn auf dem fürstbischöflichen Throne folgte, verscheuchte den Geist vornehmster Sinnenfreude, der von Wien her wie ein warmer Hauch in die Mainstadt gedrungen war.«[167]
Ingelheim ist Gegner der Schönborn. So beginnt er unter denen zu säubern, die Friedrich Karl zu Diensten gestanden haben. Auch Neumann verliert sein Amt als Oberbaudirektor. Nur die Besoldung als Offizier bezieht er weiter. Neumann verursache beim Bauen zu große Kosten, erklärt der neue Herr. Es mag Neumann ein wenig über die Herabsetzung hinwegtrösten, daß er 1747 seine Bestallung als Inspektor für das Bauwesen des Würzburger Domkapitels zurückerhält. Dieses Amt hat er von 1728 an bekleidet. Aus welchem Grund auch immer ist es ihm »vor drey jahr wiederum untersaget worden«. Geld erhält er zwar nicht, aber jährlich ein Fuder Wein und acht Malter Korn. Dafür hat er die Bauvorhaben des Domkapitels zu begutachten, die Pläne zu korrigieren, die Baurechnungen zu prüfen und überflüssige Kosten erst gar nicht entstehen zu lassen.[168]
Fürstbischof Ingelheim kann Neumann die Stellung als Oberbaudirektor nehmen, nicht aber den Ruf, den er genießt. Dieser ist bis an den Hof des Kaisers in Wien gedrungen. Als 1745 Franz Stephan von Lothringen, der Gemahl Maria Theresias, auf der Reise nach Frankfurt zu seiner Kaiserwahl Station in Würzburg macht, hat Neumann die Ehre, ihn durch die Residenz zu führen. Ihre »Magnificence« und »Proprieté« finden allerhöchstes Interesse. Denn der künftige Kaiser beschäftigt sich mit der Neugestaltung der Wiener Hofburg. Nicht etwa Hildebrandt (Franz Stephan behauptet gegenüber Friedrich Karl, ihn überhaupt nicht zu kennen) ist mit Neubauplänen betraut, sondern der lothringische Baumeister Jean Nicolas Jadot de Ville-Issey. Nun erhält auch Neumann den Auftrag, Entwürfe zu zeichnen: »*indessen überschicke auch Seiner Kayserlichen Majestät meine idee über die Kayserliche und Königliche burg oder residenz in Wien, welches dessein bereith fertig habe*«[169], meldet Neumann 1747 dem Rat der Stadt Eger. Drei Projekte mit den großartigsten Treppenhäusern der Barockzeit für die Wiener Hofburg sind bekannt. Als Ehrengeschenk läßt Maria Theresia durch ihren Hofbausekretär und Vertrauten Emanuel Graf de Silva-Tarouca Neumann eine »grosse und schöne« Tabatiere übersenden. Die Kaiserin habe »deroselben schöne Plans und Concepten oder Ideen mit allergnädigsten Vergnügen und Satisfaction sowohl

als dero offerirende diensten« erhalten, versichert Graf de Silva-Tarouca. Gewiß würde Ihre Majestät Neumann berufen und »alles in werckh zu setzen keineswegs unterlassen haben«, herrschten nicht gegenwärtig verderbliche Kriegszeiten. Ein Vorwand? Fürchtet Maria Theresia, die mehr zur Sparsamkeit neigt als ihr Gemahl, die horrenden Kosten?

Zu denken gibt, daß Jadot noch 1748 ein Modell der neuen Hofburg liefert. Die Tabatiere, muß Neumann sich belehren lassen, sei »umb so viel mehrer zu schätzen, weillen es von der geheiligten Handt seiner Kayserlichen Majestät selbsten herkommet, als wegen des golts selbsten«.[170] Neumanns Hofburg bleibt ungebaut.

Die persönliche Bekanntschaft mit dem Kaiser versucht Neumann 1746 für das Wohl seiner Familie zu nutzen. Franz Stephan möge kraft seines Rechts der »primae preces« eine soeben durch Tod erledigte Pfründe am Neumünsterstift zu Würzburg seinem ältesten Sohn Franz Ignaz Michael übertragen. Ein fast sechzigjähriger Vater sorgt sich um die Zukunft seiner noch unmündigen Kinder: Franz Ignaz Michael ist 13 Jahre alt. Geradeheraus erinnert Neumann den Kaiser daran, ihn bei seinem Aufenthalt in Würzburg bedient zu haben und auf »*Dero allergnädigsten Kaiserlichen hulden in vorfallenheiten vertröstet*« worden zu sein. Jetzt soll Franz Stephan zu seinem Wort stehen. Der Baumeister hat auch vor dem Kaiser keine Scheu, seine Verdienste herauszustellen, »*welche ich mir sowohl bey dem löblichen Fränkischen Crais, worunter ich die stelle eines artillerieobristen zu versehen habe, alss auch um das Heilige Römische Reich selbsten durch meine wissenschafften, und sonderlich durch die civil- und militar architectur in vielen gelegenheiten, und bey verschiedenen hohen herren Reichsständen von langen jahren her erworben habe*«. Dies lasse ihn »*um so mehr hoffen, daß Euer Kaiserlicher Mayestät mich nicht trostlos zu lassen allergnädigst geneigt seyn werrden*«. Mit seiner Erfahrung sei er imstande, dem Kaiserhaus treu zu dienen, »*wie ich dann mich hierzu mit vollen dienst-eyfer würde gebrauchen lassen*«.[171] Weder die Pfründe für den Sohn wird gewährt, noch wird Neumann auf einen Posten am Wiener Hof berufen. Hat der Kaiser das Gesuch überhaupt zu Gesicht bekommen?

Franz Ignaz Michael besitzt die Begabung des Vaters, und so tritt er erfolgreich in dessen Fußstapfen: als würzburgischer Oberst und Architekt. Eine Pfründe beim Neumünsterstift erhält schließlich Neumanns jüngster Sohn Valentin Franz Stanislaus. Um die Jahrhundertwende zählt er als Stiftsdechant, geistlicher Rat und Vizekanzler der Universität zu den bekanntesten geistlichen Würdenträgern Würzburgs.

Kurz nach der Planung für Wien beschäftigen Neumann zwei weitere Entwurfsaufträge riesigen Ausmaßes, die ebenfalls unverwirklicht bleiben: Residenzprojekte für Stuttgart (1747–1749) und Karlsruhe (1750/51). Nicht erhalten sind Pläne für den Neubau des Schlosses Schwetzingen (1752), der auch nicht zustande kommt. Ausgeführt dagegen wird das Sommerschloß Schönbornslust bei Koblenz für den Trierer Kurfürsten Franz Georg von Schönborn. Die Pläne wohl von 1748 verwirklicht Johannes Seiz. Neumann kommt wenigstens einmal im Jahr zur Inspektion, und er kann sich ganz auf seinen Schüler verlassen. Schloß Schönbornslust, dessen Innenausstattung Neumann nicht mehr vollendet erlebt, wird um 1800 dem Vandalismus zum Opfer fallen.

Fürstbischof Ingelheim stirbt 1749. Der Nachfolger, Carl Philipp von Greiffenclau, ein Verwandter der Schönborn, ruft Neumann auf dessen Eingabe hin in sein altes Amt zurück. Die Hofkammer stellt fest, dem Baumeister sei ohne sein Verschulden die Gnade des verstorbenen Fürsten entzogen worden.[172] Und Greiffenclau beschließt: »Es hätte Obrist Neumann auf des hochstifts Kosten gelernt, dahero auch ratsam, daß er ferner gebrauchet und das vorige gehalt widerum zugeleget werde, mit dem beding, daß er die vorgeschriebene Instruction auf das genaueste zu befolgen habe.«[173]

Besagte Instruktion spiegelt Neumanns Arbeitsalltag. Für die »obsorg und direction« des Bauwesens in Würzburg und auf dem Lande – Bamberg gehört nicht mehr zu Greiffenclaus Herrschaftsbereich – hat Neumann »untertänig getreue, hold, und dienstgewärtig« mit »seinen äussersten kräften und vermögen« einzustehen. Der Fürstbischof gestattet Neumann »einen öfteren zutritt«, um ihm in Bauangelegenheiten seinen Willen »ohnmittelbar gnädigst« darzutun. Was neugebaut oder wiederhergestellt werden soll und was an Materialien zu beschaffen ist, muß der Hofkammer rechtzeitig bekanntgegeben werden. Ihr sind jetzt Kompetenzen des Bauamtes zugewiesen. Die Hofkammer prüft, gutachtet und überstellt Neumann den schriftli-

Benediktinerabteikirche
Neresheim.
Zusammenspiel von Licht
und Architektur

»Ein mann wegen vieler seiner ganz besonderen Eigenschaften würdig eines längeren Lebens. Er war geliebt von grosen Chur- und fürsten wegen seiner Kunst und grosen Erfahrnus in der Architectur... geliebt und geachtet von Jederman wegen seinen leuthseligen umbgang und christlichen Lebenswandel; sein leuthseliges wesen machte ihn jedermann günstig ... Den 22. August wurde er begraben auf ein sein character gemäße Ceremonie. Ein ganzes Bataillon führte an H. Obrister v. Kolb, die artilleristen gingen vor und nach dem trauerwagen, welchen 4 in schwarz Loi verhüllte pferd zogen, als dan folgeten 2 stuck (= Geschütze); bey der Einsenkung gabe die Bataillon Vor der Capellen auf dem marck feuer, als dan wurden auf dem Schloß (= Marienberg) 3 stuck losgeschossen und dieses wurde 3 mahl wiederholt; der ganze leichen Conduct war recht schön, alle gassen und häuser waren mit menschen angefüllt, welche diesen Verstorbenen sahen und betrauerten.«

Balthasar Neumanns Trauerzug am 22. August 1753. Aus der Chronik des Pfarrers Andreas Geißler. Zit. nach: von Freeden (wie Anm. 182).

chen Bescheid des Fürstbischofs, was zu tun ist. Vorher darf der Baumeister nichts beginnen.
Auf der Baustelle haben Handwerksmeister, Aufseher, Tagelöhner und »andere dergleichen leute« Neumanns »angebungen und veranstaltungen in alle wege folg zu leisten«. Zweimal in der Woche, dienstags und freitags, wenn erforderlich auch häufiger, soll er vor der Hofkammer über die laufenden Arbeiten berichten. Um die Kasse der Hofkammer nicht über Gebühr zu belasten, werden die jährlichen Ausgaben für die Residenz auf 24 000 Gulden und für das Landbauwesen auf 6000 Gulden begrenzt. Neumann hat der Hofkammer vorzutragen, »was für sotane summ sowohl dahier, als auf dem land baulich errichtet werden wolle, und mit was nutzen all dieses geschehen könne«.
Da Carl Philipp von Greiffenclau nicht zweifelt, Neumann werde seine Aufgabe pflichtbewußt erfüllen und »die arbeiter, handwerksleut und künstler öfters beschleichen; und da sie ihre arbeit nachlässig verrichten, sie zu treueren fleiß vermahnen, wo es aber nicht verfangen wollte, solches bey der hofcammer zu remedur ongesäumt anzeigen lassen«, so soll der Baumeister die gleichen Jahresbezüge erhalten, über die er unter Fürstbischof Friedrich Karl von Schönborn verfügen konnte: 480 Gulden an Bestallungsgeld, 120 Gulden Zulage als Hofbaumeister, 270 Gulden 24 Kreuzer an Kostgeld, 62 Gulden 24 Kreuzer an Quartiergeld, 1 Fuder Wein, 12 Karren Holz: macht an Geld 932 Gulden 48 Kreuzer.[174] Das Fuder Wein wird in einer Spezifikation über Neumanns Besoldung aus der Zeit nach seinem Tode mit 24 Gulden bewertet, die Holzzuteilung hat den Gegenwert von 28 Gulden 12 Batzen. Was das Kostgeld betrifft, so stehen Neumann wöchentlich 3 Reichstaler, seinem Bediensteten 1 Reichstaler 6 Batzen zu.[175] Befindet sich Neumann in »herrschaftlichen verrichtungen« auf Reisen, so kann er täglich an Spesen 3 Reichstaler, für seinen Bediensteten 7 1/2 Batzen in Rechnung stellen.
Wenn das Jahresgehalt des fürstbischöflichen Kanzlers in Würzburg, des obersten Beamten, 1200 Gulden beträgt[176], so verdient Neumann bei Hofe nicht schlecht. Die Bezüge erhöhen sich um die Einkünfte aus der Schleichacher Glashütte und um die Gelder, die Neumann von anderen Bauherren für seine Dienste erhält. Münsterschwarzach vergütet ihm 1727 bis 1743 jährlich 120 Gulden. Hinzu kommen gelegentlich Sonderzahlungen und Naturalzuwendungen in Form von Wein und Getreide.[177] Die zweite Reise nach Gößweinstein bringt Neumann 1730 stolze 60 Gulden ein. 1733/34 sind sogar 80 Gulden zuzüglich Diäten für ihn und seine Begleitung verbucht. Für die späteren Inspektionen bekommt Neumann allerdings weniger.[178] Beträchtlich auch die Honorare einschließlich Reisespesen, die er »wegen des neuen Dikasterialbawes« in Ehrenbreitstein empfängt.[179]

Neumanns Arbeitsfreude ist ungebrochen, der Zwang zu reisen bestimmt den Alltag wie eh und je. Doch zehren Alter und Strapazen an seinen Kräften. Jene Heilquellen in Bad Kissingen, deren wichtigste er wiederentdeckt und nutzbar gemacht, sie sucht er nun selber auf.
Das Ende des Lebensweges krönen drei Sakralbauten: das Käppele in Würzburg, die Wallfahrtskirche Maria-Limbach und die Abteikirche Neresheim. Drei Schöpfungen, die Wesentliches veranschaulichen, was Neumann seiner Zeit zu geben vermochte: jubelnde Heiterkeit in einem Überschwang der plastischen Formen, schmuckkarge, wohlproportionierte Körper- und Flächenhaftigkeit, in Neresheim eine Innenarchitektur, in der alles gipfelt, was Neumann seit seinem Entwurf für die Schönbornkapelle an Raumgedanken ersonnen und verwirklicht hat.
Die Abteikirche in Neresheim ist wie vieles andere unvollendet, als Balthasar Neumann am 19. August 1753 zwischen sieben und acht Uhr morgens in Würzburg stirbt. Die Witwe unterrichtet Abt Aurelius Braisch von Neresheim, ihr innig geliebter Ehemann, Obrist, Kriegs- und Staatsbaumeister sei »nach Christ- Heldenmüthigst ausgestandener Langwüriger Leibsschwachheit (: so Von einer Schirrosen [chiroseum = unheilbares Geschwür] erhärtung an dem unteren Magenschlund entstanden :) mit allen einem sterbenden verordneten heiligen Sacramenten frühzeitig und wiederhohlter Versehen in dem 67ten Jahr seines Alters aus diesem Zergänglichen zuversichtlich in das ewige glückseelige leben«[180] abberufen worden. Abt Aurelius bekennt im Kondolenzbrief, daß »auch mir in dieser Person nach Gott die Hauptsäule Meines auß dem Fundament so wuchtig angefangenen Kirchengebau allerdings gefallen« sei. Er, sein Konvent wie die Bau- und Handwerksleute hätten in Gottesdiensten des verstorbenen »Hauptbaudirektors« gedacht.[181]

Den ergreifenden Trauerzug und das Begräbnis in der Würzburger Marienkapelle am Markt schildert Pfarrer Geißler in einer Würdigung des Verstorbenen. Max H. von Freeden hat aufgrund des Grabverzeichnisses von 1787 die Stelle im Boden der Marienkapelle mit Neumanns Gruft bestimmen können: Sie liegt an der Nordwestseite des – von Westen gesehen – dritten Pfeilers nahe dem Südportal.[182] Zwei Gedenktafeln aus neuerer Zeit am Pfeiler, eine mit Neumanns Kopfprofil in Anlehnung an sein Porträt von Tiepolo im Treppenhausfresko der Würzburger Residenz, weisen auf die Nähe der letzten Ruhestätte.

Balthasar Neumann. Veränderte Replik des Porträts von Kleinert. Würzburg, Mainfränkisches Museum

Die Bildnisse Neumanns

Marcus Friedrich Kleinerts Gemälde des vierzigjährigen Neumann im roten Samtumhang ist neben dem Ganzfigurenporträt Tiepolos im Würzburger Treppenhaus das vertrauteste Bildnis, das vom Baumeister überliefert ist.[183] Es stammt wahrscheinlich aus seinem Besitz. Neumann ist gemäß der Inschrift als Obrist-Wachtmeister der Artillerie, Ingenieur und Architekt porträtiert. Harnisch und Kanonenrohr, auf das er sich stützt, deuten auf den militärischen Rang. Der entrollte Festungsplan in der Rechten ist Attribut des Ingenieurs. Als Architekt weist er auf seine wichtigste Bauaufgabe: die Würzburger Residenz (vgl. Abb. S. 4).

Das vor Leben sprühende Antlitz, von der Perücke üppig gerahmt, wendet sich dem Betrachter zu. Neumann ist von mittlerer Statur. Die Rechte mit dem Festungsplan kann zupacken. Doch fehlt es ihr nicht an Feinfühligkeit. Im Weisegestus der Linken drücken sich Stolz und Selbstbewußtsein aus. Die Ovalform des Gesichtes drängt in die Breite. Beherrschend die hohe Stirn mit kräftig ausgeprägten Augenhöhlenrändern. Wangen und Kinnpartie sind fleischig. Der enge Kragen hebt scharf das Doppelkinn hervor. Die Nase ist kraftvoll ausgebildet wie die Stirn und gut zur Gesamtheit des Kopfes proportioniert. Breit gezogen die straffen, energischen Lippen. Die Mundwinkel formieren sich zum Anflug eines Lächelns. Unbestechlich und bezwingend die klaren, wachen Augen, von dunklen Brauen überfangen.

Es gibt eine Replik dieses Gemäldes von schwächerer Hand.[184] Verändert ist der Kopf durch eine andersartige Perücke. Die Züge erscheinen härter, insbesondere um Nase, Wangen und Kinn. Was die Ähnlichkeit betrifft, steht diese Wiedergabe dem Urbild ferner als ein Pastell, das den gealterten Neumann in stattlicher Uniform zeigt.[185] Stirn, Wangen und Mund des Pastellporträts entsprechen der Kleinertschen Formulierung. Ungetrübt die lebhaft fixierenden Augen. Das Doppelkinn ist fülliger geworden. Wiederum stützt Neumann die Rechte auf ein Kanonenrohr. Die Hand, die einen Zirkel hält, ist rundlich wie der Körperbau. Doch das Sensible an ihr hat auch der Pastellmaler eingefangen. Dieses Altersbild Neumanns vermittelt zwischen Kleinerts Gemälde und Tiepolos Ganzfigurenpor-

Balthasar Neumann. Rötelstudie für das Bildnis im Treppenhausfresko der Würzburger Residenz von Giovanni Battista Tiepolo, 1752/53. Berlin, Staatliche Museen Preußischer Kulturbesitz, Kupferstichkabinett

Würzburg, Residenz. Treppenhaus, Gewölbemalerei von Tiepolo: Balthasar Neumann

trät am Gewölbe des Würzburger Treppenhauses. Dem Fresko geht die Rötelstudie voran, zu der Neumann vermutlich Modell gesessen hat.[186] In raschen, aber meisterlich beherrschten Strichen gibt Tiepolo die Bildidee des hingelagerten Obristen der Fränkischen Kreisartillerie zu Papier. Einzelheiten bleiben im Ungefähren. Aber schon sind Charakteristika erfaßt: die mittelgroße, kräftige Statur, die massige Hand, der schwere Kopf, an dem die individuellen Züge alle wiederkehren, die Kleinert und der Pastellmaler geben.

In einer Ölskizze Tiepolos zum Treppenhausfresko (Metropolitan Museum New York), der Grundlage des Kontrakts vom 30. Juni 1752, ist beim Erdteil Europa ein junger Mann mit Kanonenrohr und Fahne zu sehen.[187] Die Idee, statt seiner Balthasar Neumann erscheinen zu lassen, ist noch zu Lebzeiten des Baumeisters geboren. Ob aber das Bildnis am Gewölbe bei Neumanns Tod im August des folgenden Jahres vollendet war, bleibt offen. Tiepolo könnte in die Verlegenheit gekommen sein, das Antlitz des Verstorbenen nach Skizzen und aus dem Gedächtnis gestalten zu müssen. Erst Ende September 1753 hat er das Fresko beendet.[188]

Tiepolos Neumann gehört zu den originellsten Künstlerporträts, die je geschaffen worden sind. Zunächst deutet nichts auf einen Künstler, es sei denn, der Betrachter vermag die Gestalt mit dem Ort und mit dem Künstlervolk in ihrer Umgebung zu verbinden. Neumann ist Soldat im höchsten Rang seiner Laufbahn. Das Kanonenrohr, auf dem er lagert, ist wie in den früheren Bildnissen Attribut des Artilleristen. Die schräge Liegehaltung bleibt im Lot durch die Linke, die Neumann in die Seite stützt, und durch sein erhobenes Haupt. Auch Tiepolo sieht den Architekten von Selbstbewußtsein und Stolz erfüllt. In leuchtendem Blau beleben Schärpe und Ärmelbordüren die pflaumenfarbene Uniform. Ihre Wirkung steigern die Silbertöne des Ornamentbesatzes und des Bandeliers ins Prunkende. Keck die bunte Kokarde und der monströse Federbusch am Hut unter der rechten Hand. Ist diese Hand in der Zeichnung noch rundlich geformt wie auf dem Pastell, so führt Tiepolo sie im Fresko schlankgliedriger aus, mit überlangen empfindsamen Fingern. Neumanns Antlitz, auffallend jünger als in der Zeichnung, ist ganz Überlegenheit und Vitalität. »Offenen Blickes und mit der selbstverständlichen Gelassenheit des geborenen Baumeisters schaut er auf sein Werk, das riesige Gewölbe des Würzburger Treppenhauses; nicht nur das Ringen, sondern die Sicherheit instinktiven Wissens, nicht nur das Problematische, sondern die stille Heiterkeit des soueränen Könnens machen sein Wesen aus.«[189] Der Kopf, der große Baugedanken ersonnen, die Hand, die sie in vollendete Gestalt übertragen: in Kopf und Hand offenbart sich dem Genius Tiepolo der Genius Neumann.

»EIN VOLLKOMMENES WERCK…, EIN MEISTERHAFTES WERCK«

»Sonsten habe mich dieße gantze wochen in der Cappellen aufgehalten vndt nicht nur die anstalt zu setzung deren Marmorsteinen säulen gemacht sonder, Gott lob, ohne daß geringste unglick schon 6 aufgezogen vndt gesetz vndt obschon die Verenderung des geristes vndt deren Zug Machinen gedencke Dienstag d. 17 dießes damit fertig zu sein, als daß daran waß großes gemacht ist. Die Zuschauer so wohl von gnädigen alß andern Herrn vndt leiten den Ernst in fortbauen dießer Cappellen vermerckt worden vndt Eine freid bezeigt, worzu ich keinen Creitzer ahn Neyen Zugsailen oder dergleichen angewendet, sondern mit guther sicherer arth vndt wenig leith alß 10 Personen ahn Einer säulen sambt aller zu bereithung, Ketten, sailer, hölzer vndt dergleichen beschwerden zu aufziehung gebraucht mit der vnterthänigsten hofnung, daß Ewer Hochfürstl. Gnaden werdten gnädigstes belieben daran finden.«

Balthasar Neumann am 15. April 1731 an Fürstbischof Friedrich Karl von Schönborn über die Arbeit an der Würzburger Schönbornkapelle. Zit. nach: Briefe S. 29 f.

Frühe Meisterwerke des Sakralbaus

Die Schönbornkapelle in Würzburg

An den Planungen zur Schönbornkapelle reift Neumann zum Architekten von Rang und entwickelt wesentlich an diesem Bauwerk seine spezifische Architektursprache.[190]

Schon als Domherr will Johann Philipp Franz von Schönborn die Crispinikapelle am Nordquerhaus des Domes zur Schönbornschen Grablege umwandeln. Als Fürstbischof greift er diesen Gedanken wieder auf und stellt ihn in den Zusammenhang des Residenzbaus und der städtebaulichen Neugestaltung Würzburgs. Jetzt aber ist ein vollständiger Neubau geplant, wobei dem Fürstbischof wohl die Kurfürstenkapelle Johann Bernhard Fischer von Erlachs am Dom zu Breslau (von 1716 an für Franz Ludwig von Pfalz-Neuburg) als Vorbild vorschwebt.[191]

Neumanns Schlüsselstellung im Werdeprozeß der Kapelle beweisen zwei Peremptorien des Domkapitels vom Februar 1722.[192] Aber auch Maximilian von Welsch und Johann Lucas von Hildebrandt sind an der Planung beteiligt.

Der frühe entscheidende Beitrag Neumanns ist in den beiden Zeichnungen SE 40 (vgl. Abb. S. 54) und SE 38 zu sehen, einem Längs- und einem Querschnitt. Sie gelten als die ersten selbständigen Architekturentwürfe Neumanns für einen Sakralbau, die erhalten geblieben sind.[193]

Das dreigegliederte Raumgebilde entspricht dem politisch-demonstrativen Gedanken, den Fürstbischof Johann Philipp Franz 1721 mit dieser Kapelle verknüpft. Neben »einem sauberen altar« sollen zwei Epitaphe errichtet werden: einer für ihn selbst, der andere für den Mainzer Kurfürsten Johann Philipp von Schönborn, dem Begründer der Schönbornschen Hausmacht und großen Vorgänger auf dem Würzburger Bischofsthron.[194] In der vollendeten Kapelle ist das Programm, das Ansehen und Größe der Schönborn für Gegenwart und Zukunft manifestieren soll, sogar noch erweitert durch die Epitaphe für Kurfürst Lothar Franz und Fürstbischof Friedrich Karl.

Den Grundriß konstruiert Neumann mittels geometrischer Ovalfiguren, sogenannter Ovati – ein Verfahren, das im Prinzip den Baumeistern seit Serlio vertraut ist.[195] Einer zentralen Kreisfigur sind seitlich Anraumovati so zugeordnet, daß sie die Kreisfigur durchdringen.

Der Gedanke, seitlich Kapellenräume konzentrisch einer zentralen Kuppelrotunde anzugliedern, ist bereits in der französischen Frühklassik realisiert. Zu vergleichen ist u. a. François Mansarts Kirche Notre Dame de la Visitation in Paris, Neumann wohl bekannt durch den Stich von Jean Marot.[196]

»Gleich Fischer von Erlach und Hildebrandt greift auch Neumann zur Formierung seiner eigenen Architektur auf die französische Frühklassik zurück und gewinnt aus ihren Vorbildern, die in Frankreich selbst längst veraltet sind, noch immer neue, bislang unerschlossene Potentiale des Architektonischen. Neumanns Interesse an der Baukunst Mansarts geht dabei über die bloße Kenntnisnahme weit hinaus. Er vernimmt durch sie eine anschauliche Sprache des Räumlichen, in der das gesagt wird, was auch ihm zu sagen gegeben ist. Im Unterschied zu Fischer und Hildebrandt knüpft Neumann daher nicht an die frühklassischen Wandbildungen oder an Raumthemen der französischen Schloßbaukunst an. Er bezieht sich ausschließlich

Balthasar Neumann.
Anonymes Pastellporträt,
um 1750. Privatbesitz

Würzburg, Schönbornkapelle. Stich von Johann Andreas Pfeffel nach Salomon Kleiner, 1740

Würzburg, Schönbornkapelle. Entwurf Johann Lucas von Hildebrandt zugeschrieben, Halbfassade und halber Querschnitt, 1721/22. SE 44*

Würzburg, Schönbornkapelle. Längsschnitt zum Bau der Kapelle von Balthasar Neumann (?), 1721. SE 40

Würzburg, Schönbornkapelle

auf die Raumgestalt Mansarts und die dadurch verwirklichte Raumverbindung.«[197]

Neumanns Raumauffassung, wie sie SE 40 und – deutlicher noch – SE 38 veranschaulichen, ist richtungweisend für sein künftiges Schaffen. Geklärt ist das Prinzip, einen Kuppelraum hinter der Stützenschicht mit einem Hüllraum zu hinterfangen, gleichsam einen Raum im Raum zu bilden.

Der ausgeführte Bau (1721 begonnen, 1724 beim Tode des Johann Philipp Franz unterbrochen, erst 1729–1736 unter Friedrich Karl vollendet) zeigt Doppelsäulen, die Neumann entschieden von der Wand absetzt. »Die Pilasterwand hinter den Säulen bietet sich dadurch selbst als Hüllwand dar und macht auf diese Weise den von ihr umgrenzten Raum zum Hüllraum.«[198] Raum ist für Neumann plastisch faßbarer Inhalt der Architektur.

Geklärt ist auch das Verhältnis zum Licht: Die Raumhüllen der Anräume sind zugleich Umhüllung des Kernraums durch Licht. Neumann hat zu Themen des Architektonischen gefunden, die ihn zeitlebens beschäftigen werden.

Den zylindrischen Kernraum überwölbt die Kuppel, die vornehmlich auf der inneren Wandschicht, der Stützenschicht, ruht. Erstmals finden sich sphärisch gekrümmte Arkaden, sogenannte Neumannsche Arkaden. »Der Farbornat ist abgestimmt auf den Akkord von Schwarz, Rötlich, Blaugrau und Gold, wobei das Gold an den Kapitellen, im Gebälk, an den Wappenkartuschen und Epitaphien einen schweren katafalkischen Prunk entfaltet. Gleichsam himmlisch-verheißungsvolle Helligkeit bringen in Thema und Farbe die Fresken in diesen barocken Grabestempel.«[199]

Umstritten sind noch immer die Planungsanteile insbesondere Hildebrandts und Neumanns am Gesamtbau. Zur schmuckvoll durchgebildeten Außengestalt der Schönbornkapelle soll Hildebrandt die Grundidee geliefert haben. Nach Bärbel Manitz muß Neumann jedoch als der eigentliche Schöpfer der Fassade gelten.[200]

Holzkirchen

Bei der Gestaltung der Propsteikirche von Holzkirchen erinnert sich Neumann an Architektur, die er auf seiner Frankreich-Reise gesehen hat. Dennoch: »Mit diesem Bauwerk hat er sich freigesprochen von jeder Form der bloßen Nachahmung und auch von den blutleeren Pflichtübungen des französischen Akademismus. Das Stoffliche des Baus ist einfach, karg, aber sorgfältig auswählend bestimmt worden. Die Proportionen im Inneren haben noch etwas vom Pathos erster und überwältigender Bildungserlebnisse. Ungemein schön ist die Lichtsituation in der Kirche, die wie ein Kristall in der unterfränkischen Landschaft ruht und innen sich so reich entfaltet wie eine Blüte und doch nichts Süßes, nichts Duftiges hat.«[201]

Propst Bonifatius von Hutten, der Bruder des Würzburger Fürstbischofs, überträgt vor 1726 die Neubauplanung der Benediktiner-Propstei an Johann Dientzenhofer. Nach dessen Tod 1726 wird das Projekt an Neumann weitergegeben. Er aber kann 1728–1730 nur die Kirche verwirklichen.[202]

Sie ist eine Rotunde mit einem Durchmesser von 14 Metern. Außen tritt sie als ungleichseitiges Oktogon in Erscheinung, die geputzten Wandflächen in Weiß, die Werksteinteile aus Rotsandstein. Eine monumentale Säulenädikula rahmt die ganz in Rotsandstein gehaltene Portalfront. Die Oktogonalkanten sind straff durch Pilaster auf hohen Sockeln hervorgehoben. Die ursprüngliche Kuppelhaube fiel im 19. Jahrhundert einem Brand zum Opfer. Sie ist neuerdings rekonstruiert.

Nach eigenem Zeugnis hat Neumann in Paris und Versailles die Gestaltung von »*freistehenden saulen, dessen architrafiis vndt corniche*« besonders studiert. Mit solchen Elementen umzugehen, falle ihm nun nicht mehr schwer.[203] Wie souverän er diese klassischsten aller Architekturglieder zu verwenden versteht, um letztlich Eigenes hervorzubringen, ist im Inneren der Kirche zu erleben. Den Raum beherrschen acht kannelierte Dreiviertelsäulen kompositer Ordnung mit hohem Gebälk und darüber eine leicht gestelzte Halbkugelkuppel, von einer Laterne gekrönt.

Für das Grundriß- und Aufrißschema gelten als Vorbilder die Diagonalkapellen des Dôme-des-Invalides von Jules Hardouin-Mansart in Paris und einer der Entwürfe Maximilian von Welschs zur »Kirche im Oval« der Würzburger Residenz.[204] Kein Motiv, das hier nicht vorgegeben wäre.[205] Das Eigene findet sich in der Verbindung eines herkömmlichen Aufrißgerüstes mit Halbsäulen und differenziert gedachten Wandintervallen. In den Diagonalen sind ihnen Rundbogenfenster mit konisch eingeschnürten Gewänden zugewiesen. Die Rundbogenfenster in den Hauptachsen liegen in

Holzkirchen, ehem. Benediktinerpropsteikirche. Architekturdetail im Innenraum

Würzburg, Schönbornkapelle. Innenraum

breit eingetieften flachen Konchen mit korbbogigen Schlüssen. Nicht nur diese geschmeidigen Flachnischen und Okuli darüber in der Kuppel betonen die Hauptintervalle, hier auch ist der Ort für die Altäre und die Empore über dem Haupteingang. Zwei gegensätzliche Rhythmen überlagern sich und prägen das Raumbild: der gleichförmig ordnende der Säulenstellungen und der dynamisch wechselnde der Wände dazwischen.

Wunderbar abgewogen sind die Maßverhältnisse. Rundum strömt das Licht in die Rotunde und hebt die Plastizität der Architekturelemente hervor. Lebhafte Stukkaturen im Régencestil an der Kuppel, im Gebälk und um die Fenster unterstreichen Neumanns Absicht, traditionelles Gestalten aus der Erstarrung zu lösen. »Niemand, der die Partitur dieser Architektur kennt, wird die Rotunde als Produkt eines französischen Akademismus mißverstehen können.«[206] Sie ist die Schöpfung eines Neuerers.

Die Raumkonzeption ist klar. Der Aufbau besteht aus der äußeren Schale der Ringmauer und der inneren Schale der Kolonnade. »Die Zerlegung in Schalen ist eine Gestaltungsweise, die sich durch Neumanns Werk von Anfang bis Ende durchzieht…Hinzu kommt aber noch ein zweites Mittel, das dem ersten analog ist: die Schichtung. In Holzkirchen sind nämlich die Fensternischen und Fensterabseiten nicht einfach nur in die Ringmauer eingeschnitten, sondern durch eine eigene Wandschicht abgesetzt, die wie eine flache Tafel erscheint. Die Schichtung macht die Nischen und Abseiten zu einem fest in sich geschlossenen, selbständigen Motiv, und erst hierdurch werden die Intervalle zwischen den Säulen gleichberechtigt mit der Kolonnade.«[207] Schalen und Schichtung muß man bei Neumann wie Raumbildung und Lichtführung sorgfältig beobachten, denn aus ihnen erschließen sich die Sinnzusammenhänge seiner Architektur.

Münsterschwarzach, Abteikirche. Teilrisse für die Vierungskuppel in zwei Varianten, Vorprojekt, 1726/27. SE 69

Münsterschwarzach

Noch ist die Benediktinerabteikirche Münsterschwarzach nicht vollendet, als 1738 Fürstbischof Friedrich Karl von Schönborn vermerkt, er habe Abt Januarius Schwab durch persönliches Zureden bewegen können, »zu mehrerer Ehr Gotteß« so prächtig und kostspielig zu bauen, »daß kaum in dem ganzen teutschland eine schöhnere oder gleiche (Kirche) wird zu finden sein«.[208]

Nach der Säkularisation der Abtei 1803 beginnt das Bauwerk zu verfallen, 1821–1841 wird es abgebrochen und sein Steinmaterial für den Straßenbau verwendet.[209]

Münsterschwarzach ist Neumanns erstes monumentales Kirchenprojekt. Er entwirft es völlig eigenständig und betreut es ohne Eingriff eines anderen Architekten über eine Bauzeit von anderthalb Jahrzehnten (Grundsteinlegung 1727, Vollendung des Rohbaus spätestens 1742, Weihe 1743). Will man über das künstlerische Vermögen Neumanns an diesem frühen Hauptwerk Klarheit gewinnen, muß man auf das umfangreiche Plan- und Bildmaterial zurückgreifen. Außerdem ist ein Holzmodell erhalten, spätestens zur Jahreswende 1726/27 entstanden.[210]

Neumann errichtet die Kirche auf dem Grundriß eines lateinischen Kreuzes, mit doppeltürmiger Eingangsfront, basilikaartigem Langhaus, Querschiff, überkuppelter Vierung, Chor und Chorturm. Die Raumstruktur veranschaulicht das Holzmodell, wenn auch Einzelheiten verändert ausgeführt sind. Läßt das Langhaus außen auf eine Basilika schließen, so entpuppt es sich im Inneren als eine Mischung dieses Typs mit einer Wandpfeilerkirche. Kräftige Wandpfeiler, an der Stirnfront durch Dop-

Holzkirchen, ehem. Benediktinerpropsteikirche

Münsterschwarzach, Abteikirche. Stich von Johann Balthasar Gutwein nach Balthasar Neumann, 1743

pelpilaster besetzt und durch ein gemeinsames Gebälk verbunden, grenzen im Langhaus anstelle von Seitenschiffen beidseits vier Kapellen ab. Sie wiederum verbindet unter den Fenstersohlbänken ein schmaler Emporengang. Gewölbt sind Langhaus, Chor und wahrscheinlich auch das Querhaus durch gegurtete, leicht gestelzte Halbkreistonnen mit tief einschneidenden Stichkappen über den Obergadenfenstern.

Das Schwergewicht räumlichen Gestaltens legt Neumann auf die Vierung. Er verwirklicht eine stark gestelzte Pendentifkuppel auf Doppelsäulen, die auf kreisrundem Grundriß vor konzentrisch gekehlten Vierungspfeilern stehen – ein Aufbau, wie er in der Würzburger Schönbornkapelle vorgeprägt erscheint.

Das Planmaterial überliefert Vierungs- und Kuppelkonstruktionen, die fortschrittlicher und aufwendiger sind als das, was ausgeführt wird. Neumann will den Konvent für eine Tambourkuppel erwärmen, die die Kenntnis französischer, italienischer und wienerischer Kuppelbauten voraussetzt, wohl durch Stiche vermittelt.[211] »Neumann durfte mit seinem Tambourkuppelprojekt sicher sein, eine architektonische Sprache zu sprechen, die in Wien von dem römisch erfahrenen Fürstbischof und römisch geschulten Hildebrandt verstanden wurde. Er zeigt ein Maß an architektonischer Bildung, das vergessen lassen konnte, daß er nie das Glück zu größeren Studienaufenthalten, schon gar nicht in Rom, gehabt hatte; er demonstrierte, wie schöpferisch frei er mit der Tradition umzugehen in der Lage war, und er stellte sich damit mühelos der Konkurrenz, die die Kuppel der Karlskirche bedeuten mußte, die er bei seiner Wienreise 1729 erstmals fertig hatte sehen können.«[212] Doch in Münsterschwarzach drängt man auf eine billigere Kuppelform, die unmittelbar aus dem Satteldach aufwächst und sich im Gesamtbild der Kirche als nicht ungünstig erweist.

Was die Gestaltung des Inneren betrifft, so gelingt Neumann in Münsterschwarzach kein entscheidender Lösungsschritt zu einer seiner Kernfragen im sakralen Bereich: Wie können Zentral- und Längsraum »sich zu einem Ganzen organisieren und gleichzeitig sich als ausgesonderte, aber zugehörige Teile eines übergreifenden, sich konstituierenden Raumzusammenhangs darstellen«?[213]

Bedeutsam für die Fernwirkung des Bauwerks in der Landschaft sind die voluminös sich wölbende Vierungskuppel mit ihrer Laterne, die Westfassade mit den beiden Türmen und der Horenturm des Chores. Mit der architektonisch durchklärten Eingangsfront gewinnt Neumann den Ausgangspunkt für die künstlerische Entwicklung aller seiner späteren Doppelturmfassaden. Hinreißend die äußerst lebhaft konturierten, nadelspitz sich verjüngenden Hauben der Türme und der Kuppellaterne. Sie nehmen dem Bauwerk alles Schwere. Sie rufen den Eindruck von Höhe hervor. Sie stilisieren die plastisch durchformte Architektur zum Ornament. Neumann gehört seit Münsterschwarzach zu den führenden Architekten des Rokoko. Bitthäusers Ansicht von Kloster und Kirche macht schmerzlich bewußt, welches Juwel die fränkische Landschaft verloren hat.

Die Hofkirche in der Würzburger Residenz

In der Dedicatio zur Festschrift anläßlich der Hofkirchenweihe 1743 schreibt Neumann, die Stadt Würzburg sei beglückt, »*da sie nunmehro in Dero Hochfürst*(lichen) *Residenz mit ehrerbietsamen augen betrachtet und bewunderet eine durch zehen jahrenfrist verfertigte ... prachtichste Hof-Kirch*«. Angesichts ihrer »*zier-volle*(n) *ausarbeithung*« wird jedermann überzeugend belehrt, wie liebevoll und furchtsam Gottes Herrlichkeit geachtet wird, »*welchem zur wohnung solcher fürstlich-kostbare Sitz bereitet ist*«. Nicht von ihm, dem Baumeister, der diesen Kirchenraum im wesentlichen erdacht und ins Werk gesetzt hat, nicht von den Künstlern der Ausstattung kann die Rede sein. Diese Kirche ist »*eine alleinige erfindung*« des Fürstbischofs. Mit seiner Schrift möchte Neumann auch den »*vielen jahr-hunderten erst vorkommende nachfahren zu unserer verehrung und ihrer bewunderung*« bezeugen, »*wie sehr unser Franckhen in diesen jahren beglückht gewesen seye mit seinem obristen hirten, Fürsten-Vatter und Lands-regenten, welcher, da er nichts als grosse thaten zu unternehmen pflegt und auszuführen wünscht, ein solches, wie in anderm allem also besonders in Herstellung diese Kost-prächtigen residenz-und Hof-Kirch merckhlichst bethätiget und bekräftiget hat*«.[214]
Bei aller Unterwürfigkeit, die die Zeit gebietet: Der Stolz des Baumeisters über eine glanzvoll gelungene Schöpfung ist nicht zu überhören. Nach dem heutigen Stand der Forschung hat sich Neumann zurecht als der Urheber der Hofkirche gefühlt, auch wenn er die »Erfindung« verbal dem Fürstbischof zuerkennt.
Mehrere Vorprojekte sind bekannt, bei denen er mit Johann Lucas von Hildebrandt konkurriert. Der Fürstbischof behält sich vor, aus Neumanns und Hildebrandts Planvorlagen »daß beste demnächst herauszuwehlen«.[215]
Neumann liefert 1731 einen Entwurf, in dem er den noch sechsachsigen Rechteckraum mit einer ovalen Kuppelrotunde versieht – ein wahres »Aschenbrödel« (Erich Hubala), gemessen an Hildebrandts Raumvorstellungen und an dem, was ihm selber im endgültigen Planungsschritt gelingt: Hiervon sind Längs- und Querschnitt erhalten (Hdz 4687 und 4688), die Neumann selbst als seine Erfindung bezeichnet und auf den 26. Januar 1732 datiert.[216] Das erfolglose Projekt mit der Kuppelrotunde wird hier zum Ausgangspunkt für eine unkonventionelle Raumkonzeption, wobei sich Neumann möglicherweise eines Bauwerks seiner Heimat, der Paulanerkirche von Nová Paka (begonnen 1709), erinnert.[217]
Harmen Thies hat Neumanns Konstruktionsweise beim Projekt vom Januar 1732 und beim Ausführungsgrundriß (Hdz 4688) rekonstruiert. Nicht nur der Entwurfsvorgang ist dadurch nachvollziehbar, auch die Struktur des Raumes wird dem nicht selten ratlosen Betrachter vor Ort verständlicher, wenn er das Vorgehen des Baumeisters am Zeichentisch kennt.
Neumann entwirft den Grundriß wie bei der Schönbornkapelle auf der Grundlage geometrischer Ovalfiguren. In den langgestreckten achtachsigen Raumgrundriß trägt er – bei der Hauptquerachse beginnend – eine Gruppe von fünf Ovati auf: ein großes längsgerichtetes Ovato im Zentrum, zwei quergelagerte Außenovati, die das Mittelovato berühren, schließlich zwei flachere, quergerichtete Klammerovati über den Berührungspunkten. Alle

folgende Doppelseite:
Hofkirche der Würzburger Residenz

Würzburg, Hofkirche. Blick auf die Gewölbe im Dachraum

Blick in die Gewölbezone der Hofkirche

Kanzel der Hofkirche von Materno Bossi, 1774/75

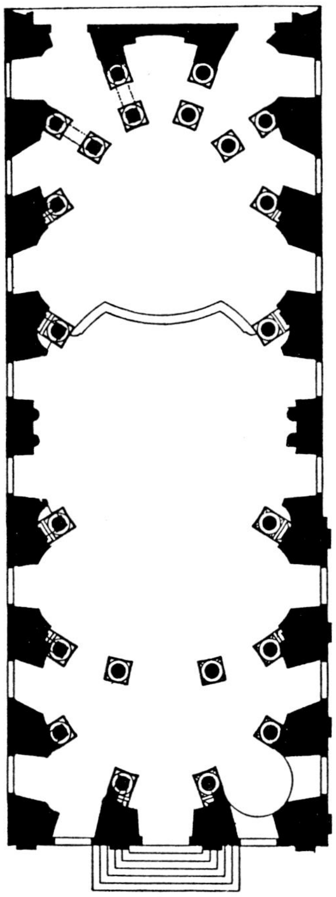

Würzburg, Hofkirche in der Residenz nach Hdz 4689

raumbildenden Gestaltungsschritte sind in diesem System ovaler Figuren angelegt. Ihre Überschneidungspunkte bezeichnen die Standplätze der Stuckmarmorsäulen vor den Längsmauern. Mit Wölbschalen zwischen kurvig geführten Gurten auf »sitzenden Pilastern« überkuppelt, konstituieren die Säulen drei Rotunden, denen die beiden Klammerovati gleichsam eingebildet sind, als Füllung der Lücken zwischen den Rotunden. Diese sekundären Ovati funktionieren wie Konstruktionslinien, die in der Ausführung getilgt sind – Hilfslinien auf einer Zeichnung vergleichbar, die man nach vollendetem Konstruktionsprozeß wieder beseitigt. Völlig sind die Spuren dieser Ovati freilich nicht aus dem Raumbild eleminiert. Sie sind aber an anderen Stellen zu entdecken als im Gewölbebereich: Sie motivieren den leichten Einschwung der Wandstücke zwischen den Rotunden, zum anderen folgt die Orgelempore samt ihrer vorderen Säulenstellung der Kurvatur des westlichen Klammerovatos. Die konstruktionsimmanenten Säulen entlang der Längswände sollen »die kreisenden, in sich selbst zurückkurvenden und stets Eigenständigkeit behauptenden Ovati auch im Aufbau anschaulich und gleich einem mitgewachsenen Korsett durchrüsten und straffen«.[218] Der Betrachter erkennt die Zuordnung an der Stellung der Säulen und an der kurvigen Ausformung ihrer Sockelstirnseite. Als »Elemente artikulierender Verdichtung des Gefüges«[219] erweisen sich die Säulen im Eingangs- und Chorbereich. Die bewegte Modellierung des Mauermantels wird ganz von der Ovatofiguration bestimmt. Wirklich gestaltet ist der Raum jedoch erst durch die Säulen- und Pilasterordnung, durch Kolonnaden und Bogenstellungen. »Diese sind es, die die Erscheinung des Ganzen bestimmen, und jetzt kommen neue Themen hinzu, die mit der Idee der drei Rotunden zunächst gar nichts zu tun haben. Neumanns Erfindungskraft war hier unerschöpflich.«[220]

Die Ausgestaltung des Raumes mit farbigem Stuckmarmor und vergoldetem Stuck ist prunkend. Entwürfe Hildebrandts zeigen, daß die Dekoration in der Hauptsache sein Anteil am Gesamtkunstwerk der Hofkirche ist. Neumann sieht auf seinem Querschnitt vom 26. Januar 1732 einen Hochaltar vor, der bis in die Gewölbezone hinaufragt. Ausgeführt ist die Lösung, die der Fürstbischof wünscht: mit einem Altar unten und einem zweiten – privat für ihn selbst – auf der Chorempore darüber. Der Bauherr und Hildebrandt bestimmen auch die Farbigkeit des Raumes: »weilen die ganze Kirche viel Weiß, Gold und hohe Farbe hat«, sei für die Kontrastwirkung im Gesims schwarzer und gelbbrauner Marmor zu verwenden[221], schreibt der Fürstbischof 1736 dem Schöpfer der Gewölbemalereien, Johann Rudolf Byss.[222] Neumanns Raumkonzeption wird durch die Farbgestaltung, vor allem durch die flirrende Wirkung des Goldes an den Stukkaturen Antonio Bossis, mehr verunklärt als verdeutlicht. Doch Friedrich Karl von Schönborn hat die Hofkirche kostbar und prächtig gewollt. Ihr fürstlich-repräsentativer Charakter soll sie von den Pfarrkirchen in der Stadt unterscheiden. Deshalb das Verbot, Beichtstühle einzubauen.[223]

Schloßkapelle Werneck

Auch die Kapelle von Schloß Werneck ist eine Raumschöpfung Neumanns, deren Wandausstattung der Formensprache Hildebrandts verpflichtet ist.[224]

Laut Bauspezifikation von 1738 verlangt Friedrich Karl »die kirch just auf undt in die arth wie die schloss cappelle zu Schönborn (Schloß Schönborn in Göllersdorf) inwendig zu setzen«.[225] Doch am Ende liegt eine Welt zwischen Hildebrandts zweijochigem Rechteckraum mit Flachtonne und Stichkappen in Göllersdorf und der Schloßkapelle in Werneck (Weihe 1745).

Das Fundament für den nordöstlichen Hofpavillon des Schlosses, in dem die Kapelle eingerichtet werden soll, legt Neumann 1741. Der Pavillon ist doppelgeschossig und im Grundriß querrechteckig mit abgeschrägter Frontseite zum Hof hin. In diesem Baukörper, dem man außen seine Funktion nicht ansieht, formt Neumann eine Rotunde auf ovalem Grundriß. Hierzu stellt er zungenartig Pfeiler ein, wobei er die Abschrägung zum Hof durch eine in zwei Pfeiler aufgelöste Zwischenmauer überspielt. Auf den Pfeilern wölbt Neumann ein Kuppeloval und schiebt von den größtenteils durchfensterten Räumen zwischen den Pfeilern kleinere Halbkuppeln ein. Um den großen Ovalraum legt sich so ein Kranz von konchenartigen schlanken Nebenräumen. »Jetzt aber setzte Neumanns Meisterschaft differenzierender Gewichtung erst an; er unterschied die Konchen … in ihrem Aufbau und in ihrer Bedeutung. Die tieferen Eckkonchen wurden so

folgende Seiten:
Deckengewölbe und Orgelempore in der Schloßkapelle Werneck

Detail der Stuckausstattung von Antonio Bossi in der Schloßkapelle Werneck

weit über dem Kreisgrundriß gekurvt, daß sie selber wie Rotunden in Erscheinung treten.«[226] Der Betrachter erlebt zudem eine wechselvolle Dramaturgie des Lichtes, das er mal direkt durch die Fenster des Raumkranzes einströmen, mal sanft über die soffittenartig wirkenden Seitenflächen der Pfeiler gleiten sieht. Räumliche Umhüllung bedeutet für Neumann auch hier Umhüllung durch Licht.

Im Gegensatz zur Vielfarbigkeit der Würzburger Hofkirche herrscht in Werneck Weiß. Ein geplantes Kuppelgemälde blieb unausgeführt. Antonio Bossis spritzige Stuckausstattung zeigt als Hauptmotiv auf den Pfeilern eine Kolossalordnung kompositer Hermenpilaster, die vorgeben, das Hauptgewölbe zu tragen. Sie haben Parallelen in Werken Hildebrandts (z. B. Marmorsaal von Schloß Mirabell in Salzburg). Die Kolossalpilasterordnung ist neben den übereinandergesetzten Fenstern in den Nebenräumen und der Weißfassung das einzige Motiv, das die Wernecker mit der Göllersdorfer Schloßkapelle verbindet.

Wien, Hofburg. Längsschnitt und Grundriß der Hofkapelle aus dem großen Projekt, 1746/47. Hdz 4728

In Neumanns Œuvre galt die Schloßkapelle zu Werneck wie die Propsteikirche zu Holzkirchen lange als singuläre. Doch hat Erich Schneider überzeugend nachweisen können, daß Neumann als Ausgangspunkt seiner Planung das verworfene Projekt für die Würzburger Hofkirche (SE 313) verwendet hat.[227]

Projekte für Bamberg und Wien

Für die Neue Residenz in Bamberg ist Neumanns Grundrißentwurf einer kreuzförmig erweiterten Kreiskuppelkirche überliefert (1733)[228], die einem in Frankreich und Italien geläufigen Typus folgt. Nur das eine Mal setzt sich Neumann mit dieser überkommenen Raumidee auseinander, vermag aber auch ihr eine persönliche Lösung abzugewinnen: durch paarweise vor die Kreissegmente des Zentralraums gestellte Freisäulen als Träger des Kuppelgewölbes.

Dieses Projekt wird ebensowenig ausgeführt wie der Kapellenentwurf des großen Projekts für die Wiener Hofburg (1746/47).[229] Neumann formt eine doppelgeschossige Anlage mit quergerichtetem ovalem Mittelraum und angrenzenden Räumen auf fast quadratischem Grundriß. Die Längsmauern sind doppelschalig – hüllräumlich – mit Emporengängen angelegt. Im Mittelraum, einer Weiterentwicklung der Vierung in Münsterschwarzach und Kitzingen-Etwashausen, ruht auf vier freistehenden Säulenpaaren eine Pendentifkuppel. Die Anräume zeigen dagegen Stutzkuppeln. Reich und von kaiserlicher Noblesse der Aufriß im Mittelraum: die Emporenunterwölbung auf drei Arkaden mit Pilastervorlagen, im Emporengeschoß Säulen mit hohen Gebälkstücken als Ansatz der Überwölbung. Die Emporen »greifen, kurviert vorquellend, balkonartig in den Hauptraum ein. Es entsteht eine fast raffiniert zu nennende Vergitterung der Raumgrenze und gleichzeitig eine reiche und doch durch Monumentalität gehaltene Verschränkung der Raumteile, die beherrscht wird durch das hier wahrhaft kaiserlich durchgeführte Motiv des ›bewegten Baldachins‹. Gewisse Anklänge im Aufriß an die Hagia Sophia dürften nicht unbeabsichtigt eingeflossen sein.«[230] Der Entwurf, einer der vollkommensten Neumanns, nimmt Gedanken vorweg, die wenig später in der Planung für die Abteikirche Neresheim fruchtbar werden.

Der Reiz Neumannscher Kirchenschöpfungen liegt in der Vielfalt der Gedanken. Trotz wiederkehrender Themen finden sich immer neue und überraschende Lösungen. Selbst den bescheidensten Landkirchen vermag Neumann noch individuelle Züge zu geben.

Gößweinstein

Die Pfarr- und Wallfahrtskirche in Gößweinstein ist nach Münsterschwarzach Neumanns zweiter monumentaler Sakralbau (Baubeginn 1730, Weihe 1739).[231] Bei der feierlichen Grundsteinlegung am 3. Juni 1730 predigte Kaplan Vogl, Fürstbischof Friedrich Karl von Schönborn habe nun endlich den Neubau gnädigst erlaubt und sogleich seinen weit berühmten »primeur ingenieur Balthasar Neumann« nach Gößweinstein entsandt, um den Platz zur neuen Kirche »abmessen, den abgemessenen nach aufgesetzten belobten Riß abstecken, den abgesteckten graben« zu lassen und also würcklich den bau im Nahmen der allerheiligsten Dreyfaltigkeit« zu beginnen.[232] Neumann wählt wie in Münsterschwarzach die Grundrißform des lateinischen Kreuzes, behandelt sie hier aber ungleich flüssiger mit dem Ziel, Chor und Querarme räumlich mit der Vierung zusammenzuziehen. Das zweijochige Langhaus, von einer gegurteten Stichkappentonne überwölbt, ist seitlich von schmalen Anräumen zwischen Wandpfeilern mit Durchgängen begleitet. Die Breitenwirkung des Langhauses empfindet man stärker als seine Ausdehnung in die Länge. Gegen die Vierung setzt Neumann das Langhaus noch deutlich ab.

Das Gewölbe über dem Vierungsquadrat erscheint einfach, die Konstruktion aber ist kompliziert: eine Kugelkalotte, abgetrennt von den Pendentifs durch ein Kranzgesims. Zwischen Gurtbögen und Pendentifs konstruktionsbedingt Stichkappen. Querarme und Chorapsis sind außen dreiseitig, innen rund geführt und mit Hängekuppeln gewölbt, in die Stichkappen einschneiden. Der innige Raumzusammenhang zwischen Chor, Querhausarmen und Vierung gilt als Anspielung auf die Heiligste Dreifaltigkeit, der die Kirche geweiht ist.

Gößweinstein, Wallfahrtskirche. Architekturdetail an der Fassade

Das Raumbild prägen üppigste Gewölbe- und Wandstukkaturen im Stil der Régence von Franz Jakob Vogel nach eigenen Entwürfen, die Neumann begutachtet. Dieser gibt auch die Anweisung des Fürstbischofs Friedrich Karl von Schönborn weiter, wonach die weißen Stukkaturen »*mit einer blaulichten Milchfarb*« auf dem Fond kontrastieren sollen.[233] Seit der Restaurierung von 1969/70 ist diese kühle Farbigkeit wiederhergestellt. Zusammen mit dem Filigran der Stukkaturen trägt sie entscheidend zur Vereinheitlichung des Raumbildes bei.

Mit gelbem, sorgsam behauenem Sandstein verblendet, beherrscht die Kirche das Ortsbild. Aus dem zweigeschossigen Unterbau der Eingangsfront lösen sich die beiden von geschweiften Hauben gekrönten Türme mit achteckigem Obergeschoß heraus. Neumann gliedert die Fassade differenziert durch Pilaster und hebt die Mittelachse um den Eingang kraftvoll durch Dreiviertelsäulen hervor. In der Mittelachse liegt auch das Schwergewicht des Skulpturenschmucks, um den Neumann sich ausdrücklich kümmert. Wie ein Giebel geformt erscheint über den Säulen die Heiligste Dreifaltigkeit (ausgeführt von Franz Anton Schlott 1733/34). »Ganz fein und schöne« findet sie Pfarrer Johann

Gößweinstein,
Wallfahrtskirche

Eberhard Dippold, als er den Entwurf betrachtet. Doch merkt Dippold kritisch an, diese Dreifaltigkeit sei anders als das ältere Gnadenbild mit dem gleichen Thema im Inneren der Kirche. Neumann erwidert, dies sei »*nicht ohne ursach geschehen*«, denn »*außerordentliche gestaltung*« gebühre »*einzig und allein dem gnadenbild*«.[234] Diese Auseinandersetzung »geht zu Gunsten Neumanns zu Ende, denn ›ex parte vicariaty‹ hatte man gegen diese, in der Tat unverfälschte Trinitätsdarstellung, die offensichtlich in einer größeren Zeichnung vorgelegen hat, keine theologischen Bedenken und Friedrich Karl, der die letzte Entscheidung zu treffen hatte, auch nicht«.[235]

In Neumanns »Skizzenbuch« findet sich ein delikat gezeichneter Entwurf zum Portal[236], eine Variation der Säulenkomposition, in die es eingebettet ist. Die Ausführung vereinfacht die Einzelformen, ohne daß Neumanns Auffassung von Fassadenschmuck als etwas Rauschhaft-Opulentem verfälscht wäre. Bauskulptur darf aber für Neumann nie ein Eigenleben führen, sondern ist immer eingebunden in das Gliederungssystem der Architektur. Neumanns Meisterschaft, einen Baukörper mit sparsamen Mitteln klar und makellos zu proportionieren, erweist an diesem Bauwerk vor allem die Ostansicht des Chores. »Die Klarheit, die sowohl den lichtdurchfluteten Innenraum mit seiner diaphanen Struktur als auch die Fassaden auszeichnet, ist signifikant für die Architektur Neumanns. Die saubere Ausführung steht für sorgfältige Planung und ausgesuchte Mitarbeiter im Büro wie auf dem Bauplatz.«[237]

Bruchsal

In Bruchsal errichtet Neumann die Pfarrkirche St. Peter von 1738 an als Grablege des Speyerer Fürstbischofs Damian Hugo von Schönborn und dessen Nachfolger auf dem Grundriß eines griechischen Kreuzes.[238] Größe und Format sind vorbestimmt, denn als östlicher Kreuzarm wird der Chor des durch Kriegswirren stark mitgenommenen Vorgängerbaus aus gotischer Zeit integriert. Modell für das neue Gotteshaus, dessen Tendenz zum Zentralraum auch bei anderen unter Damian Hugo geplanten Kirchen zu beobachten ist[239], soll die Peterskirche in Rom gewesen sein. Grundrißtyp und Bauformen haben Parallelen im protestantischen Kirchenbau des 17. Jahrhunderts in den Niederlanden.[240] Nahe Verwandtschaft zeigt der Grundriß mit einem Projekt des Pieter Post für eine protestantische Kirche von 1652.[241]

Entsprechend dem alten Chor sind die Kreuzarme dreiseitig geschlossen, in ihre südlichen Winkel Sakristei und Oratorium, in die nördlichen dreigeschossige Türme mit schmuckvollen eingeschnürten Zwiebelhelmen eingestellt. Die Türme wirken im Stadtbild zusammen mit der polygonalen Giebelfassade an der Nordseite als Schaufront. Sie ist nobel durch Pilaster gegliedert und ausgewogen proportioniert. Neumann gibt dem Äußeren eine Weiß- und Hellgraufassung. Heute fehlt der Verputz und die Farbdifferenzierung zum Schaden des Architekturbildes.

Haben die Kreuzarme schlichte Tonnengewölbe, so wird das Vierungsgewölbe betont effektvoll ausgebildet: Eine Pendentifkuppel ist in der Horizontalen aufgeschnitten und über die Öffnung eine aus Holz gefertigte Halbkugelkuppel mit acht Fenstern gestülpt. Da sie weit hinter dem Kranzgesims aufsitzt, bleibt die Lichtquelle verborgen, blickt man vom Zentralpunkt aus in die Höhe. Die Kuppel

Gößweinstein, Innenraum und Portal der Wallfahrtskirche

folgende Doppelseite:
Bruchsal, St. Peter. Deckengewölbe

scheint zu schweben. In der frühesten Planung sieht Neumann noch eine andere Gewölbelösung vor, so daß Zweifel bestehen, ob die ausgeführte seiner Absicht entspricht.[242] Bezeugt ist für Neumann die Idee des durchlichteten Hochaltars, eines sechssäuligen Flügelziboriums, das Johann Wolfgang van der Auvera nach den Angaben des Baumeisters entwirft.[243]

Gaibach

Mit Gößweinstein hat die Pfarrkirche in Gaibach, eine Stiftung des Fürstbischofs Friedrich Karl von Schönborn (Entwurf 1740, Baubeginn 1742, Weihe 1745), das Dreifaltigkeitspatrozinium gemeinsam.[244] Wie in Gößweinstein will Neumann wohl auch hier in seiner Architektur den Trinitätsgedanken verbildlichen. Auf das zweijochige Langhaus mit Kreuzgratgewölben folgt eine querovale Vierung mit drei Konchen als Querschiffarme und Chor auf flachovalem Grundriß. Sind Langhaus und Vierung in Gößweinstein noch deutlich voneinander abgesetzt, so versucht Neumann jetzt der Lösung näherzukommen, Langhaus und östlichen Zentralbau zu einer Einheit zu verschmelzen: durch ein vermittelndes Zwischenjoch mit konkaven Wandvorlagen, das den schwingenden Rhythmus der Konchen erneut aufnimmt.

Die Vierung ist eine kuppelig überwölbte Rotunde, deren Wände bis auf vier Pfeiler zu den Anräumen mit ihren hoch ins Vierungsgewölbe einschneidenden Gewölben geöffnet sind. Von Pilastern in den Konchen steigen räumlich verzogene Gewölbegurte auf und vereinigen sich im Scheitelpunkt mit den Gurtbögen, die von den Vierungspfeilern ausgehen und die Durchdringungslinien des Vierungsgewölbes mit den Gewölben der Konchen begleiten. Im Zwischenjoch wiederholt sich diese Konstruktion in einer Variante.

Kräftige Wandpfeiler gliedern das Langhaus und bilden um die großen Rundbogenfenster konchenartige Nischen. Auch hier das Prinzip, einen Raum mit Raum zu umfassen. Der Übergang zwischen Langhaus und Rotunde durch das Zwischenjoch bleibt im Raumbild »die Achillesverse eines sonst perfekten Systems«.[245]

Die Ausstattung ist sparsam, wahrscheinlich unvollendet, das wenige erlesen. Das Raumbild prägen die einfühlsam in die Architektur hineinkom-

Gaibach, Fassadenaufriß der Pfarrkirche

ponierten Stuckmarmoraltäre von Antonio Bossi. Hervorragend der Hauptaltar mit dem Altarbild »Das Haus Schönborn huldigt der Heiligsten Dreifaltigkeit« von Franz Lippold, um 1748. Meisterlich auch die spritzigen vergoldeten Stuckornamente Bossis an Pilastern und Wandvorlagen.

Auf den völlig weiß gebliebenen Wand- und Gewölbeflächen entfaltet sich das klarste Licht und modelliert die Plastizität des Raumes in einer Schärfe heraus, die an die Darstellungsweise in Neumanns Entwurfszeichnungen erinnert. »Das Besondere der Raumwirkung in Gaibach beruht auf Neumanns Fähigkeit, komplizierte, aus der Verknüpfung trigonometrischer Gebilde entwickelte Raumsysteme unmittelbar in diesem Innenraum anschaulich und für das Auge erlebbar zu machen.«[246]

Den Außenbau begreift Neumann als Körper, der primär durch die Ausgewogenheit der architektonischen Gliederung wirkt. Langhaus, Ostbau und der untere Teil des Turmes am Chor zeigen weiße Putzfelder zwischen ockergelben Lisenen. Eine Steigerung ins Schmuck-, aber nicht Prunkvolle dann das dritte, ganz ockergelb gefaßte Turmgeschoß in der Nachfolge der Ehrenhoftürme von Schloß Werneck: abgeschrägte Ecken mit Pilastern, davor

Bruchsal, St. Peter. Altarraum

Gaibach, Pfarrkirche.
Außenansicht und Innenraum

Gaibach, Pfarrkirche. Ornamentausstattung

Voluten mit Vasen, gerahmte Fenstergewände mit Segmentgiebelverdachung, eingeschnürte Kuppelhaube.
Entsprechend schmuckvoll ist die Eingangsfassade gestaltet. Die Mitte mit dem Portal erscheint wie ein Risalit durch schräggestellte Pilaster. Über den Seitenteilen finden sich wiederum Voluten und Vasen, nun aber nicht wie am Turm aufeinandergesetzt. Alle Details sind kraftvoll und sorgfältig durchgebildet. Die Klarheit der Proportionen gewinnt Neumann aus einem Konstruktionssystem mit gleichseitigen Dreiecken.[247]

Heusenstamm

Die Pfarrkirche St. Cäcilia und St. Barbara in Heusenstamm[248] bei Offenbach hat ebenfalls fürstlichen Ansprüchen zu genügen, wenn auch den Ansprüchen einer kleinen Residenz, die unter Geldmangel leidet. Die Bauherrin, Maria Theresia Gräfin von Schönborn, ist die Witwe des Kaiserlichen Generals der Kavallerie und Befehlshabers im Oberrheinischen Kreis, Anselm Franz Graf von Schönborn, Bruder des Fürstbischofs von Würzburg und Bamberg Friedrich Karl von Schönborn. Dieser unterstützt das Bauvorhaben finanziell. Die Kirche ist nach dem Willen der Stifterin als Ruhestätte für ihren 1726 verstorbenen Gemahl, für sie selbst und ihre Familie bestimmt. 1739 steckt Neumann den Grundriß ab. 1740 steht der Rohbau (Ausstattung von 1741 an, Weihe 1756).
Der Grundriß folgt dem für die Kirche in Gößweinstein: ein abgewandeltes lateinisches Kreuz, jetzt aber mit nur einem Fassadenturm. Das Langhaus ist doppeljochig und durch Wandpfeiler gegliedert. Die Querhausarme sind dreiseitig geschlossen, desgleichen der einjochige, innen gerundete Chor.
Den verputzten Außenbau prägt die Eingangsfassade, aus deren Mitte der dreigeschossige schlanke Turm mit eingeschnürter Zwiebelhaube hervortritt, eingefaßt von Giebelflanken über den Seitenteilen. Ihre straffe Lisenengliederung greift in einfacherem Rhythmus auf die übrigen Außenwände über.
Das Innere wirkt trotz der kleinen Abmessungen großzügig, weil das Langhaus ungefähr nach der Teilung des Goldenen Schnitts durch Vierung und Querarme geweitet ist. Was die Verschmelzung von

folgende Seiten:
Heusenstamm, Pfarrkirche St. Cäcilia und St. Barbara. Turmfassade und Innenraum

Heusenstamm, Pfarrkirche.
Aufriß der Turmfassade. SE 205

Lang- und Zentralraum betrifft, ist gegenüber Gößweinstein ein merklicher Fortschritt erzielt.
Langhaus und Chorjoch haben korbbogige Stichkappentonnen. Im Langhaus zwischen den Wandpfeilern schmale Quertonnen. Querhausarme und Chorschluß zeigen korbbogige Halbkuppeln mit jeweils drei Stichkappen über den Fenstern. Den Schwerpunkt räumlichen Gestaltens legt Neumann auf die Vierung. Stuckmarmorsäulen toskanischer Ordnung sind frei in die ausgenischten Vierungsecken gestellt, mit einer Raumhülle hinterfangen und durch korbbogige Gurte verbunden. Trompenähnliche Pendentifs und Stichkappen in den Hauptachsen tragen eine Kuppelkalotte, deren Grundkreis wegen der unterschiedlichen Auflageelemente nicht in einer horizontalen Ebene liegt, sondern eine Wellenlinie beschreibt: das Ganze eine komplizierte flachere Variante des Vierungsgewölbes in Gößweinstein.
Mit seinen Gewölbemalereien von 1741 fügt sich Christoph Thomas Scheffler zumeist in die Architekturformen Neumanns ein, überspielt sie an einigen Stellen aber effektvoll. Auch greift er das Braunrot und Gelb der Vierungssäulen auf und gestaltet so eine innige Farbharmonie zwischen Malerei und Architektur. Gräfin Schönborn selbst bestimmt das Ausmalprogramm: »Auferweckung des Lazarus«, »Triumph der Erlösung«, »Anbetung des Lammes« – Themen, die in einer Begräbniskirche besondere Aussagekraft besitzen. *»Die mahlerey ist für dieße Kirch schon guth vndt zimlich schöne, der mahler aber nicht für hießige hochfürstl. Residentz«*[249], urteilt Neumann 1742 über Scheffler in einem Brief aus Würzburg an Friedrich Karl von Schönborn.
Gleich einem goldfunkelnden Schmuckstück, in ein Spiel aus bravourös geschnitztem Rocaillewerk aufgelöst, zieht der Hochaltar mit dem Kreuz als dem Zeichen der Erlösung und Engeln auf Voluten die Blicke auf sich.
Dieses Meisterwerk Johann Wolfgang van der Auveras ist in Abstimmung mit dem Architekten an den Raummaßen orientiert. Für den an Ort und Stelle zu mauernden und mit Stuckmarmor zu verkleidenden Untersatz kündigt Neumann 1743 aus Würzburg eine Holzattrappe an, *»damit sich das hier gemachte darauf schicken, ich werdte schon die sorg haben, damit es schön undt guth gemacht werdte«.*[250]

Kitzingen-Etwashausen

Nicht immer sind äußere Umstände bekannt, die in Neumanns Architekturkonzept hineinwirken. In Heusenstamm spielen finanzielle Zwänge eine Rolle, weswegen auf einen kostengünstigen Landkirchentypus zurückgegriffen wird. Die ungleich erfindungsreichere Gestaltung der Heiligkreuzkirche in Kitzingen-Etwashausen[251], auch sie in den Dimensionen einer Dorfkirche, hat einen religionspolitischen Hintergrund.[252]
Unmittelbar östlich der Kirche steht ein Wohnhaus mit Lisenengliederung: Es ist der Rest der einstigen protestantischen Pfarrkirche St. Michael, 1817 profaniert, danach verstümmelt. Ihr Vorgängerbau wird von Katholiken und Protestanten gemeinsam genutzt. 1740 entscheidet Fürstbischof Friedrich Karl von Schönborn, diese stark reparaturbedürftige Kirche solle den Protestanten überlassen und für die Katholiken ein Neubau errichtet werden. Sein Standplatz in unmittelbarer Nähe der alten, zu erneuernden Kirche mißfällt den Protestanten. Aber

der Fürstbischof verschließt sich ihren Einwänden. Neumann ordnet die katholische Heiligkreuzkirche rechtwinklig zur Michaelskirche an. Auch für diese entwirft er die Umbaupläne und gibt ihr eine schlichte Turmfassade in der Art seiner Landkirchen. Doch bleibt dieses Bauwerk im Schatten der Heiligkreuzkirche. Diese soll bewußt durch den Aufwand ihrer Formen den Anspruch der katholischen Konfession veranschaulichen, »religio dominans« zu sein (Grundsteinlegung 1741, Weihe 1745).

Das Heiligkreuzpatrozinium drückt sich im Grundriß aus: ein lateinisches Kreuz mit dominierend ausgeprägter Vierung. Von ihr aus entwickelt Neumann seinen Raumgedanken. Säulenpaare toskanischer Ordnung stehen frei vor den leicht gerundeten Vierungsecken und nehmen eine gestelzte Halbkugelkuppel auf. Den Doppelsäulen entsprechen an den Vierungsecken Pilaster, mit denen sie durch Halbkreisgurtbögen verbunden sind.

Die Vierungswölbung sitzt unmittelbar auf dem Säulengebälk und ist fast bis zum Scheitel durchdrungen von den Halbkreistonnengewölben des Langhauses, der Querarme und des Chorjoches. Entschieden also bindet die Vierung die übrigen Raumteile an sich, nimmt sie gleichsam in sich hinein. Im Ursprungsprojekt sollte die Rotunde ein eingestellter Rundbaldachin, ein eigenständiger Aufbau bleiben. Aus nicht bekannten Gründen – Berhard Schütz vermutet eine Kapitulation der örtlichen Bauleitung vor dem Wölbproblem – kommt

Kitzingen-Etwashausen, Heiligkreuzkirche. Innenraum

Kitzingen-Etwashausen, Heiligkreuzkirche. Längsschnitt als Vorlage für einen Kupferstich, 1745. SE LXXXIX*

Kitzingen-Etwashausen, Heiligkreuzkirche

es zu der jetzigen »Härte und Sperrigkeit der Erscheinung, eine(r) Schärfe in den Graten der Stichkappen, wo vorher eine elegante Bogenführung, eine flüssige, geschmeidig schwingende Kurvierung angestrebt war«.[253]

Neumanns Idee für die Schönbornkapelle in Würzburg, einen Raum durch Raum zu umgeben und so eine betont plastische Raumstruktur zu gewinnen, ist in Kitzingen-Etwashausen zu einer Lösung gereift, die später noch weiterentwickelt wird und in Neresheim ihre Vollendung findet, ohne »richtig ausgeführt«[254] zu werden.

Nicht nur die Vierung mit ihren von Gängen hinterlegten Doppelsäulen verdeutlicht dieses Gestaltungsprinzip, auch für Chor- und Emporengestaltung verwendet Neumann den Hüllraumeffekt. Den Chorschluß trennt er durch eine Dreierarkade toskanischer Ordnung vom Chorjoch. Pendant ist eine ähnliche Arkatur, nun aber mit Pilastern, im Eingangs- und Emporenbereich.

Auf Anordnung des Fürstbischofs ist das Innere schmucklos, obgleich Neumann es – wenn auch sparsam – stuckieren will, wie die Vorlage für einen Kupferstich zeigt. Wie in Gaibach umspielt klares Licht die weißen Gewölbe-, Wand- und Säulenflächen, die Plastizität der Architekturelemente nuancenreich modellierend. Auch »Ausstattung fehlt ja eigentlich gar nicht, nur besteht sie nicht aus Stuck, Fresken, Altären usw., sondern liegt in der Architektur selbst, nämlich in den Säulenstellungen oder, beim Ursprungskonzept, in der eingestellten Rotunde. Der ganze Raum mit seinen schlichten Pilasterwänden ist der Rahmen zur Inszenierung der Säulen, und diese sind wie ein Ensemble von Bildwerken so frei wie möglich zur Schau gestellt, ohne daß aber der Bezug zu den Pilasterwänden aufgegeben wäre… Jede Zier, sogar jede Farbe ist aus diesem Raum verbannt; es gibt nicht den geringsten Anflug des Heiteren oder Freundlichen. Deshalb ist auch die einfachste aller Säulenordnungen verwendet, die Toscana. Mit kaltem Ernst und einer fast schon bedrohlichen Strenge wird nichts als architektonische Struktur vorgeführt, und das bedeutet Gliederung, die bis zu sezierender Schärfe vorangetrieben ist. Man ahnt schon etwas von Neresheim, doch bleibt alles schwerer, erdgebundener, eben dörflicher und erreicht noch nicht die Klarheit des reinen architektonischen Geistes.«[255]

Auch am Außenbau ist die zentrierende Kraft der Vierung erlebbar: Mit ihren gerundeten Wandstükken drängt sie aus den Kreuzwinkeln hervor, und mit ihrem Zeltdach verklammert sie die Dächer des Chores, der Querarme und des Langhauses. Den schlichten, kraftvoll-plastischen Gebäudekomplex versieht Neumann mit der originellsten Eingangsfassade, die er für eine Kirche kleineren Zuschnitts geschaffen hat. Ihre Dreiteiligkeit hatte die Fassade mit der evangelischen Michaelskirche gemeinsam. Dort trat aus der Mitte der Turm heraus, von Giebelvoluten flankiert und mit einer eingeschnürten Zwiebelhaube bekrönt. Bedeutender aber die Heiligkreuzkirche. Der Fassadenturm – auch er mit schmuckem Zwiebelhelm – ragt aus einer vorgeblendeten dreiachsigen Giebelfront hervor, deren Flanken nach rückwärts schwingen, analog zu den gerundeten Ecken des Chores und zu den Wandstücken der Vierung. Der Reichtum dieser Fassade beruht nicht einmal auf Vielfalt an architektonischen und dekorativen Mitteln, sondern auf Klarheit, Kraft und Geschmeidigkeit.

Kirchen mit Teilen von Vorgängerbauten

Wie in Bruchsal sind auch bei anderen Kirchenplanungen mitunter Teile von Vorgängerbauten zu berücksichtigen. In Trier berät Neumann wohl maßgeblich beim Neubau der Stiftskirche St. Paulin. So berichtet ein Dokument von der »selbsten übernommenen Führung des Baues durch den Baumeister Obristen des Churfürsten«.[256] Doch scheinen Planung und Ausführung in der Hand des Werkmeisters Johann Georg Seiz zu liegen[257], von Neumann immer wieder durch glückliche Eingriffe optimiert.

St. Paulin entsteht auf den Fundamenten des Mittelschiffs und der Hauptkonche des 1674 zerstörten romanischen Vorgängers (Grundsteinlegung zur neuen Kirche 1734, Ausführung 1738–1743). Der Bau ist ein vierjochiger Saal von betont schlanken Proportionen, mit eingezogenem Chor und vorgestelltem Fassadenturm durchaus nach Art der Neumannschen Landkirchen.

Vielgestaltiger als der Außenbau, aber rhythmisch ebenso prägnant das Innere: an den Wänden flache Wandpfeiler mit vorgelegten Kompositpilastern, die Fenster dazwischen in flachen Nischen. Den Raum überdecken Stutzkuppeln mit Stichkappen über den Fenstern, jochweise durch gurtartig gestelzte Tonnen gegliedert. Christoph Thomas Scheffler, aus Heusenstamm bekannt, malte 1743 das Gewölbe aus.

Den großartigsten Beitrag zur Ausstattung des Inneren liefert Neumann 1745 mit seinem Ziborienaltar, den er zusammen mit dem für die Brühler Schloßkirche zeichnen läßt. Ausgeführt wird der Trierer Altar aber erst nach Neumanns Tod durch Ferdinand Tietz und dessen Werkstatt (vgl. Abb. S.129).

Für den Neubau der Würzburger Dominikanerkirche[258], seit 1813 Augustinerkirche (Baubeginn 1741, Vollendung des Rohbaus 1744), übernimmt

Würzburg, ehem. Dominikanerkirche, jetzt Augustinerkirche. Zustand mit der Ausstattung vor der Zerstörung 1945

Neumann den »*schöne*(n), *alte*(n) *guth gewöhlm te*(n) *Chor*«[259] der Vorgängeranlage aus dem 13. Jahrhundert. Aber Neumann verkleidet das gotische Kreuzrippengewölbe zugunsten einer weicheren Wölbform, indem er zwischen die Rippen ein neues Gewölbe mit Stich und Busung spannt und die Rippenprofile von Stuck überspielen läßt. Mit seinem dreischiffigen basilikalen Langhaus, das die Proportionen des Chores weiterführt und in den Grundrißabmessungen dem gotischen Vorgänger entspricht, formuliert Neumann Architektur des Mittelalters in seiner Sprache. Die einst sechs Joche der alten Anlage reduziert er in seiner Langhausversion bei gleichbleibender Raumlänge auf vier Joche und gewinnt somit weite hohe Bogenöffnungen zwischen den Schiffen. Die Seitenschiffe sind schmal und in Neumanns Vorstellung Raumhüllen für das Mittelschiff, die die ganze plastische Kraft des Hauptraumes erst zur Geltung bringen.
Kraftvoll auch und vornehm die Eingangsfassade mit einer strengen, rhythmisch nuancierten Lisenen- und Pilastergliederung.

Landkirchenbau

Neumann rühmt die »*ausnehmende lieb und sorgfalt*« Friedrich Karl von Schönborns »*für die Zierde des Haus Gottes ... Dan aus keinem anderm ursprung, als aus der urquell solcher zierd-begierd*« [260] habe dieser Fürstbischof Verordnungen erlassen, in seinen Bistümern würdige Kirchen aufzuführen und gottgefällig auszustatten.[261]
Besitzt eine Kirchengemeinde genügend Mittel für ein Bauvorhaben, so ist es ihr überlassen, sich selbst einen Architekten zu suchen. Pläne und Kostenvoranschläge müssen von der Geistlichen Regierung genehmigt werden. Sind Gemeinden unvermögend und die Beiträge der Zehntherren unzulänglich, hilft der Fürstbischof mit Mitteln aus Stiftungen oder gar aus seiner Privatschatulle. Ferner entsendet er seinen Architekten Balthasar Neumann, um den Zustand der alten Kirche zu beurteilen und im Falle ihrer Baufälligkeit für den Neubau einen Plan zu erstellen sowie die Kosten zu ermitteln.

Dittigheim, Pfarrkirche. Zweiter Baubüroentwurf mit Querschnitt, Längsschnitt, Grundriß, Aufriß der Turmfassade nach Ansicht der Südseite, 1744. SE 170*

Neumanns Arbeitsüberlastung schlägt sich in Klagebriefen der Kirchengemeinden an den Fürstbischof nieder. Mal kommt der Baumeister mit dem Riß, mal mit den Kostenschätzungen, mal mit beidem in Verzug.

Friedrich Karl von Schönborn weist Neumann 1735 an, die baufällige Filialkirche in Michelau zu inspizieren und einen Plan zu zeichnen. 1738 ist Neumann noch immer nicht in Michelau gewesen. Der Fürstbischof notiert auf die Klage des Geistlichen Rates: »ad primum et secundum moneatur Neuman, die Sachen gantz zu machen, gleichwie selber bereiths vor langer Zeith mir davon referirt hat.«[262]

Eine Instruktion für den Kirchenbau von 1738 schreibt vor, daß der »ad locum abzuschickende Ingenieur« (Neumann) bei der Erstellung des Risses Bedürftigkeit und finanzielle Möglichkeiten der Gemeinde zu berücksichtigen habe. Der Pfarrer ist angewiesen, ihm mitzuteilen, »wie hoch sich die Zahl der Pfarr-Kindern, auch anderer etwa von der Nachbarschaft zum Gottes-Dienst dahin kommenden Seelen belauffe, um darab eine Maaß-Regul über die Grösse und Weite der zu bauenden Kirchen nehmen zu können«. Die neuen Gotteshäuser sollen stets gewölbt werden, »ohne sich jedoch in Großheiten und sonstige ohnnöthige Auszierungen einzulassen, es wäre dann, daß besondere Mittel darzu vorhanden wären«.[263] Die meisten der Landkirchen Neumanns sind nach bestimmtem Schema von den Zeichnern des Baubüros entworfen. Als eigenhändig gelten u.a. die Kirchen in Retzbach, Michelau, Euerbach und Ingolstadt (siehe Werkverzeichnis S. 220ff.).

Wegen bescheidener Mittel der Gemeinden ist der Landkirchenbau kein Gebiet für Raumphantasien. Es sei *»wohl weiters nichts kinstliches daran, dan es solle nicht so viel ins gelt laufen«*[264], bemerkt Neumann über die Kirche in Burgebrach. Ein einschiffiges Langhaus mit eingezogenem polygonalem Altarraum ist die Regel. Der Instruktion des Fürstbischofs gemäß haben die Kirchenräume wegen größerer Feuersicherheit zumeist Gewölbe: Stichkappentonnen überwiegen. Pfeiler oder Pilaster gliedern die Längswände und nehmen die Gurte der Stichkappentonnen auf. Wandpfeiler sind untereinander durch streifenartige Quertonnen verbunden. Nicht immer ist das Wölbgebot verwirklicht. Es finden sich auch Voutendecken, mitunter üppig stuckiert und bemalt wie in Schraudenbach.

Gestaltungsschwerpunkt der Landkirchen ist die Eingangsfront. Neumann bildet sie meistens nach dem geläufigen Typus der Einturmfassade. Der mehrgeschossige Turm tritt risalitartig, oft mit halber Tiefe aus der Mittelachse vor, schmuckvoll bekrönt von einem eingeschnürten Zwiebelhelm. Sparsam, aber stets in klaren Proportionen die Fassadengliederung durch Lisenen. Mit dem bewegten Turmhelm wirken die geschweiften oder als Voluten gebildeten Giebelflanken zusammen. Bei aller Bescheidenheit der Architektur: Immer gelingt eine künstlerisch konsequent durchdachte Lösung. Niemals trifft man auf Uniformität – gemäß Neumanns Überzeugung, es müsse nicht ein Kirchenbau wie der andere aussehen.

Michelau, Pfarrkirche

folgende Seite:
Innenraum der Pfarrkirche von Michelau

Die Heilige Stiege auf dem Kreuzberg in Bonn-Poppelsdorf

Neumann berichtet am 28. November 1745 Fürstbischof Friedrich Karl von Schönborn aus Bonn, er sei mit Kurfürst Clemens August auf den Kreuzberg oberhalb von Bonn-Poppelsdorf gefahren. Hier soll am Chor der Wallfahrtskirche zum Heiligen Kreuz aus dem 17. Jahrhundert eine Andachtsstätte besonderer Art errichtet werden: eine Heilige Stiege – eine der zahlreichen Nachbildungen der Scala santa beim Lateran in Rom.[265] Bereits am 18. Juli des folgenden Jahres findet die Grundsteinlegung statt. 1751 wird die Heilige Stiege wahrscheinlich geweiht, aber erst 1756 den Serviten, die die Wallfahrt betreuen, übergeben.

Das Bauwerk stellt das Haus des Pilatus dar. Auf einem Balkon über dem Haupteingang der zweigeschossig dreiachsigen Fassade ist in lebensgroßen Figuren die Ecce-Homo-Szene zu sehen. Im Inneren steigen drei Treppen empor. Die mittlere, durch Marmor und eingelassene Reliquienbehälter besonders ausgezeichnet, ist die eigentliche Heilige Stiege. Auf ihrem Urbild, der Legende zufolge von der hl. Helena nach Rom überführt, soll der gegeißelte und dornengekrönte Christus nach volksfrommem Glauben sein Blut vergossen haben. Der Beter, der die Heilige Stiege verehrt, kniet die 28 Marmorstufen empor und betrachtet auf jeder eine Begebenheit des Leidensweges Christi. Ziel des Hinaufkniens ist die Kreuzigungsgruppe oben in der Kreuzkapelle. Die Heilige Stiege vermittelt ein Bild des menschlichen Weges zur himmlischen Vollendung, die durch den Erlösungstod Christi möglich geworden ist. Die Nebentreppen aus Sandstein können begangen werden oder dienen Gläubigen, die nicht knien können. In zwei Geschossen unter den Treppenläufen sind weitere Andachtsstätten gestaltet: das Haus Nazareth, das Heilige Grab und die kürzlich wieder geöffnete Geburtsgrotte. Hinzu kommt ein Fürstenoratorium zwischen Kreuzkapelle und Kirche.

Nach 1600 entstanden vor allem in Bayern und in der alten Donaumonarchie weit über 70 Nachbildungen der römischen Scala santa. Auch Neumann verwirklicht auf dem Kreuzberg keine neue Architekturidee, sondern greift einen Andachsstätten-Typus auf, den maßgeblich zwei Beispiele verkörpern: die Heilige Stiege in der Minoritenkirche zu Wien (durch einen Stich um 1697 überliefert[266], später abgebrochen) und – von der Wiener abhängig – die Heilige Stiege der Kirche im Karlshof zu Prag (zwischen 1708 und 1711).

Neumann ist mit der Prager Anlage vertraut, denn er besitzt in seiner Plansammlung eine Bauaufnahme dieser Heiligen Stiege. Kein Zweifel, daß er nach ihr die nicht erhaltenen Entwürfe für Bonn entwickelt, bietet sie doch eine musterhafte Formulierung des Typs. Neumann überarbeitet die Vorlage und bringt sie künstlerisch zur Reife.

In Prag liegt die Heilige Stiege an der Südseite eines gotischen Oktogonalbaus; die Fassade mit der Ecce-Homo-Szene befindet sich im Inneren der Kirche. In Bonn ziert die Fassade die Schmalseite des Außenbaus. Alle Gliederungselemente werden von Prag übernommen. Doch entgegen dem Vorbild sind sämtliche Öffnungen des oberen Stockwerks rechteckig, mit Horizontalabschluß auf gleicher Linie. Alle Öffnungen haben die gleiche Wandebene. Der architektonische Rhythmus der ganzen Front gewinnt dadurch größere Festigkeit und Prägnanz als in Prag. Auch die Gliederung der Seitenwände durch Kolossalpilaster in regelmäßigen Intervallen läßt Neumanns Sinn für die Klarheit von Tektonik verspüren.

Während in Prag die Treppenläufe durch Trennwände vereinzelt sind, liegen sie auf dem Kreuzberg offen nebeneinander, nur durch Marmorbrüstun-

Prag, Heilige Stiege der Kirche im Karlshof. Bauaufnahme in Neumanns Plansammlung. SE 227*

Heiliges Grab

Scala santa

linke Seite:
Außenansicht der Heiligen Stiege auf dem Kreuzberg in Bonn-Poppelsdorf

folgende Doppelseite:
Heilige Stiege an der Kirche auf dem Kreuzberg, Bonn-Poppelsdorf

ET
QUASI

gen voneinander abgesetzt. Den Raum überspannt ein flaches, aus Ziegel gemauertes Tonnengewölbe mit Stichkappen wie in Neumanns Landkirchen. Bauuntersuchungen förderten 1995 die schmiedeeisernen Gewölbeverankerungen zutage, die Aufschluß geben, wie Neumann und der namentlich nicht überlieferte örtliche Baumeister das ihnen bekannte, aber damals noch nicht zu berechnende Problem des Horizontalschubs der Gewölbe lösten.[267] Die Gliederung der Kreuzkapelle durch pilasterbesetzte Pfeiler entspricht dem Prager Vorbild. Die Fresken von Johann Adam Schöpf an den Wänden und am Gewölbe veranschaulichen den Sinngehalt des Raumes und tauchen ihn zusammen mit Stuckmarmor und dem Marmor der Haupttreppe in jubelnde Farbigkeit. Wände und Gewölbe des Heiligen Grabes und der Geburtsgrotte tragen eine gemalte verblüffend effektvolle Scheinarchitektur mit Engelsputten von Schöpf, 1996/97 restauriert und zum Teil wieder freigelegt.

Unter den Nachbildungen der römischen Scala santa ist die auf dem Kreuzberg in Bonn-Poppelsdorf die vielleicht schönste, sicher die gedanklich wie künstlerisch reichste und gelungenste.

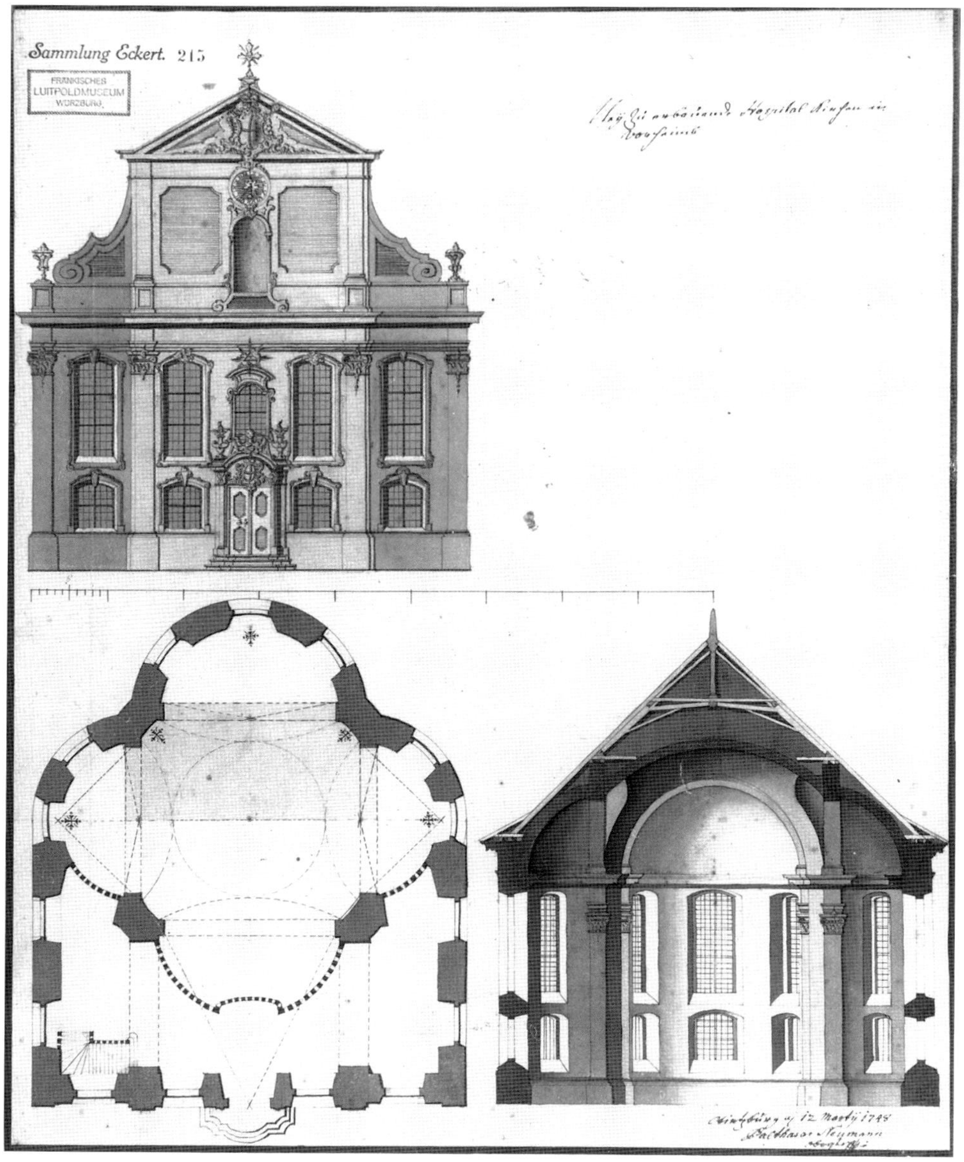

Forchheim, Entwurf für eine Hospitalkirche, 1748. SE 215

Unausgeführtes und Abgebrochenes

Auch unter den Entwürfen für Kirchen, die Projekt geblieben sind, finden sich neue und wichtige Raumkonzeptionen.

Für das Garnisonshospital in Forchheim[268] liegt ein Kirchenplan von 1748 vor. Eine breite, dekorativ anspruchsvolle Fassade deckt ein extrem kurzes Langhaus, in das ein kleeblattförmiger Altarraum hineingreift. Die Vierung soll raumbeherrschend eine Kugelkalotte auf Pendentifs erhalten. Brüstungen vervollständigen den Kleeblattgrundriß im Langhaus zu einem Vierpaß und verstärken den Zentralisierungsdrang des Altarraumes. Neumann erinnert sich seiner Konchenarchitekturen in Gaibach und Gößweinstein. Nun aber gewinnt dieses Raummotiv noch größere Dominanz.

Für die Jesuitenkirche in Würzburg sind in mehreren Varianten Entwürfe bekannt, die zu zwei zeitlich verschiedenen Planungen (um 1740 und um 1750) gehören. Diese Planungen zählen zum Besten, was Neumann geschaffen hat. Die großartigste Ausformung aus der zweiten Planungsperiode liefert der Berliner Plan (Hdz 7593)[269]: eine dreischiffige, dreijochige Pfeilerbasilika mit querovalem, überkuppeltem Zentralraum zwischen Langhaus und doppeljochigem Chor. Die Seitenschiffe sind mit Emporen versehen, die sich um den Zentralbau ziehen und im Chorraum fortsetzen. Mühelos gelingt die Verschmelzung gegensätzlicher Raumkompartimente, hinterlegt mit Raum- und Lichthüllen. In einfacherer Ausprägung ist diese Konzeption bereits in der ersten Plangruppe zu finden, die gleichzeitig Grundlage für die Planung der Jesuitenkirche in Mainz ist, einer dreischiffigen Gewölbebasilika auf kreuzförmigem Grundriß mit hoher Sockelzone, umlaufendem Emporengang, Vierung mit Pendentifkuppel auf freistehenden Säulenpaaren vor abgeschrägten Vierungsecken und Chorturm (1742, Weihe 1746, Abbruch 1805–1811).[270] Kerngedanken aus den Entwürfen für

Langheim, Entwurf für die Abteikirche. Längsschnitt, 1742 (?). SE 105

Langheim, Abteikirche. Aufriß der Doppelturmfassade, 1742 (?). SE 108

Würzburg und Mainz greift Neumann gegen Ende seines Lebens für die Wallfahrtskirche Maria-Limbach auf.

Vielleicht ins Jahr 1742 sind Entwürfe für die Kirche der Zisterzienserabtei Langheim[271] zu datieren. Eine ähnliche Aufgabe hatte Neumann schon vor mehr als einem Jahrzehnt zu bewältigen: in Münsterschwarzach. Wieder ist die Grundform der Kirche ein lateinisches Kreuz, die Raumstruktur aber völlig gewandelt. Das basilikale Langhaus zu vier Jochen erhält mächtige, in der Querrichtung gepaarte Säulenstellungen zwischen den Schiffen, mit runden Arkaden, die hoch in die Gewölbezone hinaufgreifen und den Eindruck einer Hallenkirche mitbewirken. Gegenüber Münsterschwarzach entsteht ein ungleich durchlässigeres Raumbild.

Der Typus der Säulenbasilika ist im Neumannschen Œuvre neu, vielleicht von Boffrands Kirche S. Jacques in Lunéville (1730–1745) beeinflußt. Jedenfalls erprobt Neumann diesen Bautypus intensiv, denn er greift ihn auch in seiner Planung für Vierzehnheiligen und Neresheim auf.

Ein neuer, freilich nicht voraussetzungsloser Gedanke ist auch die Vierungslösung: eine längsgerichtete ovale Rotunde mit Pendentifkuppel, gestützt von gekuppelten Dreiviertelsäulen vor Vierungspfeilern, die die Rundung der Pendentifs nach unten weiterleiten. »Das Raumbeherrschende der Vierung ist dadurch gesteigert, daß das Kuppeloval über die innere Begrenzung der Vierungspfeiler bis zu ihren äußeren hin ausschwingt. Die Gurtbögen der Vierung sind also innen sphärisch, außen geradlinig geführt. Damit ist eine Zwischenform zwischen ›ausschwingender‹ und ›eingepaßter‹ Kuppel gefunden, die die zentralisierende Wirkung der Vierung im Vergleich zu Münsterschwarzach noch gesteigert haben würde. Durch die ungemein schwer gebildeten Vierungspfeiler aber, die auch vier Ecktürmchen neben der Kuppel hätten tragen sollen, hätte die Vierung mehr den Charakter eines in sich geschlossenen Zentralraumes gehabt.«[272]

Die siebenachsige Westfassade wäre mit ihren beiden Türmen, ihrer Ornamentzier um Fenster und Türen und an den Turmaufsätzen die schmuckprächtigste geworden, die Neumann überhaupt ersonnen hat.

Die Vielzahl von sieben Türmen und Türmchen, alle mit eingeschnürten Helmen, hätte Langheim über Münsterschwarzach gestellt, was die Lebendigkeit der Umrißlinie betrifft.

Vierzehnheiligen

Vierzehnheiligen[273] auf einem Hügel des Staffelberges über den Wiesengründen des oberen Maintals ist die kühnste, geheimnisvollste Wallfahrtskirche des Rokoko (Grundsteinlegung 1743, Weihe 1772). Die hochragende Doppelturmfront wirkt zeichenhaft weit in die Landschaft hinein und ist auf einen anderen Monumentalbau ausgerichtet: Kloster Banz mit der Doppelturmfassade seiner Kirche über dem Steilhang jenseits des Maintals.
Auf einem Acker des zur Zisterzienserabtei Langheim gehörigen Hofes Frankenthal erschien 1445 dem Sohn des Langheimer Klosterschäfers zweimal das Christkind. 1446 wiederholte sich die Vision. Diesmal war das Christkind von 14 Kindern begleitet und bedeutete dem Hirten: »Wir sein die viertzehn nothhelffer/ vnd woellen ein Cappeln haben/ auch gnediglich hie rasten/ vnnd biß unser diener/ so woellen wir dein diener wieder sein.«[274] Schon bald wird am Ort der Erscheinung eine Kapelle errichtet, zu der die Wallfahrer ziehen.
Den Bau der heutigen Anlage, der zweiten Nachfolgekirche der Kapelle, leitet 1735 der Abt der nahen Zisterzienserabtei Langheim, Stephan Mösinger, ein. Nach seiner Meinung sind die Gläubigen zu einer größeren Verehrung Gottes und der Heiligen nur zu bewegen und auch bereit, freudiger zu opfern, wenn die Gnadenstätte würdig ausgestattet ist. Der Planung Neumanns gehen die Entwurfsarbei-

Vierzehnheiligen, Wallfahrtskirche

ten anderer Architekten voraus beziehungsweise verlaufen parallel: Gottfried Heinrich Krohne, als Protestant mit dem Wallfahrtswesen und seinen Bauerfordernissen wenig vertraut, jedoch in der Gunst des Abtes stehend, plant einen Zentralbau, der an protestantische Predigtkirchen erinnert, mit umlaufenden Emporen und kleeblattförmigem Chor. Für die Masse der Wallfahrer hätte nur die Fläche von etwa 4000 Quadratschuh zur Verfügung gestanden (Neumann sieht im Projekt von 1742, das kleiner ist als das ausgeführte, ohne Chor etwa das Doppelte vor), und nur die Hälfte dieser Fläche hätte einen Blick auf den Gnadenaltar über der Stelle der Erscheinung erlaubt. Das Verlangen der Wallfahrer, möglichst nahe an ihn heranzutreten, wäre durch die räumliche Enge unerfüllt geblieben. Für Prozessionen wäre überhaupt kein Platz gewesen.

Den Wallfahrtsnotwendigkeiten kommt Neumanns Mitarbeiter Johann Jacob Michael Küchel mit einem Entwurf entgegen, den er im Auftrag des Bamberger Fürstbischofs Friedrich Karl von Schönborn erarbeitet. Küchel fügt zwischen zwei langhausartige Bauteile einen Kuppelraum, in dessen Mitte der Gnadenaltar mit Stipes nach allen vier Himmelsrichtungen stehen soll. Ein weiteres, konventionelles Projekt liefert Maximilian von Welsch noch 1744.

Die Zustimmung des Fürstbischofs findet die Planung, die Neumann 1742 vorlegt. Seine Lösung: eine basilikale Kuppelkirche auf dem Grundriß eines lateinischen Kreuzes mit zwei Fassadentürmen. Der Platz des Gnadenaltars soll die Vierung sein, die Stelle des weitesten Umraumes und der bestmöglichen Sichtbarkeit.

Mit der Ausführung dieses Projektes wird Gottfried Heinrich Krohne betraut. Dieser aber weicht nach eigenem Gutdünken von Neumanns Plänen ab. Ohne die bereits hochgeführten Teile der Außenmauern wieder niederzulegen, ist das ursprüngliche Raumkonzept Neumanns nicht mehr zu verwirklichen. Richtpunkt der Anlage hätte die Gnadenstätte werden müssen. Krohne aber verschiebt den Chor zu weit nach Osten, so daß nun der Ort des Gnadenaltares entgegen jedem liturgischen Brauch im Langhaus liegt. Neumann bemerkt Baufehler über Baufehler, verliert die Fassung: *»worauf ich meinen Kurtzen Abschied* (genommen)*, und zu Herrn Probst Hochwl. sagte, dass ich nunmehro mit diesem Kirchenbau nichts wollte zu tun haben.«*[275] Der Fürstbischof befiehlt Neumann förmlich, nicht zu resignieren. Die »lutherischen Nebensprüng« Krohnes (so der Abt) zwingen Neumann, mit äußerster Anstrengung neu zu planen. Man spürt aus seinen Briefen den Ehrgeiz, den Fehler ins Gegenteil zu verkehren und *»eine gute Kirche herzustellen«*, ein *»vollkommenes werck«*, ein *»Meisterhaftes werck«*.[276] Und welch eine Architekturidee wird jetzt gegenüber dem ersten, in einzelnen Entwurfsstadien lustlosen Projekt von 1742 verwirklicht! Freilich sind Gedanken der früheren Planung wieder aufgegriffen.

Vierzehnheiligen, Wallfahrtskirche. Aufriß der Fassade, 1744. SE 88

Vierzehnheiligen. Modell der Wallfahrtskirche, 1744. Bamberg, Historisches Museum

Dem Außenbau sieht man nicht im geringsten an, daß er ein ihm völlig widersprechendes Raumgebilde umschließt. Die Hülle eines Longitudinalbaus in lateinischer Kreuzform ist mit einem Zentralraum ausgestellt, wie er bislang noch von keinem Architekten als Bauaufgabe zu lösen war. Da Chor und Vierung in dieser Kirche keine Schwerpunkte des Wallfahrtsgeschehens sind, bedürfen sie auch baulich keiner Betonung. Statt dessen bildet Neumann im Ostteil des Langhauses – gleich weit von Hauptportal und Chorscheitel entfernt – eine mächtige Rotunde auf ovalem Grundriß aus, in deren Mitte der Gnadenaltar steht. Diesen Zentralraum umgrenzen Wandpfeiler, die in letztmöglicher Weise von Raum durchdrungen sind. Emporen ziehen sich in halber Höhe hindurch, mit denen weiterer Platz für die Wallfahrer gewonnen wird. Farbige Dreiviertelsäulen in Form einer Kolossalordnung sind vor die Wandpfeiler gestellt und heben die Bedeutung des von Raum umhüllten Raumes um den Gnadenaltar hervor. Dem Oval des Hauptgrundrisses sind zwei weitere Rotundenovale auf gleicher Längsachse zugeordnet: die des Chores und die des Eingangsbereiches. In die Zwickel der Langhausovale schieben sich kleinere Ovale hinein: Man gewinnt den Eindruck eines verkümmerten westlichen Querhauses. Zwischen Hauptraum- und Choroval dringen die östlichen Querhausarme auf innen kreisförmigem Grundriß ein. In die Gewölbezone wird der Grundrißrhythmus nicht einfach dreidimensional übertragen: Durch Verschleifung verschiedenartigster, statisch zum Teil gewagter Gewölbekompartimente, deren stereometrische Grundformen mittels zahlreicher Stichkappen verwischt werden, entsteht eine Raumwirkung, bei der die einzigartige Lichtfülle strukturverschmelzend wirkt. Der Betrachter fühlt sich an die durch Soffitten abgeschirmte Beleuchtung einer Bühne erinnert, und oft ist die Quelle des Lichtreichtums für ihn erst erkennbar, wenn er sich im Raum bewegt. »Bei Sonnenschein erlangt der Raum seine höchste Wirkung, jene heitere Beschwingtheit, die so ganz das Gegenteil zur Erdverbundenheit und böhmischen Schwere der gegenüberliegenden Klosterkirche Banz ist. Dies war fraglos Absicht. Denn schon wegen der Lage sieht doch jeder Besucher die beiden Kirchen zusammen, und Banz bringt Vierzehnheiligen im Kontrast zu noch größerer Wirkung. Hier entstand, vor allem in der Rotunde der Gnadenstätte, der Inbegriff barocker ›Diaphanie‹, ver-

»Vnter der Zeit habe die Vierzehn Hayligen Kirchen bereiths außgearbeit, die anjetzo ein vollkommenes werck werdten solle, vndt wirckl. ahn den Modell dieße Wochen anfange, vndt solle dieße Kirchen ein Meisterhaftes werck werdten, daß Ewer Hochfürstl. Gnaden gewiß gnädigstes Vergnügen darahn haben sollen.«

Balthasar Neumann am 19. Januar 1744 an Fürstbischof Friedrich Karl von Schönborn. Zit. nach: Briefe S. 134.

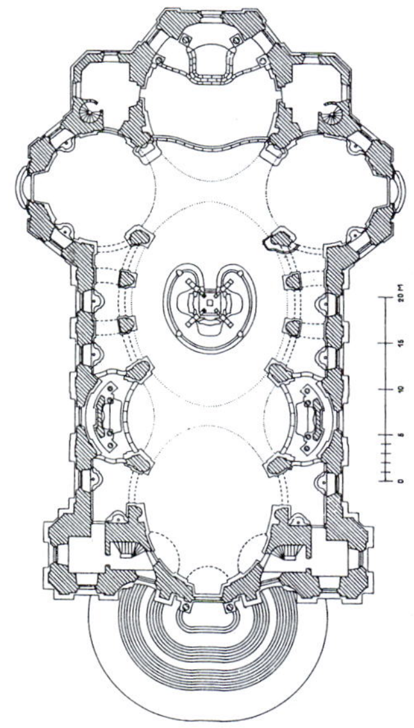

Vierzehnheiligen, Wallfahrtskirche. Grundriß

Vierzehnheiligen, Wallfahrtskirche. Blick von der Orgelempore

folgende Doppelseite: Vierzehnheiligen. Gewölbe der Vierung

Wallfahrtskirche Vierzehnheiligen. Ausschnitt der Turmfassade

gleichbar dem Projekt für die Wiener Hofkirche, nur kann man hier wirklich auch sehen, wie sehr das Licht bei Neumann mitzubauen vermag. Das Ganze wird zu einem farbigen Lichtraum. Er erreicht, vornehmlich durch die Säulen, eine ruhige, stehende und feierliche Gesamterscheinung, die durch die Bewegung der Kurven, durch das Licht und die Farbe belebt ist in feinstem, heiterem Klang. Dies ist das Wunder von Vierzehnheiligen, und das gibt es nur hier. Der Raum ist mit nichts vergleichbar, auch mit keinem anderen Neumann-Raum. Es ist die Gestimmtheit, die hier begeistert, das eigentümliche Miteinander von Feierlichkeit und Heiterkeit, von würdiger Größe und beschwingtem Spiel.«[277]

Den »bewegten Betrachter« fordert nicht nur der Raum, sondern auch der Gnadenaltar, von Johann Michael Feichtmayr entworfen und ausgeführt. Kern des Altars ist ein Schacht an der Stelle der Erscheinungen, mit Ölgemälden der Ereignisse ausgestattet. Um den Schacht erhebt sich als Altaraufbau eine Rocaille-Architektur mit Baldachin. An drei Seiten sind Stipes eingefügt, so daß mehrere Messen gleichzeitig gelesen werden können. Eine Kommunionbank umfängt in Herzform den Altar. Im Rocaille-Aufbau oder auf den Postamenten der Kommunionbank stehen oder sitzen die Hl. Vierzehn Nothelfer, die der Gläubige nur im Umschreiten des Altares einzeln verehren kann. Auf dem Baldachin erscheint auf einer Kugel, nach allen Himmelsrichtungen wiederholt, im Strahlenkranz das Christkind, wie bei der dritten Vision mit einem roten Kreuz auf der Brust. Der anschauliche Charakter der heiligen Stätte wird über ihr im Deckengemälde Giuseppe Appianis zu letzter Aussage gesteigert: die Vierzehn Nothelfer in der himmlischen Glorie. Da sie der Heiligsten Dreifaltigkeit ganz nahe sind, ist jeder Zweifel an der Legitimität ihrer Rolle als Helfer und Fürbitter ausgeschlossen.

Neumann hat die Kirche selbst nicht vollenden können, sondern der bewährte Maurermeister Thomas Niestler.[278] Dieser dürfte auch die Gewölbe ausgeführt haben – flacher als Neumann sie in seinen Plänen und im Bamberger Modell der Kirche

Vierzehnheiligen. Der Raum im Licht

Vierzehnheiligen, Turmfassade der Wallfahrtskirche

Banz, Turmfassade der Klosterkirche

vorgesehen hat. »So entstand eine veränderte Raumwirkung. Bei Neumann wäre das Einzelne straffer konzentriert und das Ganze mächtiger, steiler im räumlichen Volumen und energischer im Zugriff gewesen; seine Auffassung von Raum hatte auch hier einen Zug, der ins Große geht.« Durch Niestler und die Ausstattungskünstler ist Neumanns Konzept »verdorben, Vierzehnheiligen aber ist es nicht. Der Raum wurde ein ganz anderes Gesamtkunstwerk von einer neuen Qualität und einer Wirkung, die wie ein Traum ist. Aber wer vermag sich vorzustellen, wie die Wirkung am Ende bei Neumann gewesen wäre?«[279] Unbekannt bleibt, ob und wie weit Neumann noch Anweisungen für die Ausstattung gegeben hat. Bei der letzten Innenrestaurierung 1982–1990 ist weitgehend der leuchtende, kühle Farbcharakter wiedergewonnen worden, den der Raum bei seiner Vollendung im 18. Jahrhundert zeigte.[280]

Der Außenbau wirkt durch die Kraft und Plastizität der Doppelturmfassade (ausgeführt von Küchel nach Neumanns Entwurf). Ihr Vorbild ist Johann Dientzenhofers Doppelturmfassade der nahen Klosterkirche Banz. Dort ein zweigeschossiger Unterbau mit konvex vortretendem Mittelteil, durch eine Balustrade abgeschlossen. Die Türme auf dem Unterbau sind auf achteckigem Grundriß hochgeführt und von geschweiften Hauben mit Laternen bekrönt. Makellos die Wirkung des Aufrisses und seiner Instrumentierung durch Pilaster und Dreiviertelsäulen. Der Vorschwung des Mittelteils ist durch die kleinste von drei Querovalen bedingt, die der Grundrißdisposition des Langhauses zugrundeliegt.

In Vierzehnheiligen gibt ebenfalls der Mittelteil der Turmfront dem Eingangsoval des Inneren nach. Er steht aber nicht mehr in so entschieden formalem Kontrast zu den Seitenstücken wie in Banz, sondern ist in konkav-konvexe Schwingung gebracht. Die Untergeschosse der Türme sind als Körper ausgeprägt durch abgeschrägte Ecken. Die plastische Kraft der Neumannschen Fassade kulminiert weniger stark in der Mitte als bei Dientzenhofer. Statt dessen greift eine vibrierende Spannung auf alle Einzelglieder über und gipfelt in den ungewöhnlich bizarr wirkenden Zwiebelhelmen: Ornamentarchitektur auch sie wie der Gnadenaltar im Inneren. Anders als Dientzenhofer steigert Neumann die Pilaster der Fassadengliederung an Rang und Plastizität nach oben hin. Wie in Banz sind auch in Vierzehnheiligen Haupt- und Mezzaninfenster kombiniert, aber Neumanns Formen assoziieren

spontan Schloßarchitektur, desgleichen der Giebel Hildebrandtscher Prägung in der Mittelachse.
Der Außenbau leuchtet in goldgelbem Sandstein. Alle Werksteinteile sind sorgfältig bearbeitet. Ob Neumann die überkommene Steinsichtigkeit mit ihrem stark differenzierten Farbspiel gewollt hat, bleibt eine Frage, solange keine Reste einer vereinheitlichenden Fassungsschicht wie etwa die an den heute ebenfalls steinsichtigen Fassaden der Würzburger Residenz nachgewiesen sind.

Das Käppele in Würzburg

Kirchen wie Vierzehnheiligen oder Münsterschwarzach sind auf Fernwirkung berechnet. Wie Juwelen erscheinen sie mit ihren phantastisch konturierten Turmbekrönungen in der Landschaft. Hierzu gehört auch Neumanns volkstümlichste Wallfahrtskirche, die »Wunderblume des fränkischen Rokoko«[281]: das Käppele in Würzburg.[282] Unvergleichlich auch seine Lage am Berghang über der Stadt, als Gegenpol voller Heiterkeit zur Festung Marienberg.
1740 legt Neumann Pläne vor, um die alte Wallfahrtskapelle mit ihrem Vesperbild durch einen Neubau zu ersetzen. Doch die Mittel reichen nicht aus. Erst 1748 können die Bauarbeiten nach neuen Entwürfen beginnen. Bereits ein Jahr darauf steht der Rohbau. Die Gnadenkapelle bleibt als Annex erhalten (1778 wird sie neu konzipiert).
Die Planung von 1740 geht parallel mit der für die Kirche in Kitzingen-Etwashausen. Unverkennbar die geschwisterliche Verwandtschaft. Neumann gestaltet für Würzburg eine Dreikonchenanlage mit kurzem Langhaus. Die Vierung füllt er auf freistehenden Doppelsäulen mit einer im Grundriß runden, das Langhaus auf freistehenden Einzelsäulen mit einer querovalen Gewölbeeinheit. Den freistehenden Säulen entsprechen jeweils hinter ihnen an den Außenwänden Dreiviertelsäulen: Das Raumbild erhält durch diese Säulenkonzentration kraftvolle Akzente, die über Kitzingen-Etwashausen hinausweisen. Die breitgelagerte Eingangsfassade soll durch Pilaster gegliedert sein und geschwungene Giebelflanken seitlich eines ädikulaartigen Mittelteils erhalten, über dem ein Türmchen mit eingeschnürtem Zwiebelhelm sitzt. Die Gewölbe der Konchen lassen die Dächer darüber kurvig-voluminös erscheinen.
Schon in der frühen Planungsphase denkt Neumann alternativ an eine Doppelturmfassade[283], die das städtebauliche Gewicht der Kirche erhöhen würde. In der Ausführung ist der Raumgedanke vereinfacht und monumentalisiert. Der Zentralbau hat eine quadratische Vierung, überwölbt von einer

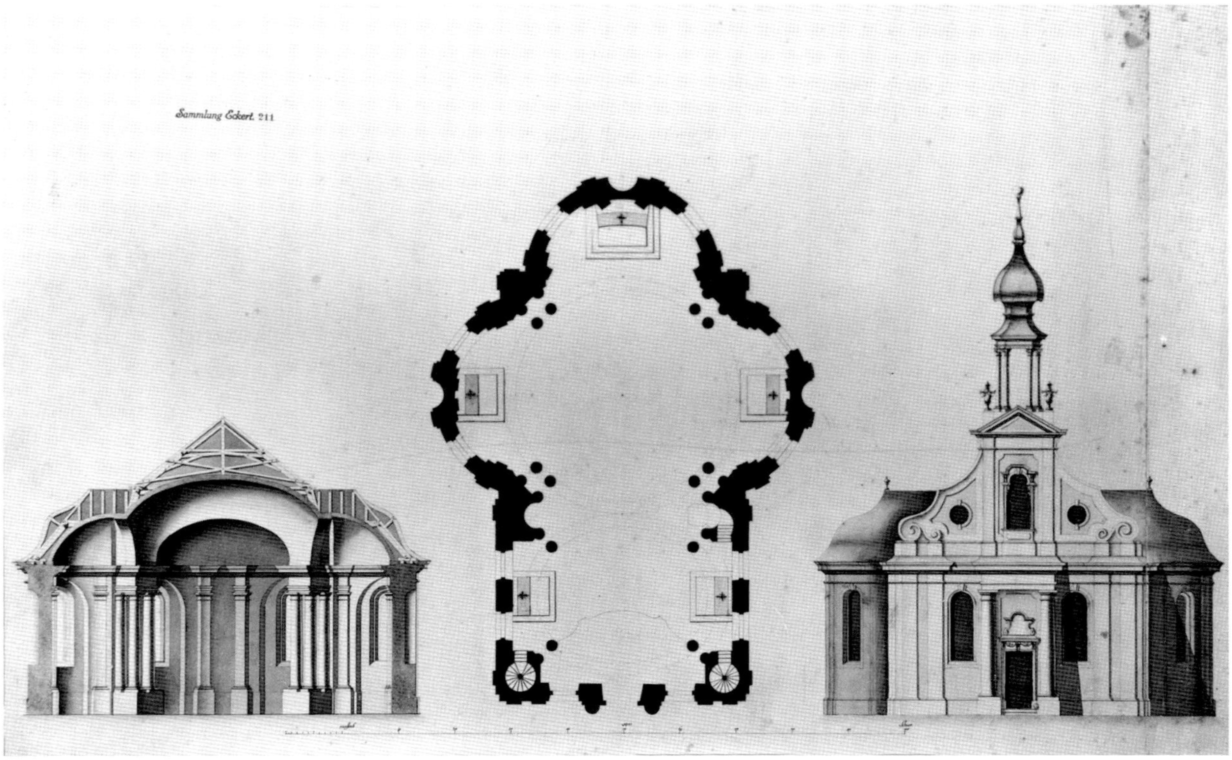

Würzburg, Käppele. Querschnitt, Grundriß und Fassadenaufriß aus der ersten Planung, 1740. SE 211

folgende Doppelseite:
Würzburg, Käppele. Innenraum

hochgespannten Kugelkalotte mit Laterne auf gestelzten Pendentifs, die auf Halbsäulenpaaren an den abgeschrägten und sanft gerundeten Vierungsecken ruhen. Die freistehenden Doppelsäulen der ersten Planung sind verworfen. Das Langhaus schrumpft bis auf ein schmales Joch und erhält eine von Stichkappen durchdrungene Halbkreistonne. Das Chorjoch schließt im Halboval und ist halbkuppelartig gewölbt. Die Querarme haben korbbogigen Grundriß und Gewölbe von der Art wie im Chor. Alle Gewölbe schneiden nicht unmittelbar in die Vierungskuppel ein, sondern stoßen gegen ihre mit gestuften Halbkreisarkaden vertikal geöffnete Schale. Der Betrachter erlebt einen freien, sich allseitig dehnenden und dennoch bergenden Raum. »Kommen wenige Besucher, nimmt sie der Raum traut auf, erscheinen viele, faßt er sie auch. Ein unsagbares Widerspiel von Spannung und Lösung liegt in diesem Werk.«[284]

Neumann hat noch die Gewölbefresken gesehen, die Matthäus Günther 1752 signiert. Sie fügen sich glücklich der Neumannschen Raumarchitektur ein und heben ihre Freizügigkeit hervor. Gleiches gilt für die wildzüngelnden Stukkaturen wohl von Johann Michael Feichtmayr. Die zarte Farbigkeit des Raumes – Weiß, Rosa. Gelb, Gold, Grau – kulminiert im Stuckmarmor der Halbsäulen und Pilaster, die alle diese Farbnuancen vereinigen.

Die Wirkung des Käppele in der Fernsicht beruht auf der fast zierlichen, differenzierten Modellierung des Gesamtkomplexes. Die Schlankheit der beiden Fassadentürme steigern die extrem geschweiften Hauben mit ihren hoch hinaufgeschobenen Filigrankreuzen. Mit den Turmbekrönungen klingt die der Kuppellaterne zusammen. Ein zweites Wirkmoment sind die kurvig-voluminösen Dächer über den Raumkompartimenten. Es entsteht der Eindruck eines Wogens. Steht man vor der Fassade, überrascht, auf welch einfachen Mitteln ihr höchst dekoratives Erscheinungsbild beim Anblick aus der Ferne beruht: in erster Linie auf dem Kontrast zwischen Putzflächen und Werksteinteilen (die ursprünglich ebenfalls gefaßt zu denken sind). Auffallend die kräftige Gliederung in der Horizontalen durch Gesimse. Ferner fassen Pilaster straff die abgeschrägten Ecken der Türme ein. Die meisten rundbogigen Fenster der Türme sind bis auf die Schlußsteine und Profile schmucklos, ein wenig reicher durch akzenthaft angeordnete Ornamentik die Fensterrahmen der Fassade.

Blick von der Festung Marienberg auf das Käppele in Würzburg

Wallfahrtskirche Maria-Limbach. Choransicht

Maria-Limbach, Wallfahrtskirche. Perspektivischer Längsschnitt mit Wappen des Fürstbischofs Friedrich Karl von Schönborn, Zeichnung von Franz Ignaz Michael Neumann, 1753. SE 196

Maria-Limbach

Die Wallfahrtskirche Maria-Limbach[285], einsam in der Wiesen- und Felderlandschaft vor den Bergzügen des Steigerwaldes gelegen, ist das eindrucksvollste Zeugnis für Neumanns Kunst, mit geringem Aufwand große Architektur zu formen. Fürstbischof Friedrich Karl von Schönborn, im Alter auf die Fürsprache der Muttergottes zu Limbach von einem Hüftleiden geheilt, gelobt 1743 aus Dankbarkeit, »die Gnaden Kirch zu erweitern und in ansehentlicheren Standt zu setzen«.[286] Hierzu bestimmt er im Testament 12 000 rheinische Gulden. Neumanns Kostenvoranschläge für bescheidene Landkirchen liegen bereits zwischen 3 000 und 6 000 rheinischen Gulden.[287] Da zwingt die fürstbischöfliche Widmung bei der Größe und dem Anspruch dieses Gotteshauses zur Sparsamkeit. Neumann hebt während der Rohbauarbeiten 1751–1753 die Summe in acht Teilbeträgen ab. Aber sie reicht nicht aus. Der Baumeister schießt zusätzlich aus eigenen Mitteln 769 1/2 rheinische Gulden vor.
Die Entwurfsidee dokumentiert der Grundrißplan SE 192.[288] Der Neubau liegt rechtwinklig versetzt auf dem Langhaus des spätgotischen Vorgängers. Die Länge des alten Schiffes bestimmt die Breite der neuen Kirche. Sie enthält beträchtliche Fundamentteile der Anlage aus dem Mittelalter.
Der Neubau besteht aus einem dreijochigen Langhaus mit schmalem Vorjoch hinter der Fassade, eingezogenem zweijochigem Chor mit Halbkreisschluß und einem Turm im Bogenscheitel. Zwei Varianten der Raumdisposition führt Neumann im Riß SE 192 vor Augen: rechts zwei querovale Flachkuppeln im Langhaus wie in Neresheim und eine kreisrunde im Chor. Der Wandmantel ist wellenförmig rhythmisiert: links ein doppelschaliges Wandsystem mit Emporengang wie tatsächlich ausgeführt. Die innere Raumschale wirkt wie augestochen durch Korbbogenöffnungen im Erdgeschoß zu einem schmalen Umgang und durch Rundbogenöffnungen im Obergeschoß zum Emporengang. Langhaus und Chor, mit einer leicht segmentierten Stichkappentonne überwölbt, erhalten wiederum eine Raumhülle, die zugleich Lichthülle ist. Neumanns Sohn Franz Ignaz Michael gibt in seinem perspektivischen Schnitt die Architektonisierung des Lichtes eindringlich als Besonderheit des Raumbildes wieder. Die Grundriß- und Raumstruktur ist in Neumanns Œuvre nicht neu. Sie findet

Wallfahrtskirche Maria-Limbach

folgende Doppelseite:
Innenraum der Wallfahrtskirche Maria-Limbach

sich aufwendiger in Entwürfen für die Mainzer und für die Würzburger Jesuitenkirche.

Der Außenbau gibt sich einfach, klar und wuchtig. Hauptmotiv am Langhaus ist die Kombination großer Rundbogenfenster mit kleinen Segmentbogenfenstern darunter, alle nur mit keilartigem Schlußstein. An der Giebelfront kommt eine straffe Lisenengliederung hinzu. Mit Schmuckelementen hält sich Neumann – anders als noch im Fassadenaufriß SE 194[289] – zurück. Im Giebelfeld erscheint das Schönborn-Wappen. Der Chorumgang trägt den beschwingten Helm der Landkirchen.

In nachneumannscher Zeit hat man den Außenbau verschiedentlich durch zweifarbige Fassung von Wandfläche und Gliederung zu beleben versucht und ihm damit Charakteristisches genommen. Bei der Instandsetzung in den 1970er Jahren hat sich als unterste Farbschicht – gleichmäßig über Wand und Gliederung gestrichen – eine gebrochen weiße Schlämme nachweisen lassen. Sie ist heute wiederhergestellt und entspricht Neumanns Anweisungen im Kontrakt mit dem Verputzer. Dieser soll »*Eysserlich umb die Fenster ein Glattig Einfassung ohne Verstabung ahn den schluss stein so nur etwann Einen halben oder 3/4 sage drei viertel Zoll vor stechend vor den Mauer grundt*« legen. Die Schlußsteine sind »*mit einer linden steinfarb*« anzustreichen, »*damit sichs von den weissen grundt unterscheidet*«.[290]

Mehr als dieser Kontrastakzente bedarf es nicht, um große Wirkung, diesmal von herbem Reiz, zu gewinnen.

Neresheim

Neumanns Sakralbaukunst gipfelt in der Kirche der Benediktinerabtei Neresheim.[291] Bei der Planung dieses Meisterwerks greift er alle Leitideen seines räumlichen Gestaltens auf, die ihn seit der Schönbornkapelle und der Abteikirche Münsterschwarzach beschäftigt haben. Nun, am Ende seines Lebens, gelingt es ihm, »die hauptsächlichsten Systeme von Basilika, Wandpfeiler- und Freistützenanlagen ganz mühelos zu einem jeder Klassifizierung spottenden Raumwunder voll souveräner Motive zu verflechten … Neumann hat hier seinen Sinn für das Feierliche und Grandiose in der Baukunst wohl am schönsten offenbart. Das ist wirkliche Architektur, was in Neresheim sich auftürmt, eine gültige Aussage barocker Baukunst und verklärt von jener edlen Größe, die über die Jahrhunderte hinweg das Maß zeitloser Meisterwerke ist.«[292]
Begonnen wird der Neubau 1747 unter Abt Aurelius Braisch, vollendet unter dem Nachfolger Abt Benedikt Angehrn (1755–1787) und erst 1792 konsekriert. Die Kosten veranschlagt Neumann 1747 auf 45 791 rheinische Gulden.[293] Später sollen sie sich auf 80 000 Gulden belaufen (am Ende dürften es rund 250 000 Gulden geworden sein[294]). Pläne von 1748 finden keineswegs einhelligen Beifall im Konvent. Neumann denkt Mißverständnisse ausräumen zu können, wenn er nach Neresheim kommt. Man soll Gips bereithalten, denn er will sich Mühe geben, mit eigener Hand »*von der Kirchen wenigstens die Helfte in Modell*« zu machen, »*worahn sowohl Euer Hochwürdten und gnaden undt dero löblicher Convent freyd und Vergnügen haben werdten, undt solle Ehr undt approbation vor gott undt der Welt damit eingelegt werden. Daß modell wirdt teytlicher sein zu verstehen, besondern denen, die die riß nicht* (verstehen) *können.*« Auch wolle er die Baupläne von Münsterschwarzach mitbringen, es müsse »*aber just nicht eine Kirchen wie die andere herauß kommen*«.[295]
Der Werdeprozeß läßt sich aus einer beträchtlichen Anzahl in den wichtigsten Schritten verfolgen.[296] Anfangs denkt Neumann an eine kreuzförmige Säulenbasilika mit einer als Zentralraum gestalteten Vierung: eine Weiterentwicklung des Projektes für Langheim. In der dritten Variante dieses Grundrißentwurfs ist die Vierung eine längsovale Rotunde. Die Querarme sind gleichfalls als Tiefovale ge-

Neresheim,
Benediktinerabteikirche

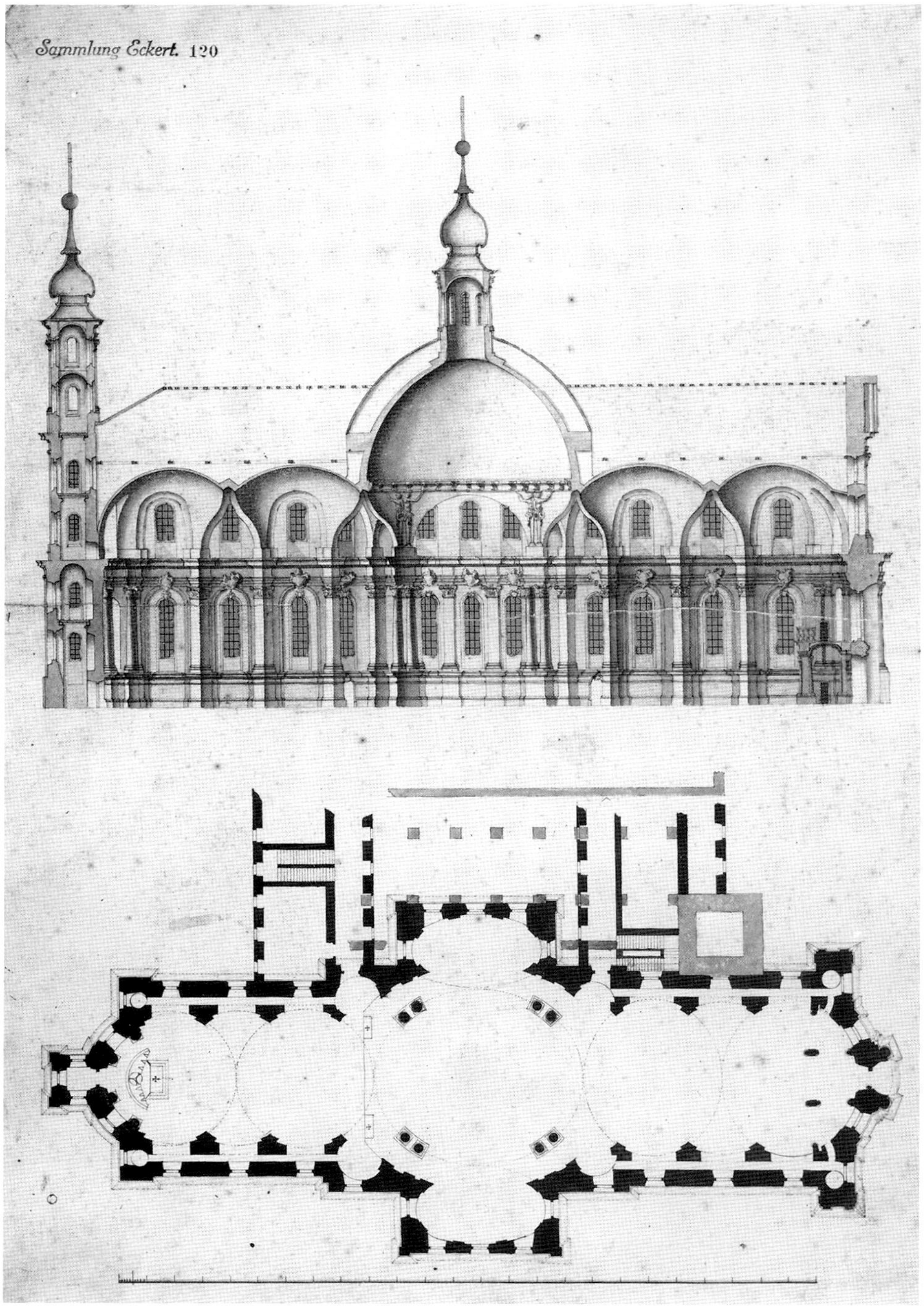

Neresheim, Abteikirche. Grundriß der alten und neuen Kirche sowie Längsschnitt durch den Neubau, endgültiger Ausführungsentwurf, erste Fassung, 1749. SE 120

Neresheim, Abteikirche. Konstruktionsriß für die Einwölbung und die Dachwerke von Franz Ignaz Michael Neumann, 1755. SE 129

halten, in die das Vierungsoval einschneidet: Die ausgeführte Lösung ist vorgeprägt. Auch die Abteikirche Münsterschwarzach taucht als Planungsansatz in einem der frühen Entwürfe (SE 109) auf, wird aber nicht weiter verfolgt bis auf einen Gedanken: den der zweischaligen Raumbegrenzung. Mit dem Vorentwurf SE 112 bildet sich die Vierung als ovaler Freistützenbaldachin in der Nachfolge von Kitzingen-Etwashausen und des großen Projekts für die Wiener Hofkirche heraus. Das basilikale Langhaus mit schmalen Seitenschiffen und ein entsprechender Langchor dieses Entwurfs beruhen u. a. auf der Planung für die Mainzer Jesuitenkirche. Neumann stellt sein Planungsergebnis am eindrucksvollsten in der ersten Fassung des endgültigen Ausführungsentwurfs SE 120 vor Augen. Es wird in weiteren Zeichnungen variiert und differenziert. Das Langhaus zeigt zwei quergerichtete ovalförmige, der etwas schmalere Langchor zwei kreisförmige Raumkörper, deren Mauermäntel durch große Bögen geöffnet sind. Nach Maren Holst bestimmt Neumann die »sphärische Krümmung der Bögen beim Öffnen der gedachten Mauerzylinder oder errichtet die Bögen zumindest frei, der Geometrie des Grundrisses folgend, *bevor* er die Wölbkappen aufpaßt«. Majestätisch die Vierungskuppel, die den ganzen Raum auf sich hinordnet. Neumann kommt »durch das Zentralisieren seiner längsgerichteten Sakralbauten zur Bauweise mit Räumen auf gekurvtem Grundriß. Es ist der zentralisierende Rundbau in der Vierung, der ihn bei der Gestaltung der Wölbung und schließlich des gesamten Raumgefüges besonders schöpferisch werden läßt.«[297]
Schöpferisch werden läßt Neumann aber auch der Blick auf Kirchenbauwerke, die seine Auffassung von Ovaldurchdringung und gleichmäßiger Travéeabfolge präfigurieren, z. B. St. Niklas auf der Kleinseite in Prag. »Warum Neumann auf das Böhmische zurückgriff, ist ganz klar. Er tat dies nicht, weil er einen Bau wie St. Niklas nun plötzlich als Vorbild erkannt hätte, sondern weil dieser sich eignete, das Thema von Neresheim verwirklichen zu helfen. Wie schon der Zwischenplan (SE 112, d. Verf.) gezeigt hatte, sollten Langhaus und Chor als Saalraum untergeordnet sein; sie sollten die Vierungsrotunde triumphal in Szene setzen. Als es dann an die Kurvierung ging, mußte der Saalraumgedanke unbedingt erhalten bleiben, und hierfür hatte die böhmische Architektur bereits so mustergültige Lösungen entwickelt, die selbst dem höchsten Anspruch standhalten konnten.
Der kurvierte Saal mit seinem geschlossenen Raummantel gegen die höhere, vollkommen freigestellte und optimal geöffnete Rotunde, die wiederum seitlich von Rotunden eingefaßt ist – das war das Thema. Neumann komponierte mit Räumen unterschiedlichster Gestalt, die aber alle durch das Rotundenmotiv verwandt sind und sich im gemeinsamen Bewegungsfluß zusammenschließen.« Keineswegs aber sind sie verschmolzen – im Gegenteil. »In der Spätzeit war Neumann weit mehr noch als

früher auf präzise Artikulation und deutlichste Unterscheidung bedacht. Alles hat, im großen wie im kleinen, eine gestraffte Schlankheit im Volumen, eine Prägnanz im Schnitt der Profile und eine Schärfe in den Konturen gewonnen, die hart an die Grenze geht und, nur einen kleinen Schritt weiter, zur Auflösung der Festigkeit geführt hätte. Jetzt regiert der Geist des Analytischen, und er hat eine sezierende Schärfe erreicht, die nicht mehr zu steigern ist.«[298]

Als Neumann stirbt, ist das Gebäude »aus dem Fundament und in etwas ansehnlicher in die Höhe avancieret«.[299] Schon drei Tage nach dem Begräbnis des Vaters bewirbt sich der zwanzigjährige Franz Ignaz Michael Neumann, die Bauarbeiten fortzuführen, und bringt vor, er allein besitze die Kenntnis dessen, was der Verstorbene bei diesem »höchst bedenklichen schwehren Kirchenbau« beabsichtigt habe. Vor allem sei er von seinem Vater in die Kunst des Wölbens eingeführt worden.[300]

Abt Aurelius lehnt den jungen Neumann wie auch andere Bewerber ab. An die Einwölbung könne man frühestens in drei Jahren denken. Bis dahin werde kein neuer »Haubtwerckh- und Baumeister« benötigt. Franz Ignaz Michael solle sich unterdessen auf Studienreisen weiterbilden.[301]

Der nachfolgende Abt Benedikt Maria Angehrn fordert 1755 den Sohn Neumann auf, Vorschläge für die Ausführung der Gewölbe zu erarbeiten. Und dieser legt mit dem Konstruktionsriß SE 129 seine glänzende Begabung als Bautechniker und Zeichner an den Tag – ohne mit der Vollendung des Kirchenbaus betraut zu werden. Franz Ignaz Michael hätte dem Vater alle Ehre gemacht, wären die Gewölbe nach seinem Plan verwirklicht worden. Doch angesichts der Kosten entschließt sich der Konvent 1759, die Wölbung nicht in Stein zu mauern, sondern in einer Holzkonstruktion zu realisieren. Gegenüber dem Konzept des jungen Neumann sind sie flacher gehalten. Erst die Malereien von Martin Knoller geben ihnen scheinarchitektonisch Tiefe. Dennoch: »In Neresheim spricht trotz der Fresken nur die Architektur, und sie spricht mit letzter, auf das Wesentliche konzentrierter Eindringlichkeit.«[302]

Neresheim,
Benediktinerabteikirche.
Innenraum

Altarbaukunst

Neumann erwähnt des öfteren Altäre, die er für seine eigenen Kirchenräume, aber auch für solche von anderen Baumeistern gestaltet. Neumann selbst bestimmt den architektonischen Aufbau. Das Figurale und Ornamentale überläßt er seinen Zeichnern, vor allem Johann Wolfgang van der Auvera, der eine Reihe von Neumann-Altären ausführt.[303]

Fünf Typen sind zu unterscheiden: der Wandnischenaltar (Schönbornkapelle, Plan zur Mainzer Jesuitenkirche SE 239), der Chorarkadenaltar (Kitzingen-Etwashausen), der Altar mit plastischem Rücktischaufsatz (Heusenstamm), der zentrale Gnadenaltar (Pläne für Burgwindheim und Vierzehnheiligen[304]) und als wichtigster Typus das Chorziborium, dem Neumann besondere Formqualität verleiht.

Frühestes Beispiel ist das Chorziborium im Dom zu Worms. Neumann hat bei der Konzeption die mittelalterliche Raumarchitektur vor Augen: Vierung, Querschiffarme und Chorapsis sieht er als Einheit. Das Ziborium faßt er wie ein »Echo seines Umraumes«[305] auf: Dem viersäuligen apsisartigen Mittelteil, ausgezeichnet durch eine Volutenbekrönung mit Kurhut und dem Wappen des Kurfürsten Franz Georg von Schönborn, fügt er beidseits Interkolumnien mit statuengeschmückten Durchlässen hinzu und gewinnt zur Tiefe der Mitte die gewünschte Wirkung in der Breite.

Ähnliches erwägt Neumann für den Hauptaltar der Peterskirche in Bruchsal.[306] Der Auf- und Grundriß, von Johann Wolfgang van der Auvera 1747 gezeichnet, sieht ein sechssäuliges Flügelziborium mit einer Variante vor »*...undt ahn die kirchenwandt noch zwei pilaster undt das gesimbs hinüber lauffend, so bekommet der altar seine breithung*«.[307] Ausgeführt wird der Vorschlag ohne die Verbindung mit den Wänden. Bestechend am Entwurf das Wohlmaß und die Transparenz der Architektur, die trotz des überschwenglich lebendigen Ornamentwerks um den Altar und im Baldachin nichts von ihrer Klarheit verliert.

Den formal wie gedanklich großartigsten Ziborienaltar läßt Neumann Anfang 1745 in Ehrenbreitstein für die Brühler Schloßkirche zeichnen, wohl durch Johannes und Andreas Seiz.[308] Auftraggeber ist der Kölner Kurfürst Clemens August von Bayern in seiner Eigenschaft als Hochmeister des Deutschen Ritterordens. Neumann betont ausdrücklich, er habe einen Privatauftrag dieses Herrschers auszuführen. Clemens August bestreitet die Kosten aus dem Ordensvermögen[309], über das er verfügen kann. Mit der Verwirklichung muß bald nach der

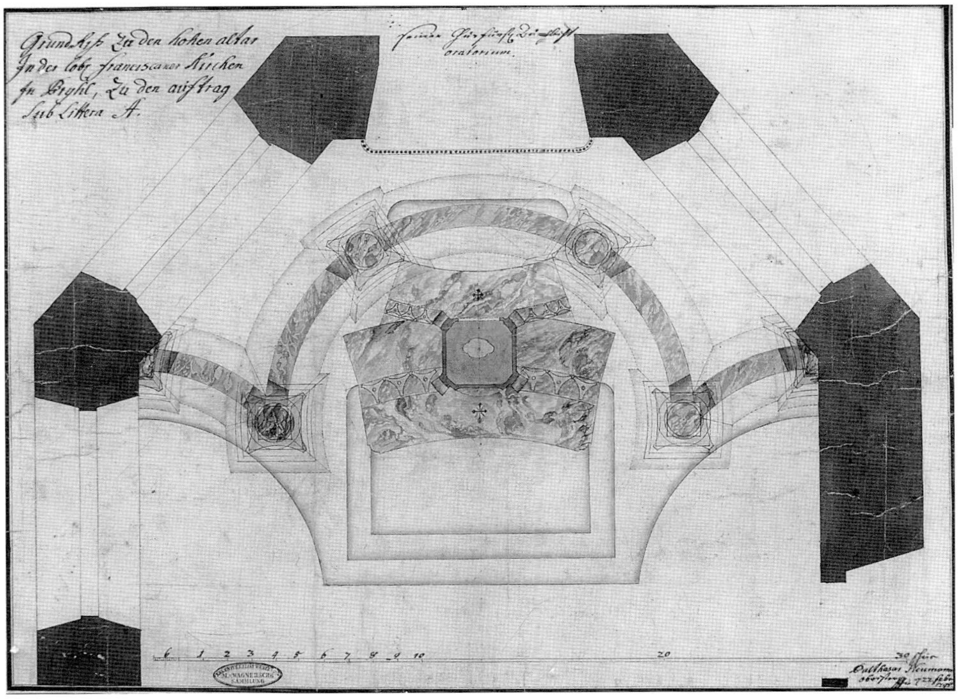

Brühl, Schloßkirche. Auf- und Grundriß für den Hochaltar, 1745. Ehem. Würzburg, Martin-von-Wagner-Museum; 1945 verbrannt

Bruchsal, St. Peter. Altäre

Brühl, Hochaltar
der Schloßkirche

Worms, Dom.
Blick auf den Hochaltar

Approbation des Risses in Würzburg begonnen worden sein, wobei Johann Wolfgang van der Auvera die figürlichen Teile gestaltet hat. Ende Oktober wird der Altar auf dem Wasserwege verschickt, von Wesseling nach Brühl transportiert und im November aufgerichtet (vgl. S. 44f.).

Der Altar besitzt vor allen anderen Chorziborien Neumanns eine ungewöhnliche zusätzliche Funktion: Er ist Mittler zwischen dem Oratorium des Kurfürsten in einem zweigeschossigen Anbau am Chor der Schloßkirche und dem Kirchenraum. Der Anbau birgt zwei Räume: im Erdgeschoß einen von Johann Adam Schöpf reich mit Malereien ausgestatteten Sakralraum, im Obergeschoß das Fürstenoratorium. Beide Räume sind mit dem Chor in dessen Scheitel durch Öffnungen verbunden (heute vermauert): der Sakralraum durch eine Tür, das Oratorium durch eine Rundöffnung, die mittels eines Spiegels geschlossen werden konnte.

Vier Ziboriensäulen auf hohen Postamenten sind im Halbkreis in den fünfseitigen spätgotischen Chorraum gestellt. Die Säulen grenzen einen Umgang ab und umschließen den Hochaltar, der zur Vorderseite einen großen, nach der Rückseite – zum Umgang hin – einen kleinen Stipes hat. Hier wird die Messe für den Kurfürsten gefeiert. Er wohnt ihr oben in seinem Oratorium bei, während das Gefolge im unteren Raum bei geöffneter Tür dem Zelebranten folgen kann. Das vertikale Gerüst des Altars ist wie in Worms durch brückenartige Horizontalglieder in Höhe der Postamente und durch einen Architrav verbunden. Darüber setzen Baldachinvoluten an, schwingen in die Gewölbezone hinauf, umschließen das Wappen des Kurfürsten und gipfeln im Kurhut. Statt der beiden Außensäulen in Worms wählt Neumann hier Pilaster, die gegenüber den vorderen Säulen zurückspringen. So ist stark die Mitte des Gesamtaufbaus betont. Auf sie konzentriert sich alle Bedeutung des Altars.

Die Kirche ist »Maria von den Engeln« geweiht. Deshalb erscheint in monumentalen Figuren auf der Predella die Verkündigungsszene. Stehende Engel mit Leuchtern in den Händen und kniende Betengel in den seitlichen Interkolumnen sind der Verkündigungsgruppe zugewandt. Auf den Kurfürsten deuten neben seinem Wappen und dem Kurhut in Öffnungen der Predella die Reliquienbüsten seiner Namenspatrone hin: des hl. Clemens und des hl. Augustinus.

Der Altarentwurf sieht in der Oratoriumsöffnung ein segmentbogiges Balkonfenster über der Verkündigungsgruppe vor, über dem der Architrav mit dem Wappen hochschwingt, es architektonisch einbindet. Ausgeführt wird ein runder Spiegel in üppigstem Schnitzrahmen, auf dem Spiegel das Auge Gottes in der Strahlenglorie.

Nach der Interpretation des Altares von Dagobert Frey habe man den Spiegel (der den stattlichen Durchmesser von ca. 2,30 Metern hat) entfernen können. Der Kurfürst sei bei der Messe anstelle des Symbols für Gottvater erschienen, ein lebendes Bild in einem vergoldeten Rahmen, aus der Wirklichkeitsphäre der Gläubigen herausgehoben »wie eine Vision an Gottes statt«.[310] Diese Vorstellung ist nicht aufrecht zu halten, denn man hat den Spiegel (nach starker Beschädigung des Altars im Zweiten Weltkrieg heute erneuert) keineswegs entfernt, sondern in der Querachse gedreht: Nach Ausweis eines Fotos vor 1928 wurde er von Engelsputten an Stricken von unten nach vorne hochgezogen (die Putten sind teilweise seit der Nachkriegsrestaurierung originalwidrig angeordnet[311]). Wird für den Kurfürsten zelebriert, ist es nicht notwendig, den Spiegel ganz in die Horizontale zu bringen. Ein Schrägstellen genügt. Vielleicht hat es auch einen rückwärtigen Spiegel gegeben, in dem der Herrscher den Zelebranten sehen konnte. Dies ist aber nicht zwingend anzunehmen: Vorstellbar ist auch die Teilnahme am Gottesdienst ohne Augenkontakt mit dem Zelebranten. Der Kurfürst erscheint keinesfalls an Gottes Statt vor aller Augen, sondern bleibt hinter dem Gottessymbol verborgen. Der Gläubige erkennt an der Schrägstellung des Spiegels die leibliche Anwesenheit Clemens Augusts. Auf seine »ständige Gegenwart« weist das Wappen in der Baldachinbekrönung hin.

Der Altar ist aus Holz gefertigt und mit Stuckmarmor in differenziert überlegter Farbigkeit verkleidet: die Stipes in Schwarz, die Predella in Grün und Gelb, die Säulenpostamente in Grau und Gelb, Säulen und Pilaster in rötlichem Grau, die Kapitelle und das schäumende geschnitzte Rocaillewerk des Baldachins sowie die Blütengehänge der Interkolumnien in Gold. Entmaterialisierend und die Mitte betonend das helle Licht der Chorfenster, die Neumann ihres spätgotischen Maßwerks entkleidet.

Gleichzeitig plant Neumann das fast gleich geformte Chorziborium für St. Paulin in Trier. Oratorium und Doppelstipes sind hier aber nicht gefordert.

Trier, St. Paulin.
Hochaltar

Die Residenz in Würzburg – Neumanns Lebenswerk

Neumann ist vierzig, als Marcus Friedrich Kleinert 1727 sein Bildnis malt (vgl. Abb. S. 4) und seinen Anspruch, der Baumeister der Würzburger Residenz zu sein, *»von welchem diese Hochfürstl. Residenz, und Hof=Kirch ist angefangen, und vollendet worden«*[312], im Kunstwerk manifestiert. Mit sprechender Geste deutet Neumann auf dieses Bauwerk, und kein Betrachter wird ihn mißverstehen.

In der Forschung hat das Urteil über Neumanns Rolle im Baugeschehen der Residenz geschwankt. Für Richard Sedlmaier und Rudolf Pfister ist er der geniale Konstrukteur und glänzende Organisator, der die Planideen, woher sie auch kommen, koordiniert. Geistiger Schöpfer ist er in ihren Augen nicht. Diese Rolle kommt für sie Maximilian von Welsch und besonders Johann Lucas von Hildebrandt zu, der Neumann als Künstler ausgeschaltet habe.

Daß Neumann sehr wohl seine Aufgabe schöpferisch löst, daß er es ist, dem die Residenz die letztgültige Formulierung verdankt, hat insbesondere Erich Hubala dargelegt. Er bestätigt das Urteil von Wolfgang Herrmann: Als einziger das Baugeschehen von Anfang begleitender Architekt habe Neumann gewissermaßen alle noch so weit abgehenden Vorschläge auf den Bau selbst wieder zurückgelenkt und versucht, sie mit den Gegebenheiten in Einklang zu bringen.

»Im gewissen Sinne nimmt er eine ähnliche Stellung wie der Bauherr ein, der über dem Wechsel der Architekten steht, nur daß hier in Würzburg der Tod die Bauherren dreimal wechseln ließ. So hatte

Würzburg, Residenz. Aufrißentwurf des nordwestlichen Eckrisalits der Stadtfront, um 1721/22. SE 314*

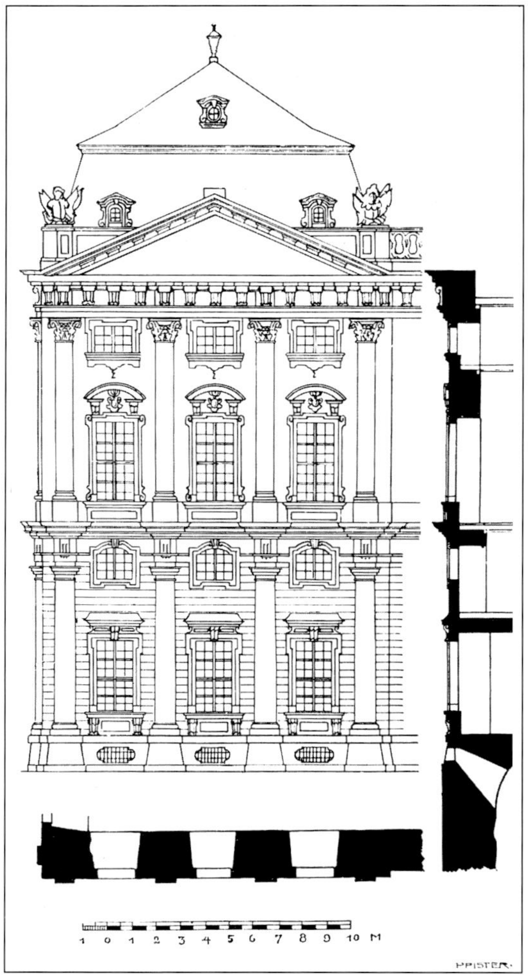

Würzburg, Residenz. Aufmaß des nordwestlichen Eckrisalits von Rudolf Pfister

»Den Hofschlosser (Johann Georg Oegg) *muß ich aber noch heindt vndt morgen bedeuthen, daß er die grosse thorgatter nicht so Eylich mache, dann deren arbeit die gröste auslag machet in der rechnung, da eben in der gnädigst erinnerten berechnung die über 2300 fl. beloffen, alleins biß 550 fl. außmacht vndt noch eine restirend geweßene außmessung ecc. wie auch quartal zettel dabeygeweßen mithin schon die außlagen des bauweßen Enger Eingehalten werdte.«*

Balthasar Neumann am 21. März 1745 an Fürstbischof Friedrich Karl von Schönborn. Zit. nach: Briefe S. 158.

Neumann wirklich als *einziger* das Glück, sein ganzes Leben als Künstler mit diesem Bau verbunden sein zu dürfen.«[313]

Die ersten Gedanken des Fürstbischofs Johann Philipp Franz von Schönborn zum Residenzbau dürfte Neumann im Herbst 1719 zu Papier gebracht haben.[314] Es seien »viele schlechte concepten«, meint Kurfürst Lothar Franz von Schönborn, die sein dilettantischer Neffe den Baumeister zeichnen lasse, »allso daß ich glaube, dieser guethe mensch werde noch blindt darüber werden«.[315]

Die frühestbekannte Fassung des Residenzplans (SE 286*)[316], der das Rennwegschlößchen in sich aufnimmt, ist zwar von der gebauten Version noch weit entfernt, enthält aber Gedanken, die Neumann durch alle Planungsphasen bis in die Ausführung verteidigt – beispielsweise in Paris (vgl. S. 22) – und bewahrt: die vierkantige Ausbildung der nördlichen und südlichen Blöcke um einen Binnenhof, den Rhythmus der Außengliederung, die Auffassung von der Mitte des Corps de logis als Saalbau. Auch kommt die Gesamtlänge der projektierten Residenz der verwirklichten Anlage nahe.

Am 22. Mai 1720 wird der Grundstein gelegt.[317] Die »baudirection« ist Johann Dientzenhofer und Balthasar Neumann übertragen. Vom Tag der Grundsteinlegung datiert ein Hofkammerprotokoll, wonach alle Maurer und Steinhauer an den Hof zu zitieren sind, um sie »an den neuangenommenen Baumeister (Dientzenhofer) und ingenieurhauptmann Neumann zu weisen, daß sie ohne derselben gut befinden, wissen und anhandgeben nichts tuen sollen«.[318] Dientzenhofer, in der Leitung großer Bauunternehmungen erfahren und als Vertrauter der Schönborn wohl deshalb Neumann an die Seite gestellt, ohne daß er den Jüngeren bevormundet hätte[319], verläßt Würzburg 1723. Neumann leitet den Residenzbau fortan alleine.

Im Gesuch um die Stellung eines Kammerrats kommt Neumann auf seine Tätigkeit an der Würz-

»Vulkan besucht den Würzburger Kunstschmied Johann Georg Oegg in seiner Werkstatt«, Gemälde von Joseph Anton Glantschnigg, um 1750. Würzburg, Mainfränkisches Museum

burger Residenz zu sprechen und meint, es sei wahrlich »*nicht eine von denen geringsten sachen … nach der ordnung alles zu halten*«, wenn er an alle »*die ausmachung so vielerlei handtwerksleuten undt künstleren idem die meblirung, garten vndt stallungen*« denke.

Im Umgang mit der Hofkammer, ohne deren Wissen nichts auf der Baustelle geschehen darf, ist ihm Korrektheit selbstverständlich. Wichtiges wird protokolliert, Geringfügiges mündlich angezeigt; es soll nach Neumanns Meinung künftig aber ebenfalls zu Protokoll genommen werden, »*damit man klährer sehen könte, was geschehe undt passire*«. Er kündigt ein »*separirtes prodocol*« an, in das »*ich, was täglich geschiet, eintragen werdte*«.[320] Ob Neumann wirklich dazu gekommen ist? Unschätzbare Quelle, würde sie eines Tages gefunden.

Als Fürstbischof Johann Philipp Franz von Schönborn 1724 stirbt, ist erst der nordwestliche Teile der Residenz, kaum ein Fünftel des Gesamtkomplexes, bis zum Hauptgesims oder weiter gediehen. Den Schönborn gegenüber, die um ihr Prestigeobjekt fürchten, bleibt Neumann optimistisch. Zwar werde nur mit Stuckarbeiten fortgefahren, schreibt er 1725 an Kurfürst Lothar Franz, aber der neue Fürstbischof Christoph Franz von Hutten wolle bald die Residenz beziehen. Das lasse für den Baufortgang hoffen. Im übrigen halte es der neue Herr nicht für nötig, »*weder ahn der figur noch eusseren architectur was daran zu enderen*«.[321] Lothar Franz entgegnet: »Gott gebe, daß dieses residenzgebau in so balden möge zum stand bringen …, um welches sonsten wohl schad wär, wo es stecken bleiben solte«.[322] Beim Tode Huttens 1729 hat Neumann den Nordwestblock mit Ausnahme des Ovals im Nordflügel unter Dach gebracht.

Neumanns Optimismus erfüllt sich. Mit der Thronbesteigung Friedrich Karl von Schönborns geht der Residenzbau weiter, und Ende Dezember 1744, fast ein Vierteljahrhundert nach der Grundsteinlegung, wird Richtfest gefeiert. Eines der Gedichte zu diesem Anlaß rühmt, Künstler und Handwerksleute habe angewiesen

»Ein grosser Fürsten-Sinn, der selbst mit eingesehen,
Wie all gemächlichkeit, nebst zierd und Kunst bestehen
Nach ihrem grund und riss, nach theilung maaß und zoll,
Wie die erfahrnus lehrt, daß Ordnung stehen soll.
Dem kame ferner zu ein Obrist, haischt Neumann,
Der jedermann belehrt, dass wer weiss und will, all dieses thuen kan.«[323]

Zu den spannungsvollsten Ereignissen der Residenzbaugeschichte zählt Neumanns Zusammenwirken mit Johann Lucas von Hildebrandt. Friedrich Karl von Schönborn ist neben dem Prinzen Eugen von Savoyen der wichtigste Gönner und Mäzen des Wieners. Nur zu natürlich, daß der Fürstbischof diesen Künstler in die Residenzplanung einbezieht, hält er doch dessen Schöpfungen für »die heutige beste bauKunst«[324], wie er Neumann belehrt.

Neumann kennt Hildebrandt spätestens seit 1719, als dieser in Würzburg weilt und Ideen zum Residenzbau liefert. Sicher trifft er mit Hildebrandt zusammen, als der Fürstbischof ihn 1729 nach Wien beordert, um »sich zu mehrers in bausachen zu qualifizieren undt beiden dero Hochstifftern so ersprießlicher dienen zu können«.[325]

Da Friedrich Karl noch als Reichsvizekanzler in Wien residiert, hat Neumann über den Arbeitsstand ausführlich nach dort zu berichten und Pläne zu schicken, die der Fürstbischof mit Hildbrandt bespricht. Dieser kritisiert und schickt Gegenentwürfe. Verständlich Neumanns Zorn, als er 1730 den Plänen des Wieners entnimmt, daß dieser – ähnlich wie einst Robert de Cotte in Paris – bereits Stehendes nicht berücksichtigt und er (Neumann) »*bey allem deme sehe, daß Herr von Hildenbrandt etwaß weith auß den weg*« geht. Um Klarheit zu schaffen, macht sich Neumann erneut auf die Reise nach Wien, sorgfältig für die Bausitzung präpariert und mit dem Vorsatz, »*daß ich mit den Herrn von Hildenbrandt wohl auskommen werdte*«.[326] Als sich die beiden unerwartet im Harrachschen Garten begegnen, verliert Hildebrandt die Fassung, herrscht grundlos Handwerker an und meldet sich krank.

Neumanns Stellung gegenüber dem 19 Jahre älteren Hildebrandt ist schwierig, und nicht immer kann der Würzburger sein Unbehagen unterdrükken, wenn sich der Wiener in kleinlichen Beanstandungen gefällt: »*Der Herr von Hildenbrandt sorget vor etliche sachen …, welches alles sich selber giebet …*«[327] Trotz allem ist Neumanns schöpferischer Einfluß auf das Baugeschehen nicht gering. Dafür zeugen die Gesamtgestalt der Residenz, die Hofkirche, das Treppenhaus, der Garten- und Kaisersaal und schließlich die Fassadengestaltung.

Die Stärke Neumanns ist seine Kompetenz vor Ort, sein Wissen um jedes Detail. Keiner auf der Baustelle macht ihm etwas vor. Er habe »*ohnehin alle Maaß vndt riss nicht nur beyhanden, sondern daß Meiste Memoriter beynebens*«. [328]

Der Betrieb auf der Baustelle kann nur erfolgreich sein, wenn die Bauverwaltung funktioniert. Also leitet Neumann sie persönlich. Die Bauarbeiten werden allgemein an Unternehmer im Akkord vergeben. Sie verpflichten sich bei ihrer Ehre und ihren »jetzigen und künftigen Haab und Güttern« zu rechtschaffener »Dauer- und Meisterhaften Arbeith«.[329] Alle Bau- und Hilfsmaterialien werden vom Auftraggeber gestellt. Die Zahl der Maurer, die im März 1735 auf der Baustelle arbeiten, gibt Neumann mit 46 an.[330]

Als die ersten Mauerteile für den Südblock entstehen, versichert Neumann dem Fürstbischof, er werde schon dafür sorgen, »*daß es folgents in den ordentlich gang kommet*«.[331] Neumanns Anwesenheit garantiert zügigen Arbeitsverlauf. Leider stellt sich heraus, daß »*in meiner abwesenheit nicht als so befolget wirdt, wie ich doch mit meiner sorgfalt, umb Ewer Hochfürstl. Gnedigste intention zu treffen, ahnordne*«.[332]

Der Baubetrieb ist mustergültig organisiert. Die Arbeiten geraten dann ins Stocken, wenn die Pläne aus Wien mit Friedrich Karl von Schönborns Genehmigungsvermerk nicht rechtzeitig eintreffen. Mangelt es an behauenen Fassadensteinen, »*so kan mann in anderer arbeit, woh keine gehauene stein sein, fortfahren. Die scheidwende werdten sonsten von den sandsteinen, die ohne hin von den quatern* (Fassadensteinen) *abfallen, gemacht.*« Kaminschlote werden aus Backstein gemauert, »*deren wir einsweilen bey 18000 in Vorrath haben vndt in unßern 3 Kalchöfen all zeit bey guthen Wetter vndt durch den gantzen sommer backstein mit brennen vndt machen*«.[333]

Neumanns Liebe gilt der Technik des Wölbens. Spannung, wenn die Lehrgerüste abgeschlagen werden. Als sie in der Hofkirche fallen, weilt der Baumeister in Trier. Der Fürstbischof erfährt durch den Ingenieur Tatz, das Gewölbe mache »in natura« einen viel besseren Eindruck als auf der Zeichnung. Jetzt sehe man alle »kleinste gürtlein« neben den großen Hauptgurten, »welche ihre Connektion mit der untern Architectur haben«.[334] Neumann findet das Gewölbe »*schön wie* (es) *sein solle*«.[335]

Bautechnisch durchdacht ist der Ablauf der Wölbarbeiten in den Haupträumen des Corps de logis. Das Gewölbe des Kaisersaals wird zuerst gemauert. Dann kommt das Gewölbe im Weißen Saal davor an die Reihe, »*welches mir die meister nach meiner angegebenen verwahrung recht gemacht*«. Als es geschlossen ist, wird »*daß gewöhlm gerist in den haubtsahl herauß gethan*«. Im Weißen Saal muß die Einrüstung aber stehenbleiben, »*biß die haubstigen dargegen gewöhlmet ist*«.[336]

Schon auf der Paris-Reise zeigte sich, daß für Neumann die große äußere Form des Residenzkomplexes künstlerisch wesentlich ist. Zwei Bauthemen sind verwirklicht: der Zwillingspalast und der Corps de logis, der Saalbau.[337]

Zwei gleichartige Palastbauten um jeweils zwei Innenhöfe prägen die Stadtfront. In der Tiefe des Ehrenhofes verbindet der Corps de logis die durch Eckpavillons betonten Zwillingspaläste. Zum Vorplatz ist als Bindeelement das einstige Ehrenhofgitter hinzuzudenken.

Bereits im frühestbekannten Residenzplan Neumanns von 1719 (SE 286*) findet sich das Grundkonzept mit den beiden Bestandteilen des Aufbaus. Noch aber umschließt jeder der Zwillingspaläste nur einen Hof.[338]

Die heutigen Seitenfronten zum Rennweg im Norden und zum Garten im Süden bekräftigen den Eindruck zweier Paläste. Ovale Mittelrotunden sind hier die dominierenden Motive. Sie stehen in Verbindung mit den Querflügeln, die die Innenhöfe abgrenzen. Neumann bekämpft die Ovalrotunden,

Die Würzburger Residenz in ursprünglicher Farbfassung, erkennbar an dem Kontrast der hellen und dunklen Bildpartien. Zeichnung von Sebastian Vierheilig, um 1805. Ehem. München, Bayerisches Nationalmuseum; Kriegsverlust

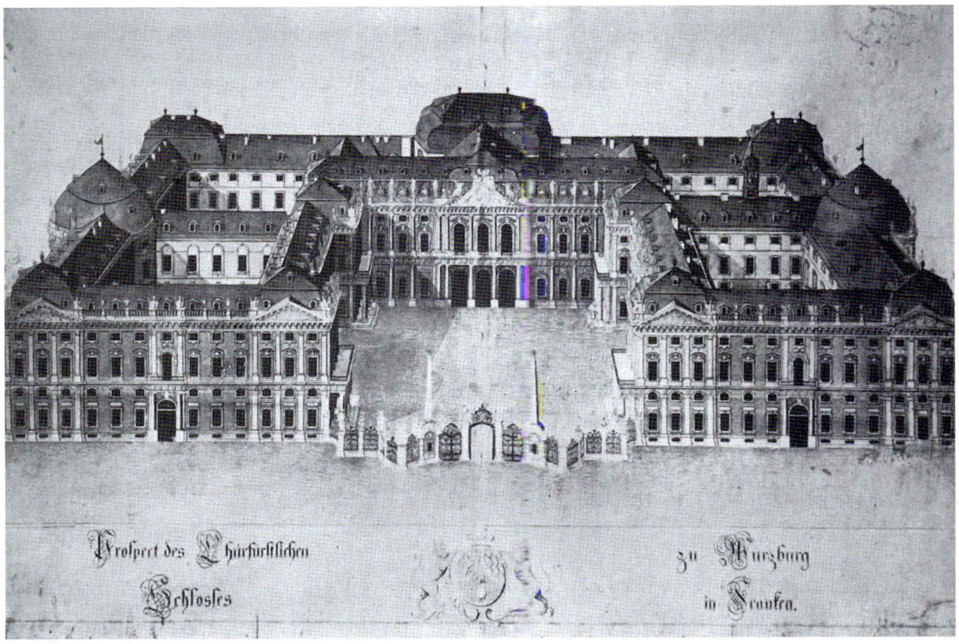

Würzburg, Residenz.
Blick aus dem Vestibül in das Treppenhaus

eine Planidee Maximilian von Welschs, bis zuletzt als Fremdkörper ohne Analogien im Gesamtkomplex. Kubische Mittelbauten sind Neumanns Alternative.[339] Doch er kann den Fürstbischof nicht für eine Änderung gewinnen.

Die Gartenfront nach Osten faßt die Themen »Zwillingspaläste« und »Saalbau« zusammen, durchdringt und vollendet sie. Als Schlußfiguration der Residenzarchitektur ist die Gartenfront »das Ergebnis einer Folge von Gliederungsmodulationen, die an der Stadtfront beginnt«.[340] Nach der Interpretation von Stefan Kummer zeigt der Bau ein Janusgesicht: »Zur Stadt hin präsentiert er sich hinter einem weiten Platz in abweisender, fast burgartiger Strenge, dem Garten zu aber dehnt sich das Schloß breit und gelassen aus. Die Stadtfassade provoziert die Erinnerung an wehrhafte Schlösser der nordalpinen Renaissance, die Gartenfassade vertritt den Typus des spätbarocken Lustschlosses.«[341]

Integrale Motive sind die vier Binnenhöfe, die Neumann so vehement gegen Robert de Cotte verteidigt. Sie begründen die Interpretation des Nord- und Südblocks als Zwillingspaläste mit. Die klaren, sorgsam proportionierten Binnenhoffronten sind Ausgangspunkt für die Fassadengliederung der ganzen Residenz (ausgenommen die Ehrenhofrückwände) mit der charakteristischen Fensterordnung für die Doppelfolge von Voll- und Halbgeschoß.

Freilich werden die Außenfassaden reicher gestaltet. Trennende Gurtgesimse zwischen Voll- und Halbgeschossen fehlen. Nun verklammert unten eine toskanische und oben eine komposite Pilaster-

oder Säulenordnung jede Geschoßeinheit in unterschiedlichen Intervallen. Die untere Stockwerkszone setzt sich von der oberen durch horizontalen Fugenschnitt ab. Die Fensterrahmungen der Voll- und Halbgeschosse sind differenziert.

Die Ovalrotunden werden durch Doppelpilaster als Fremdkörper visualisiert, gleichzeitig metrisch paralysiert, wobei beim Heraustreten des Ovals aus der Seitenfront ein halber Pilaster die Stelle des Überschneidens veranschaulicht.

Die Bauplastik, in ihrer Vielfalt fast verschwenderisch, ist strikt an die Fenster- und Pilasterordnungen gebunden, führt also kein Eigenleben im architektonischen Kontext. »Alle dekorativen Formen am Außenbau der Residenz lassen sich ganz deutlich sortieren nach den beiden Aufbauelementen, dem Zwillingsschloß und dem Corps de logis. An letzterem sind alle Formen des plastischen Mikrokosmos reicher, lebendiger, teilweise sogar lustiger (Fensterdekoration der Rücklagen) als am Zwillingsschloß. An der Gartenfront kommt es zu einer Angleichung und auch gemischten Verteilung dieses Materials, das aus ›zwei Wurzeln‹ stammt, aber zu einer Einheit wurde.«[342]

Die letztgültige Ausformung der Fassadenarchitektur ist nicht mühelos gefunden. Woher Planungsvorschläge auch kommen, Neumann überarbeitet sie wenigstens in einem Punkt, bevor er sie verwirklicht: in den Maßverhältnissen. Diese künstlerisch entscheidende Schlußredaktion ist erlebbar, vergleicht man den nordwestlichen Giebelrisalit der Stadtfront mit der Aufrißzeichnung dieses Gebäudeteils (SE 314*, um 1721/22), die Joseph Raphael Tatz, dem Abgesandten Hildbrandts in Würzburg, zugeschrieben wird. Die Unterschiede im unteren Geschoß sind gering. Doch im oberen finden sich andere Fensterformate, andere Schmuck- und Rahmenformen und andere Proportionen. Nicht die Komposition im großen ist verändert, sondern die Binnengliederung. Im Entwurf haben Pilaster und Hauptgeschoßfenster dieselbe Fußlinie, in der Ausführung setzen die Fenster um eine Nuance tiefer an. Im Entwurf teilen die Fußlinien der Fenstergiebel die Hauptgeschoßpilaster genau in der Mitte, in der Ausführung rücken sie entschieden höher hinauf. Dem Höhendrang der Hauptgeschoßfenster, durch den die ganze Front ein strafferes Gefüge erhält, geben die Mezzaninfenster nach. Sie sind jetzt schmalrechteckig und stoßen dicht an den Architrav heran.

Nicht die Formen des Entwurfs an sich widerstreben Neumann, sondern die Maßverhältnisse dieser Formen. Sie nach seiner Vorstellung zu bilden, selbst wenn die Planvorgabe von einem anderen stammt, ist für Neumann ein wesentlicher Akt seines Schöpfertums. Auch die Partien der Residenz, an denen Hildebrandts Handschrift unverkennbar ist, sind vollendet integriert. Niemand kann die Verwandtschaft des Kaisersaalpavillons mit dem Mittelbau an Hildebrandts Oberem Belvedere in Wien übersehen.

Dennoch ist in Würzburg etwas Neues, von andersartiger Wirkung, entstanden. Hildebrandt gibt dem Wiener Mittelbau ein ungewöhnliches Verhältnis, indem er die Mitte mit Doppelstützen versieht, außen einfache Stützen wählt; »dadurch verliert sein Bau gerade dort scheinbar an Stabilität, wo sie am meisten benötigt ist, an den Ecken. Neumann hat das normale Verhältnis durch Einfügen von Doppelstützen außen und einfachen innen wieder hergestellt; außerdem sind seine Fensterverhältnisse ansprechender. Durch die Zurückhaltung in der Gliederung der Flügelbauten und durch Bereicherung des Mittelteils mit dem Giebel sowie durch die glänzende Überleitung beim Zusammenschluß der einzelnen Bauteile weiß er die Dominante glücklich zur gesteigerten Wirkung zu bringen und hat so eine Vollkommenheit zu erreichen vermocht, die dem Hildebrandt'schen Werk versagt blieb.«[343]

Nach der Interpretation von Bernhard Schütz hat beim Mittelpavillon wie bei der Ehrenhoffassade ausnahmsweise Hildebrandt die Endredaktion durchgeführt und nicht Neumann. »Das bekam der Residenz nur allzu gut, denn sie gewann dadurch ungemein an Vielfalt, Pracht und Lebendigkeit, ohne die feierliche Würde zu verlieren.« Mehr noch: »Erst durch Hildebrandt wurde die Residenz in noch umfassenderer Weise zu Weltarchitektur« mit dem Anspruch, »nur das wirklich Bedeutende, das Großartige, Hochgestimmte gelten zu lassen und auf eine Baukunst von europäischem Format, von absolutem Rang abzuzielen. Dies bedeutet allerhöchste Qualität.«[344]

Bewundernswert die handwerkliche Perfektion, mit der Neumanns Steinmetze und Bildhauer den grüngelblichen Sandstein bearbeitet haben. Mit dem Baufortgang nimmt die Sorgfalt beim Herrichten und Vermauern der Quader zu. So sehr man heute Schönheit und Wärme des Natursteins schätzen mag, Neumann betrachtet das Äußere der Resi-

denz im steinsichtigen Zustand als unvollendet. Deshalb läßt er den Sandstein farblich vereinheitlichend mit Pigmenten streichen, die nichts anderes sind als gemahlener Sandstein von der gleichen Sorte wie der verbaute, gebunden mit Kalk und Kasein. Die Fugen werden mit Kitt geschlossen, dem ebenfalls Sandsteinpigmente zugegeben sind.[345] Die Gliederungselemente werden gegen den Gelbton des gefaßten Sandsteins weißlich, vielleicht silbergrau, abgesetzt. In gleichem Ton sind die Skulpturen gehalten. Die ungleich prägnantere Wirkung des Architekturbildes durch den Farbkontrast überliefert noch um 1805 eine Federzeichnung von Sebastian Vierheilig. Die Innenhoffassaden sind hiernach – wie heute wieder – in Weiß gehalten.

Die Bedeutung der Farbe als Ausdrucksmittel ist Neumann bewußt. Er berichtet 1741 über den Hauptgiebel im Ehrenhof: »*nun siehet mann daß schöne wappen, welches weiß ist angestrichen vndt zu jeder Manns vergnügen schön vorspihlet, vndt schon beym hinausgehen von den Domb schon vorleichtet.*«[346]

Herausragende Beispiele für Neumanns Raumkunst in der Residenz sind neben der Hofkirche und dem Treppenhaus (vgl. S. 61 ff. und S. 150 ff.) der Kaisersaal, das Vestibül und der Gartensaal. Mit Vestibül und Gartensaal setzt im Erdgeschoß die große Raumfolge der Schloßmitte ein. Ohne Freistützen, damit Karossen unbehindert einfahren, wenden und vor der Stiege an der Nordseite halten können, ist das Vestibül von imponierender Weite. Gewagt sein flachgespanntes Gewölbe, dessen Spiegel sich der Horizontalen nähert. Die Ränder des Gewölbes sind stark durch Archivolten mit Stichkappen aufgezehrt. Die Kräfte, die Neumann zu bändigen hat, werden an Atlanten van der Auveras spürbar. Ihre Muskeln drohen unter der Last des Gewölbes zu zerreißen. Leider nehmen ihm Stuck und Grisaillemalerei von 1765/66 viel von der Klarheit und Monumentalität seiner ursprünglichen Erscheinung. Technisch ist das Vestibülgewölbe eine nur 26 cm starke Schale aus Bimsstein, mit »Heißkalkmörtel« vermauert. Darüber sind Zuganker angeordnet.[347]

Östlich mündet das Vestibül in den querachteckigen, lichterfüllten Gartensaal. Neumann zeichnet ihn durch zweierlei aus: durch einen Kranz gewölbetragender Freisäulen toskanischer Ordnung aus Marmor, die einen Kernraum mit Umgang formieren, zum anderen durch eine rhythmisch wechselnde Farbigkeit der Marmorsäulen. Sie ist sorgfältig überlegt, wie eine Grundrißskizze zum Brief vom 21. Oktober 1740 an den Fürstbischof zeigt. Friedrich Karl von Schönborn wünscht »*treyerley Marmor*«.[348] Neumann schlägt für die Langseiten des Gartensaals zwei schwarze Säulen zwischen zwei gelben, an den Schmalseiten zwei rote Säulen vor, die zugeordneten »*lisenen*« in entsprechendem Ton. Sie können aber auch alle schwarz, rot oder gelb gestaltet sein.

Weit subtiler die Ausführung. Die geplanten schwarzen Säulen in der Mitte der Langseiten werden zu lichten gelben. Nur Basis und Kapitelle dieser Säulen aus Naturmarmor und der zugeordneten Pilaster aus Stuckmarmor erscheinen in Grau. Die äußeren Säulen der Langseiten sind jetzt in Graurot gewählt, die beiden Säulen der Schmalseiten in Braunrot, alle mit gelben Basen (»*welches sehr wohl stehet*«[349]) und gelben Kapitellen. Indem Neumann die dunkleren Tonwerte in den Bereich der Querachse verlegt, visualisiert er mit den gelben Säulen eng an der Hauptachse den Bezug zum Licht, das vom Garten her einströmt.

Neumann berichtet dem Fürstbischof von der »*Einristung des Curiosen gewöhlms der Sala terrena*«[350] und meint mit »curios« die schöne, kunstvolle Machart, die Neugierde erwecken kann. Über den Säulen toskanischer Ordnung, deren Kapitelle das blockhafte Stück des Gebälks tragen, sind vier verschiedene Spannweiten ausgeführt, die größte über den gelben Säulen. »Solch wahrhaft ›curiose‹ Anordnung hat den Zweck, die Freisäulenstellung der ovalen Mitte anzunähern. Diese ist erreicht in dem mittleren Gewölbe, dessen Rand von graziösen Stichkappen weitgehend aufgezehrt wird, so daß die Wölbung, wie mit leichten Spangen nur be-

Würzburg, Residenz. Gartensaal

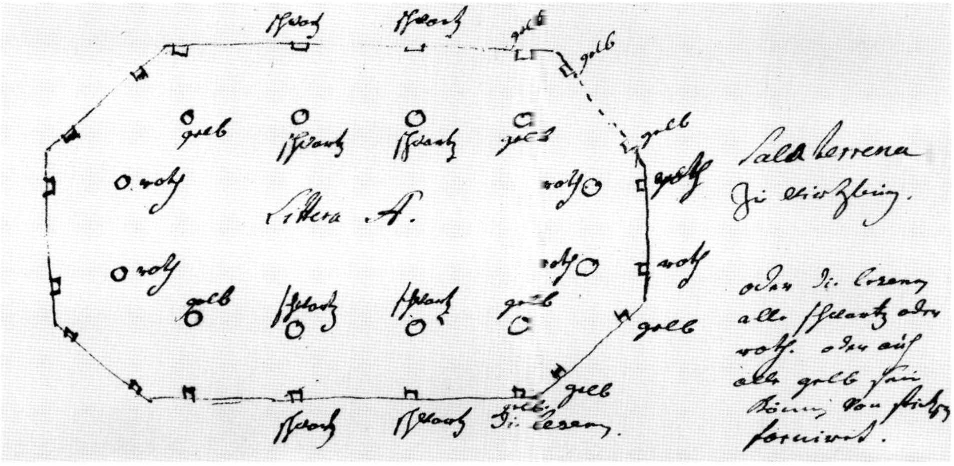

Würzburg, Residenz. Skizze Balthasar Neumanns zur Farbgestaltung des Gartensaals. Würzburg, Staatsarchiv

Würzburg, Residenz.
Gartensaal, Gewölbemalereien
von Johann Zick,
»Puttenszene« und
»Rast der Diana«

Würzburg, Residenz.
Kaisersaal, Gewölbemalerei von Giovanni Battista Tiepolo, »Apoll im Sonnenwagen mit Beatrix von Burgund«

Weißer Saal, Rocaillestuck von Antonio Bossi

folgende Doppelseite:
Residenz, Kaisersaal

Würzburg, Residenz. Blick in den Ehrenhof

festigt, sich wie ein Baldachin über der Mitte aufwölbt.«[351] Die Kompliziertheit dieses Gewölbes bereitet den Handwerkern bei der Herrichtung der hölzernen Lehrgerüste Mühe, und es gibt »*alle tag ahnfragspuncten*«. Neumann, ständig zugegen, gibt sich zuversichtlich, »*daß denen handwerks leythen kein dubium mehr wirdt überich sein*«.[352] Die Farbigkeit der Marmorsäulen greift Johann Zick in seinen Gewölbemalereien von 1750 auf. Die festlich-kühle Stimmung des Gartensaals ist ebenso von der Sphäre des Gartens geprägt wie die Thematik der Bilder: am Hauptgewölbe »Göttermahl im Freien« und »Rast der Diana mit Gefolge nach der Jagd«.

Der Kaisersaal, im Grundriß aus einem abgekanteten Querrechteck gebildet, gehört zu den großen Ereignissen der Baukunst des Barock. Die Eigenart des Raumbildes beruht einmal auf der Fensterordnung, zum anderen auf der Gestaltung des Gewölbes. Die Wandgliederung durch Dreiviertelsäulen gilt in ihrer Abfolge als schwache Lösung, namentlich an den Schmalseiten. Dennoch darf man die Energie des Rhythmus nicht unterschätzen, die von dieser Säulenfolge ausgeht. Dominierender im Raumbild wirkt freilich die Lichtfülle, die durch die fünf Arkadenöffnungen von der Gartenseite her einströmt. Kühn das Gewölbe, dem Neumann beeindruckend großzügig Raum gibt, indem er es in das Mezzaningeschoß hinaufführt. »Zehn weite, tiefe Stichkappen schneiden das Rotundengewölbe weitgehend bis auf relativ dünne Gewölbefüße weg. So bilden die Stichkappen eigene Räumlichkeiten

aus, Abseiten mit einer breit gesattelten Tonnenwölbung, die sich zu den hochliegenden Fenstern des Lichtgadens öffnen. Diese Stichkappen sind es, die für das Auge die Loslösung der Rotunde von den Mantelmauern ermöglichen.«[353] Giovanni Battista Tiepolo und Antonio Bossi »nehmen die architektonischen Energien auf und interpretieren mit ihren Malereien und Stukkaturen die Raumstruktur Balthasar Neumanns. Das Ergebnis ist ein Gesamtkunstwerk von unvergleichlicher farbiger Harmonie und traumhafter Vollkommenheit.«[354]
Äußerungen belegen, mit wieviel Feingefühl Neumann die Arbeiten der Ausstattungskünstler und Kunsthandwerker zu würdigen weiß. Mitarbeiter ersten Ranges stehen ihm zur Seite, denen er künstlerische Verantwortung übertragen kann: Johann Rudolf Byss als Maler, Johann Wolfgang van der Auvera als Zeichner und Bildhauer, Antonio Bossi, der virtuose Stukkateur, und Johann Georg Oegg, vielleicht der begnadetste Kunstschmied um die Mitte des 18. Jahrhunderts.
Als die Hofkammer mit van der Auvera den Akkord für Außenplastiken des Schlosses vereinbaren soll, tritt Neumann dafür ein, *»daß der bildthauer nicht zu hardt gehalten mögte werdten, damit er ahn der kunst nichts abgehen lasse, denn er wirdt viele arbeit darahn finden, vndt der stein viel hardter zu arbeiten alß der wiener«*. Van der Auvera habe mit dem bisher Geleisteten bewiesen, wie begierig er sei, alles *»wohl vndt nett zu arbeiten«*.[355]
Am Raumwunder des Spiegelkabinetts wirkt er zusammen mit Antonio Bossi, der mit Freude bei der Sache ist. Alles, was Bossi stuckiert, wird *»extra fein vndt schön, vndt seindt die leith mit ihme sehr fleissig«*. Plötzlich hat einer der von Ornamentwerk gerahmten Spiegel einen Sprung. Neumann findet den Grund des Schadens: Feuchter Gips ist *»unter den spigel gekommen, mithin den spigel gezwungen«*. Dieses *»lehrstück«* verbesssert die Arbeitsmethode.[356]
Sinnfälliger noch als Kleinert in seinem Neumann-Porträt identifiziert Giovanni Battista Tiepolo Neumann mit seinem Werk. Nicht irgendwie fügt er dessen Ganzfigurenbildnis ins Fresko des Treppenhausgewölbes ein. Neumann lagert dort auf dem Hauptgesims, wo es sich wegen des Pilasters darunter verkröpft. Der Baumeister wird gleichsam von seiner eigenen Architektur getragen. Tiepolo sieht ihn eins mit ihr (vgl. Abb. S. 50).

Werneck

Als Reichsvizekanzler in Wien errichtet sich Friedrich Karl von Schönborn den ländlichen Herrschaftssitz Göllersdorf. Als Fürstbischof von Würzburg und Bamberg drängt es ihn wieder aufs Land: er erbaut von 1734 an als Sommerresidenz Schloß Werneck. Diese Anlage bedeutet aber mehr als ein Ort für höfisches Landleben ohne Zwang. Werneck ist »ein Monument der fürstbischöflichen Präsenz im Lande«[357], das auch allen Ansprüchen des Zeremoniells und der fürstlichen Hofhaltung genügt.
Göllersdorf ist eine Schöpfung Johann Lucas von Hildebrandts. Werneck gehört im ersten Abschnitt der Planung Balthasar Neumann, in der letzten entscheidenden Planungsphase aber Hildebrandt. »Aus der ersten Disposition der Gesamtanlage sowie dem Proportionssystem für Schloß und Garten von der Hand Neumanns entwickelte Hildebrandt sukzessive das uns heute im Außenbau überkommene Schloß.«[358] Neumann leitet die Bauarbeiten und ist Schöpfer der Schloßkapelle (vgl. S. 53 ff).
Neumanns erstes Projekt des Schlosses sieht eine Vierflügelanlage vor, mit stumpfwinklig gebrochenen Trakten gegen den Vorhof. Dem Vorhof, durch zweigeschossige Gebäudegruppen gebildet, gibt

»Es giebet von denen fasanen deren wilden in garten schon etwaß junge; die wißelein vndt Igel thun denselben noch grossen schaden vndt hat sich vor etl. tagen zu getragen, ein wißelein einen sitzenden fasanen über den bryten ataquirt vndt kommen der fasanen jeger eben per accidens darzu, da die hun auffliget, daß wißlein an der hun biß über 5 schu hoch hangend geblieben, die hun aber sich wider gesetzet vndt der fasanen jeger daß wißelein verfolget vndt bekommen.«

Balthasar Neumann am 7. Juni 1733 an Fürstbischof Friedrich Karl von Schonbörn über eine Begebenheit im Wernecker Fasanengarten.
Zit. nach: Briefe S. 36.

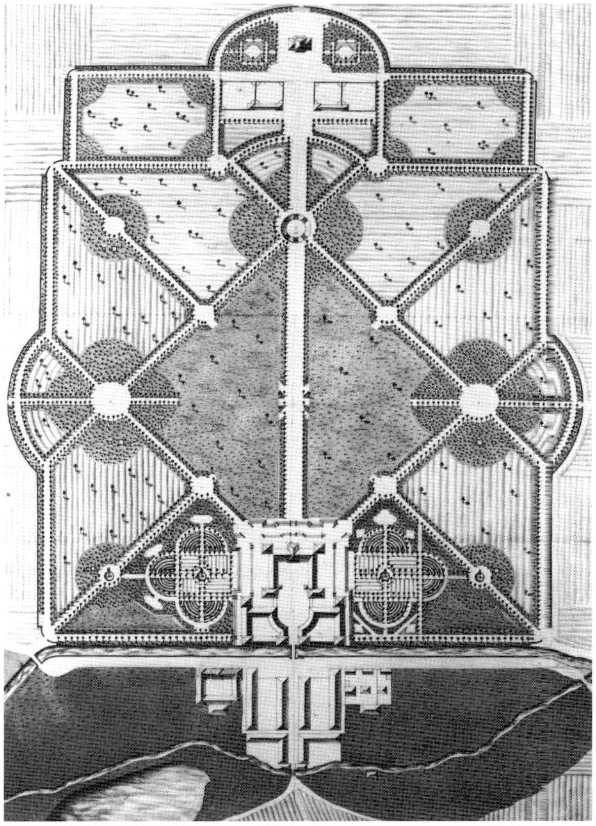

Werneck. Plan der Gesamtanlage von Schloß und Garten. Hdz 4752

Neumann die traditionelle Form des Teatro. Hildebrandt nimmt den stumpfwinkligen Flügel weg, öffnet das Schloß als Dreiflügelanlage zum Vorhof und bringt als vordere Eingrenzungen des Ehrenhofes zwei Türme ein, die ein nicht verwirklichtes Gitter verbinden soll. Aufriß und Dekorformen des Außenbaus deuten auf die Handschrift Hildebrandts. Doch ist auch hier zu fragen, ob und wieweit Neumann Hildebrandts Entwürfe bei der Ausführung redigiert hat.
Der Fürstbischof sucht in Werneck »eine bequähme und angenehme gelegenheit ..., in denen beschwerlichen regierungsgeschäften sich zuweilen eine vergnügliche Erleichterung zu verschaffen und das gemüht bei frischer Luft und zur gesundheit dienlicher bewegung ergötzen zu können«.[359]
Neumann entwickelt 1733 einen Gesamtplan nach dem Gestaltungsprinzip einer Maison de plaisance. Er sieht das Schloß als Bestandteil eines streng symmetrisch organisierten Gartenareals, des Fasanengartens, der mit seinem Alleenmuster wie in die freie Landschaft eingestanzt wirkt. Die Alleen grenzen Wiesen und Felder mit akzenthaft gepflanzten Bäumen ein. Runde und vierpaßförmige Bosketts umschließen Rondelle in den Alleen oder in deren Schnittpunkten. Die Hauptachse zielt auf ein nicht ausgeführtes Jagdschlößchen, vor dem zwei Fasaneriegebäude mit Gehegen liegen. Nirgendwo ist ein Ziergarten zu entdecken: überall geordnete ökonomisch genutzte Natur. Selbst die beiden Sondergärten seitlich des Schlosses, ihrer Lage nach giardini secreti, sind in Wirklichkeit Gemüsegärten, von Bosketts mit »Kabinetten« umschlossen. Grundzüge der Anlage sind in Göllersdorf vorgeprägt. Doch Neumann findet durch Vereinfachung eine klarere straffere Lösung.
Helmut-Eberhard Paulus erklärt den Mangel an Lustgartenelementen und die spärliche Verwendung von Wasserspielen mit den ökonomischen Ansprüchen in Werneck.[360] Doch wären sie alleine ausschlaggebend gewesen, sie hätten gewiß eine aufwendigere Gestaltung wenigstens in Teilbereichen des Gartens zugelassen, ohne daß der Landsitzcharakter des Schlosses verloren gegangen wäre.
Dieter Hennebo betrachtet Werneck auch als »einen Vorboten jenes heraufdämmernden Auffassungswandels ..., durch den die Stellung zur Natur und dadurch auch jene zur Gartenkunst wenige Jahrzehnte später völlig verändert werden sollte«.[361] Der Wernecker Gartenstil, geprägt von einer betonten Natürlichkeit, bleibt jedoch nicht vereinzelt, wie die Planung für Guttenberg zeigt. Friedrich Karl von Schönborn, der sich nach einer zwanglosen, einfachen Lebensführung sehnt, huldigt offensichtlich auch einem neuen Gartenempfinden, dessen Wurzeln in Frankreich liegen (vgl. Schloß Guttenberg, S. 146).

Schloß Werneck. Gartenfront

Projekte für Jagdschlösser: »Neues Jagdhaus Mädelhofen« und Schloß Guttenberg

Am 13. Juni 1990 beobachtete Polizeihauptmann Kreißl von der Hubschrauberstaffel Bayern östlich der Autobahn bei Würzburg-Helmstadt aus der Luft die steinernen Fundamente eines Bauprojekts, die sich durch negative Bewuchsmerkmale in ei-

»Jagdhaus Mädelhofen« am Tag seiner Entdeckung vom Hubschrauber aus, 13. Juni 1990

»Jagdhaus Mädelhofen«. Blick auf die Grundmauern während der archäologischen Untersuchungen 1991

nem Rapsfeld abzeichneten.[362] Es war die Entdeckung des »neuen jagdthauses Mädelhofen«, ein unvollendet gebliebenes Bauwerk Neumanns für Fürstbischof Johann Philipp Franz von Schönborn (Grundsteinlegung im Juni 1724, Abbruch des Gebauten nach dem Tode des Fürstbischofs bereits im Januar 1725[363]). 1991 förderten Ausgrabungen die Grundmauern einer »Maison de plaisance« mit polygonalem und ovalem Mittelrisalit zutage, zu der Pläne Neumanns bekannt sind.[364] Für den jagdbesessenen Fürstbischof entwirft Neumann ein Jagdrefugium, das deutlich dem Muster französischer Raumdisposition folgt, wie sie der Baumeister ein Jahr zuvor auf der Paris-Reise eifrig studiert. Auch Impulse aus Würzburg, Mainz und Wien sind in die Planung eingeflossen.[365] Als unmittelbares Vorbild hat Stefan Kummer die »Maison de Campagne« von Montmorency erkannt.[366] Doch übertrifft die Neumannsche Raumdisposition die Vorlage an Klarheit und Bequemlichkeit. Die Idee des Treppenhauses im Mittelpolygon ist unfranzösisch. Neumann paraphrasiert hier die Treppensituation des Oberen Belvedere in Wien.
Vier Wochen vor dem Tod Friedrich Karl von Schönborns unterzeichnet Neumann 1746 die definitive Entwurfsfassung zum Neubau eines Jagdschlosses für diesen Fürstbischof im Guttenberger Wald nahe Würzburg.[367] Es kann nicht mehr verwirklicht werden. Gebäude und Garten formen im zur Ausführung bestimmten Entwurf ein Gesamtbild von bestechender Klarheit der Maßverhältnisse. Die Anlage soll vornehm wirken, doch ohne Aufwand: ein Refugium als Kontrast zur Pracht der Residenz.
Wie in Werneck dominiert der Garten. Er liegt hangwärts, ist viergeteilt, die drei oberen Abschnitte auf schräg abfallendem Terrain mit Kombinationen aus Stützmauern und Rasenböschungen. Bemerkenswert einfach, doch architektonisch prägnant die Bepflanzung: im unteren Bereich des Gartens beidseits Bosketts mit quer- und längsovalen »Kabinetten«, ihnen folgen auf den Terrassen Rasenstücke mit Baumreihen. Die Mittelachse ist betont durch einen Brunnen, zurückschwingende Böschungen, Treppen und ein Halbrund am Waldrand. Die Rasenstücke mit Bäumen in den Rabatten seitlich der Mittelachse deuten auf eine bewußte Abkehr von allem Parterreprunk. Der Garten läßt sich stilistisch vergleichen mit Gärten der Régence in Frankreich. »La noble simplicité«[368] ist dort das Stilprinzip um 1720/30 als Reaktion auf die Fülle und Pracht der Gartenkunst im Zeitalter Ludwigs XIV. Gefordert sind Einfachheit und Natürlichkeit. Pflanzliches Material soll vor Skulpturen und ande-

Guttenberg. Entwurf für Schloß und Garten (Ausschnitt), definitive Fassung, 1746. Delin II, 155

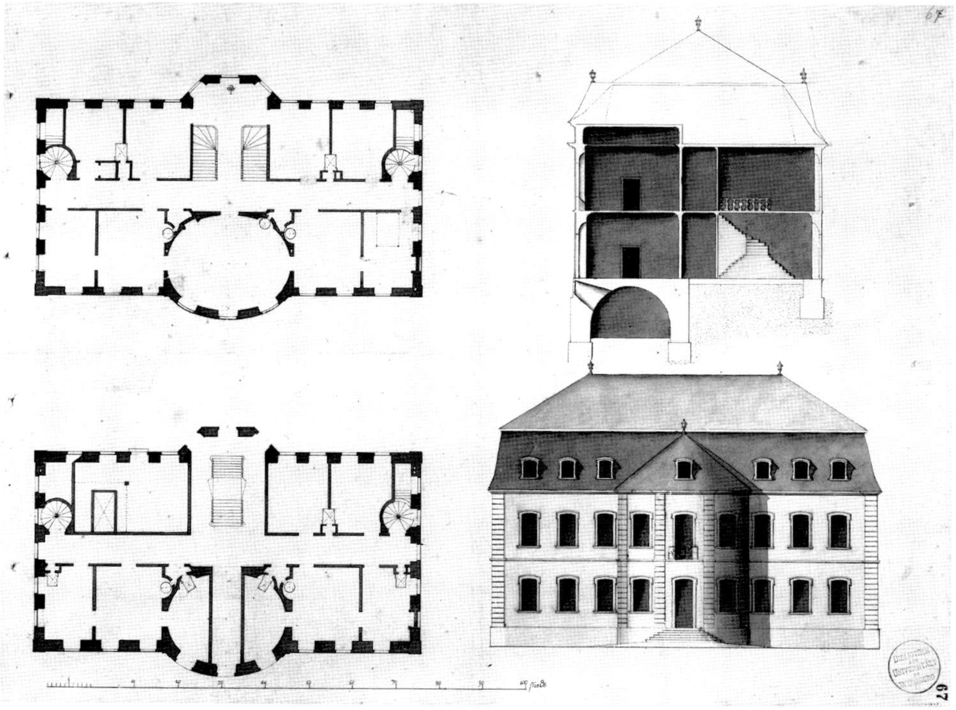

»Jagdhaus Mädelhofen«. Grundrisse, Aufriß und Schnitt, 1724. Delin II, 67

ren Künstlichkeiten überwiegen. Neumann, der über genaue Kenntnisse verschiedener regionaler Ausprägung der Gartenkunst verfügt und anzuwenden versteht[369], kennt auch die neuen französischen Tendenzen auf diesem Gebiet. Sie sind in der Planung für Gutenberg wie zuvor bei der Gestaltung des Fasanengartens in Werneck spürbar.

Die Residenzprojekte für Wien, Stuttgart und Karlsruhe

Schlösser wie Würzburg und Werneck sind Kollektivanlagen, an denen Neumann beträchtlichen Anteil hat. Wie aber gestaltet er eigenständig Residenzen – zwar gebunden an Gegebenheiten des Ortes, aber ohne Eingriff eines anderen Architekten? Eine Antwort geben die Planungen für die Hofburg in Wien, für Stuttgart und Karlsruhe.[370] Diese Projekte entstehen innerhalb von fünf Jahren in Neumanns letztem Lebensjahrzehnt, werden aber alle nicht realisiert.

Die überkommenen Entwurfszeichnungen zur Wiener Hofburg[371] (Ende 1746 bis Anfang 1747) lassen sich in ein großes, ein mittleres und ein kleines Projekt unterteilen, wobei das kleine Projekt drei Varianten umfaßt. Planungsgrundlage ist ein Situationsplan der vorhandenen Baulichkeiten, die teilweise erhalten werden müssen.

Den ersten Lösungsvorschlag gibt das mittlere Projekt. Zwei um längsrechteckige Binnenhöfe gruppierte Vierflügeltrakte verbindet ein aus zwei Traktfluchten gebildeter Corps de logis mit Treppenhausflügel in Form eines mittleren Längsriegels, so daß auch hier zwei Binnenhöfe – nun in Querlage – entstehen. Zur Seite öffnet sich ein Ehrenhof von geringer Tiefe. Wie in Würzburg sind die Binnenhöfe die architektonischen Ausgangsmotive der Planung. Im kleinen Projekt reduziert Neumann sie, im großen sind sie vermehrt.

Jene Idee, die den ersten Entwurf für die Würzburger Residenz charakterisiert und die Neumann bis zur Ausführung verteidigt, für die Wiener Hofburg entwickelt er sie weiter und steigert sie für die Residenz des Kaisers ins Grandiose. Im mittleren und großen Projekt entfaltet Neumann seine ganze Meisterschaft im Treppenhaus, dem dominierenden Gebäudeteil.

In Stuttgart[372] stößt 1747 Leopoldo Rettis Projekt der Residenz für Herzog Karl Eugen auf Kritik. Schon sind Teile der Mauern aus dem Fundament, als verschiedene Architekten, darunter Neumann, weitere Pläne liefern. Er tadelt an Rettis Konzept, daß »*die disposition des haubt plans nicht nach der richtigen lag mit den corps de logi gesetzet sey*«.[373] So dreht er die Anlage um 90 Grad und orientiert sie auf die Stadt und den Garten.

Im kleinen Projekt von 1747 schlägt Neumann eine riesig dimensionierte Dreiflügelanlage vor, mit seitlichen Binnenhöfen. Diese sind durch einen Zwischentrakt gebildet und schwingen zur Stadt hin im Viertelkreis ein. Ein Ehrenhofgitter ergänzt sie zu Halbkreisen. Neumann bezieht Rettis Corps de logis als Seitenflügel ein. Der Aufriß des »Ausführungsprojekts«[374] lebt aus Neumanns Vermögen, die vortretenden Teile des Schlosses und die zurückgesetzten subtil mit tektonischen Mitteln zu differenzieren.

Warum Neumann 1748/49 noch einmal für Stuttgart tätig wird und ein großes Projekt entwirft, bleibt ungeklärt. Die Anlage ist noch gewaltiger ins Monumentale getrieben, erhält wieder zwei seitliche Binnenhöfe, und ein Eingangstrakt begrenzt den Ehrenhof gegen die Stadt. Von der Priorität der umschlossenen Höfe läßt Neumann auch hier nicht ab. Kleines wie großes Projekt geben Gelegenheit zu herrlichen Treppenhausentwürfen im Anschluß an die Stiegen in Würzburg und Brühl und an die Stiegenplanung für Wien.

Wien, Hofburg.
Obergeschoßgrundriß des großen Projekts, 1746/47.
Hdz 4726

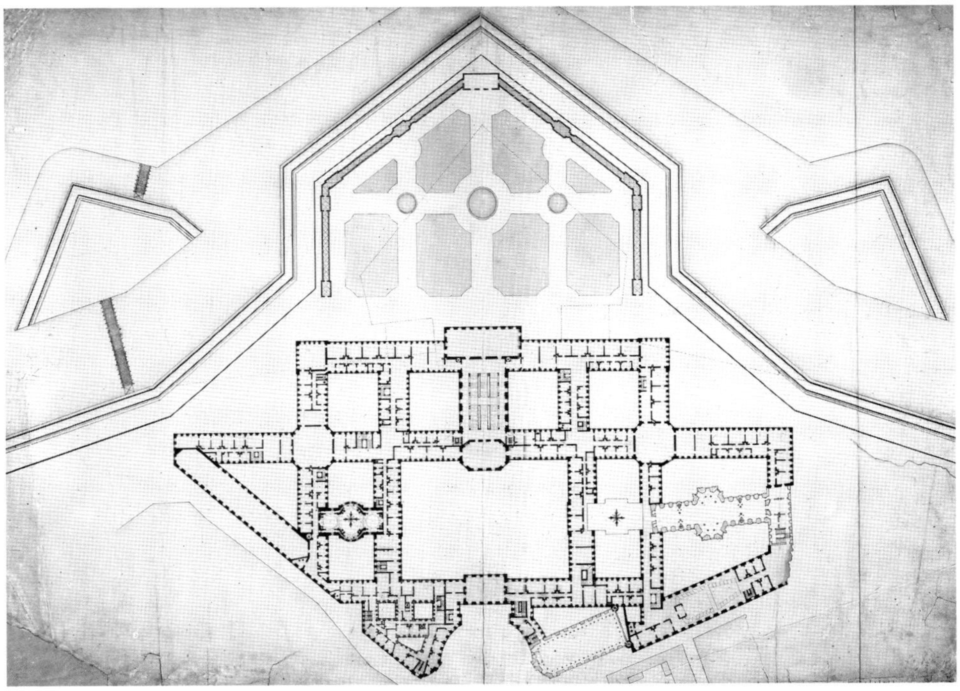

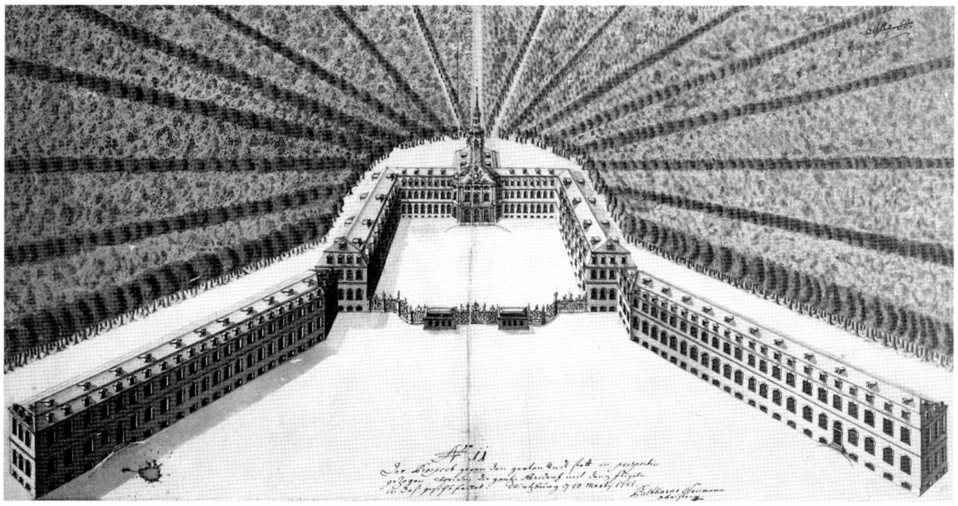

Karlsruhe. Zweites Projekt Neumanns für das Residenzschloß, 1751. Karlsruhe, Generallandesarchiv

Als Markgraf Karl Wilhelm von Baden-Durlach 1715 die Residenzstadt Karlsruhe gründet[375], läßt er in den Wald ein radiales System von 32 Alleen hauen und in den Mittelpunkt den Grundstein für einen achteckigen Turm legen. Gleichzeitig stiftet der Markgraf den »Orden der Treue«, dessen Ordensmeister er selber ist und in den noch 31 weitere Ordensritter aufgenommen werden.

Die Alleen heißen nach den Rittern, und die Allee, die durch die Stadt führt, trägt den Namen des Markgrafen. Als der Enkel des Stadtgründers, Markgraf Karl Friedrich, einen Neubau des Schlosses plant, sind die staatssymbolischen Hintergründe der Anlage bereits Geschichte und keineswegs mehr lebendiges Gedankengut. In nahezu allen Entwürfen, die dem Markgrafen von 1748 an eingereicht werden, ist das Schloß in den Mittelpunkt des Radialsystems gerückt, der Turm beseitigt. Allein Neumann hält an ihm in seinen drei Projekten von 1750/51 fest. »Offensichtlich hat Neumann als einziger die Idee des Turmes verstanden und für wert befunden, auch dem neuen Residenzbau als Grundlage zu dienen.«[376]

Das erste Projekt von 1750 mit zwei formkonstituierenden quadratischen Binnenhöfen scheint dem Bauherrn zu kostspielig gewesen zu sein, obgleich der Aufriß bis auf den stadtseitigen Mittelpavillon keinen besonderen Aufwand an Architektur zeigt. Beachtenswert am Mittelpavillon der geschweifte Giebel, den Neumann von Hildebrandt übernommen und längst als sein eigenes Architekturmotiv adaptiert hat.

Das zweite Projekt von 1751 ist im Bauprogramm vermindert, bringt aber deutlicher den Turm zur Geltung. Diese Lösung würde zwar nicht so viel kosten, meint Neumann, »*es werdten aber die fligel zu kurtz undt kommet nichts schönes herauß.*«[377] Ein Vorteil wäre, daß die alte Residenz während der Bauzeit bewohnt bleiben könnte, weil der neue Corps de logis in kurzem Abstand hinter dem alten errichtet werden soll.

Das dritte Projekt ist noch weiter reduziert, der Grundriß des Hauptbaus in seiner gestreckten H-Form eine matte Variante von Schloß Schönbornslust. Philippe de la Guêpière und Albrecht Friedrich von Kesslau nehmen das dritte Projekt als Grundidee ihrer Planung, nach der das Residenzschloß schließlich errichtet wird.

Schönbornslust

Neumanns letzter verwirklichter Schloßbau, als Lustschloß bei Koblenz für den Trierer Kurfürsten Franz Georg von Schönborn wohl 1748 unter der Bauleitung Johannes Seiz' begonnen und – obwohl im Innern unvollendet – 1752 bezogen, ist nur unzulänglich dokumentiert. Nach der Verwüstung durch französische Revolutionstruppen sind die Reste 1802 beseitigt worden. Eine vage Vorstellung vom Außenbau gibt eine Kreidezeichnung im Mittelrhein-Museum Koblenz. Die Grundrisse aller Geschosse überliefern zwei zeitgenössische Pläne (Delin II, 165 f.).[378]

Das Schloß besteht aus nur einem Flügel, zweieinhalbgeschossig, mansarddachgedeckt, mit Mittel- und Eckrisaliten. Ein breiter Korridor scheidet im Inneren zwei Raumreihen. Der Mittelrisalit der Eingangsseite mit abgeschrägten Ecken birgt einen querovalen Eingangsraum, die sog. Antichambre, die mit dem Treppenhaus im rückwärtigen Teil des Mittelbaus nur durch eine Tür verbunden ist. Die Treppe beginnt im Erdgeschoß zweiläufig und kehrt mit einem Mittellauf ins Obergeschoß um. Weiter oben ist sie als Podesttreppe um einen quadratischen Mittelschacht geführt.

Mit Schloß Schönbornslust lassen sich drei Entwürfe, darunter eine Entwurfsgruppe, verbinden, die aus Neumanns engster Umgebung stammen: Sie sind als Vorstadien der Planung zu interpretieren. Ausgangspunkt ist eine Vierflügelanlage mit mittlerem Längstrakt für das Treppenhaus und rudimentärem Dreiflügelhof. Der folgende Planungsschritt führt zu einem einflügeligen Gebäude mit aufge-

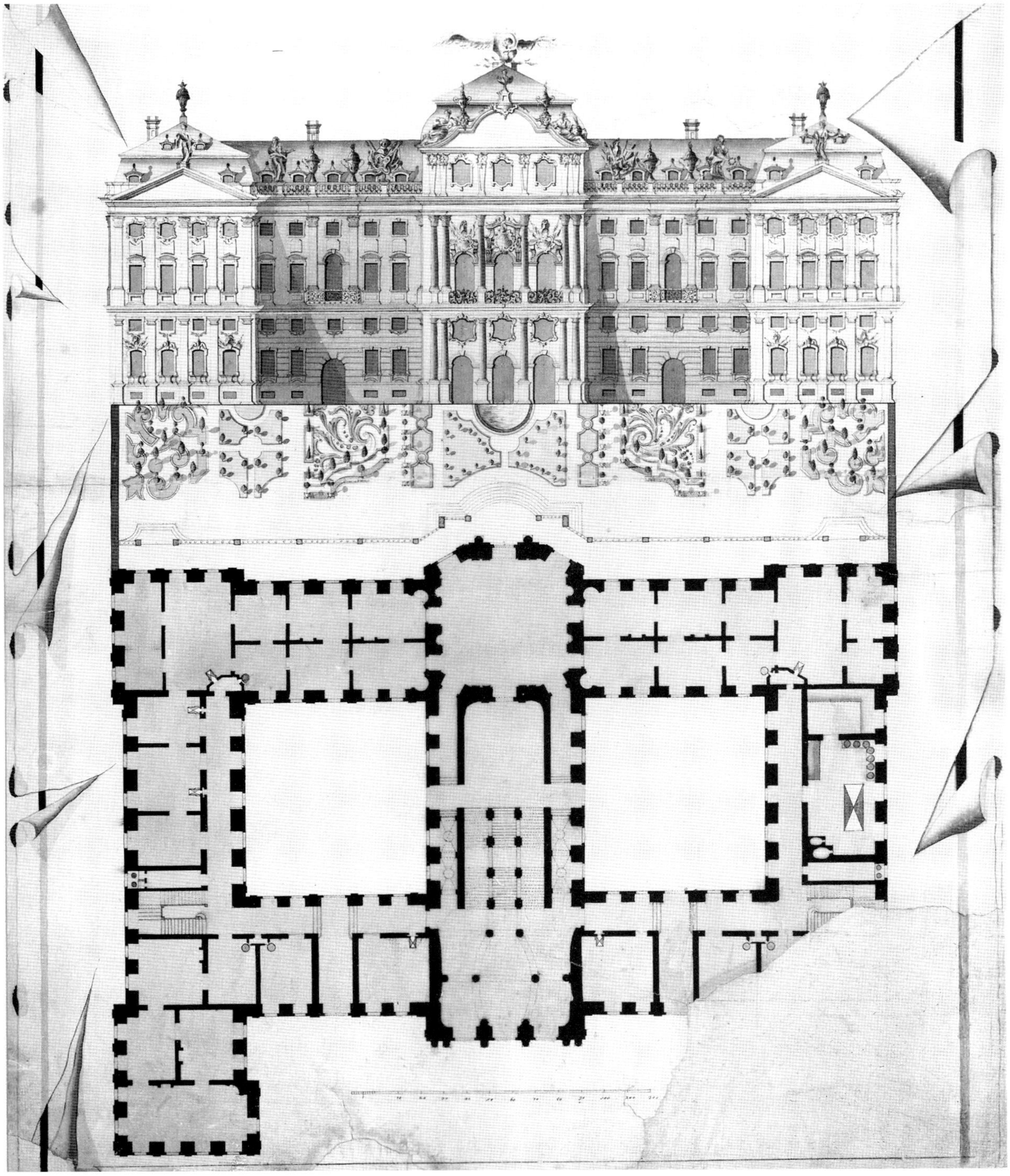

Schönbornslust, Vorentwurf für das Schloß. Hdz 6050

Schönbornslust, Ansicht des ausgeführten Schlosses, um 1800. Koblenz, Mittelrhein-Museum

spaltenem Corps de logis. Die ausgeführte Lösung ist weiter reduziert. Die zwei Trakte des Corps de logis sind zur Einheit zusammengezogen. Wie kurze Zeit später in Karlsruhe können hierzu finanzielle Probleme gezwungen haben. So hat Neumann nur einmal einen Schloßbau nach seiner zeitlebens gehegten und fortentwickelten Idee der großen Binnenhöfe realisieren können: in Würzburg.

»Sonntag den 5. April (1750) darauf wurden dann die Hern Gesandten (von Hessen-Kassel und Darmstadt) durch den Cammerherrn von Kerpen und Truchseß Herrn von Murach in zwei 4 sitzigen Kutschen, als eine mit zwey, die ander mit sechs Pferdten bespannet in Bekleydung zweyer Herrn Pages, des Hof-Fouriers, 4 Hoff Lakayen, 2 Heyducken und 4 Man von der Leibgarde ohne Obergewähr zur hochfürstlichen Audiens nachher Hof abgeholet...Beim Einfahren in die Residens ist den H.H. Gesandten das Spiel von der Grenadier Wachdt geschlagen worden. Beim Aussteigen aus der Kutsch

Eine Sonderaufgabe des Schloß- und Klosterbaus: das Treppenhaus

Würzburg

Aus dem Bericht des Hoffouriers geht hervor, daß die Hauptstiege der Residenz nicht alleiniger Schauplatz des Empfangszeremoniells ist. Allerdings kommt ihr hierbei eine nicht geringe Bedeutung zu: Sie ist der bevorzugte Ort, an dem Rang und Status dessen sichtbar werden, der Audienz begehrt. Die Gesandten von Hessen-Kassel und Darmstadt läßt der Fürstbischof zu sich kommen. Wäre eine ranghöhere Persönlichkeit als er selbst zu empfangen gewesen, hätte er sie am Wagenschlag unten im Vestibül begrüßen müssen und in gebührendem Abstand die Treppe hinaufgeleitet. Als festliches Entree haben Stiegenhäuser spätestens seit der Anlage des »Escalier des Ambassadeurs« im Schloß Versailles (1672–1678) nicht nur der Pracht der Appartements, insbesondere der der Staatsraumfolge, zu entsprechen, sie haben auch einem Fremden Respekt gegenüber dem Herrscher vor Beginn der Audienz einzuflößen.[379]
Nach Neumanns Zeugnis erregt das Würzburger Treppenhaus schon zu Beginn der Bauarbeiten die Gemüter. Als die Umfassungsmauern emporwachsen, *»verwundert sich anjetzo jeder mann über den grossen blatz der haubtstigen«.*[380] Der Treppentyp – ein Unterlauf mündet auf ein Wendepodest, von dem aus zwei Stiegen im Gegensinn nach oben führen – ist der geläufigste des 18. Jahrhunderts. Dem sog. Pommersfelden-Typ (vgl. S. 174) hat er voraus, »daß die Raumform in einem zeitlichen Nebeneinander sich entfaltet. Dem Bewegungsmoment des Barock kommt keine andere Raumform so entgegen wie diese.«[381]
Man schreitet in Würzburg aus der dunklen erdverhafteten Zone des Vestibüls hinauf in einen hellen freien Saal mit allseitigem Umgang um die Treppe. Überwältigend das Opfer an Raum, das Neumann dem Verlangen nach Festlichkeit und Mühelosigkeit bringt. Durch Zwischenpodeste unterbrochen und so in die Länge gedehnt, tragen die Läufe sanft in die Höhe. Erich Hubala verweist auf einen anderen Aspekt neben dem des physischen Erlebens: Dieser »stellt sich nicht ein, wenn man die Stiege benutzt, sondern wenn man sie vom Vestibül her betrachtet. Da erkennt man, daß Neumann mittels der Säulen, Bögen und Gewölbe den Aufstieg der Treppe objektiv, als architektonische Figurationen, dargestellt hat: Der Säulenbau trägt die Stiege hinauf, und das geschieht in vollkommen sinngerechter Entwicklung aus der Architektur des Vestibüls.
Die mittlere Rampe ruht nur am Fußpunkt auf dem Boden, schon kurz dahinter wird sie von einem tonnengewölbten, querstehenden Pfeilerbogen von der Erde gelüftet. Damit ist das Thema gegeben. Allseits sehen wir die Staffeln der Treppenrampen von Gewölben unterfangen, die von Säulen und Bögen hochgetragen werden. Die so entstandenen drei mittleren Schiffe dieser Treppenbaukathedrale werden von den äußeren, durchgehende Verkehrswege sichernden, kuppelgewölbten Pfeilerreihen zur Fünfschiffigkeit ergänzt. Die Säulen- und Gewölbearchitekturen des Treppenbaues hat Neumann mit dem Vestibül verknüpft, und zwar hauptsächlich mittels des Bogenmotivs. Es ist deutlich das Leitmotiv der ganzen Komposition.«[382]
Überall da, wo sie ihm konstruktiv entbehrlich scheint, nimmt Neumann Mauermasse weg. Selbst die Schachtwände der Treppe verwandelt er in Ar-

Würzburg, Residenz.
Das Treppenhaus aus einem Längsschnitt durch den Mittelpavillon des Corps de logis. Hdz 4702

wurden die Herrn Gesandten von dem Cammerherrn von Guttenberg hinauf begleidet, allwoh oben, auf der stiegen der Herr Hofmarschall nebst dem Truchseß H. v. Gvath die Herrn ferner empfangen und durch den Saal de gardes (den Weißen Saal), in welcher der Corporal von der Leibgard mit seiner Wachdt im Gewehr gestanden und solches aufnehmen lassen, bis in die grosse Ante Cammera, vor welcher alle livere Bediente in Ordnung gestanden, geführet. Unter der Thür der großen Ante Cammer wurden die Herrn Gesandten ferner von dem Obermarschall empfangen und so fordt in die kleine Ante Cammer gegen das Hochfürstliche Audienszimmer geführt, allwoh sie sogleich gemeltet und von Ihro hochfürstliche Gnaden unter der Thür dero Audienszimmer in höchster Person empfangen und mit sich hineingenommen, worauf sogleich anzurichten befohlen wordten.«

Bericht des Würzburger Hoffouriers über den Ablauf eines gewöhnlichen Empfangszeremoniells im Treppenhaus und in der Hauptraumfolge der Würzburger Residenz. Zit. nach: Burkard von Roda, Adam Friedrich von Seinsheim, Neustadt /Aisch 1980, S. 124 f.

Würzburg, Residenz. Blick auf den Treppenaufgang

folgende Doppelseiten:
Das Treppenhaus in der Würzburger Residenz

kaden. Durch sie flutet ursprünglich das Licht auf die Stufen und auf das Umkehrpodest effektvoll hinein. Leider sind die Arkaden unter Fürstbischof Seinsheim zu leeren Wandflächen vermauert worden.

Fürstbischof Friedrich Karl von Schönborn erkennt bereits die Qualitäten des Räumlichen, als alles noch im Rohbau steht: »… das allerschönste aber ist…das Stigen und das Vestibuli ungemein große gewölber, welche samt der Sala terrena u. d. Haubtsaal vorttrefflich wohl reuhsirt seyind …, die in ihrem rauhen Mauerwerk aussehen, als ob sie gegossen wären …«[383]

Das Muldengewölbe über dem Treppenraum ist ein Wagestück sondergleichen. Es hat eine Spannweite von 19 mal 32, 60 Metern bei einer Stichhöhe von 5, 50 Metern. Der untere Ansatz der 24–30 cm starken Gewölbeschale besteht aus Ziegel, der obere Teil zur Minderung des Eigengewichts aus Tuffstein. Aus Ziegel wiederum sind die Verstärkungsgurte auf dem Rücken des Gewölbes gefügt. Das Steinmaterial ist mit »Heißkalkmörtel« zu einer nahezu homogenen Schale vermauert, die fast einer Betonschale gleichkommt.[384] Neumann zweifelt nicht an der Haltbarkeit seiner Konstruktion. Neumanns Sohn Ignaz Michael berichtet 1774 dem Mainzer Domkapitel, Johann Lucas von Hildebrandt habe dem Fürstbischof sein eigenes Leben zum Pfand geboten und sich bereit erklärt, von Wien nach Würzburg zu reisen und sich dort unter dem Gewölbe der Stiege auf eigene Kosten hängen zu lassen, wenn die Konstruktion sich bewähre. »Neumann hingegen erbot sich, unter das Gewölbe des Treppenhauses Geschütze aufzufahren und selbst eine beliebige Zahl von Schüssen abzugeben, um die Festigkeit seines Gewölbes zu erproben.«[385] Das Experiment ist wahrscheinlich unterblieben. Als aber im Zweiten Weltkrieg das brennende Dachwerk des Corps de logis auf das Gewölbe kracht, hält es der Erschütterung stand.

Wie aus Hdz 4701 und 4702 zu ersehen ist, denkt sich Neumann für das Gewölbe, ferner als Tür- und Fensterbekrönung eine ähnlich spritzige Stuckdekoration, wie sie Antonio Bossi im Weißen Saal verwirklicht. Das Treppengeländer und die Brüstung des Umgangs sollen nach diesen Plänen aus züngelndem Rocaillewerk bestehen.[386] Bekannt sind Dekorationsentwürfe für die Schachtwände und die Wand gegen den Weißen Saal.[387] Alles bleibt unausgeführt bis auf die Pilastergliederung des Treppensaals. 1752/53 bemalt Tiepolo das Gewölbe mit dem größten Fresko, das jemals geschaffen worden ist: der Glorie des Fürstbischofs Carl Philipp von Greiffenclau, dem die vier Erdteile huldigen.[388] Unter Fürstbischof Adam Friedrich von Seinsheim (1755–1797) erhält der Treppenraum seine bis heute bewahrte Ausstattung im damals modernsten Geschmack: à la Romaine.[389]

Würzburg, Residenz. Blick vom Vestibül ins Treppenhaus

Brühl

Der Kölner Kurfürst Clemens August von Bayern wünscht etwas ähnlich Festlich-Repräsentatives am Beginn der Staatsraumfolge seiner Lieblingsresidenz Augustusburg zu Brühl, wie es in der Würzburger Residenz entsteht. Auch in Brühl soll ein zu empfangender Gast die Erhabenheit der Herrscherwürde dieses Kurfürsten durch Bauformen und Bildwerke von erlesener Ausführung gleichsam körperlich spüren. Er soll vor Erstaunen sprachlos werden. Die geringe Grundfläche des Raumes von 15,50 mal 14,25 Metern zwingt Neumann, eine variierte Konzeption zu Würzburg zu entwickeln. Keineswegs ist sie spontan gefunden, wie Entwürfe zeigen.[390]

Das Treppenhaus schließt sich nördlich in der Gesamtbreite des Corps de logis an die Durchfahrt an. Es ragt bis in den Dachraum hinauf und erreicht eine Höhe von rund 20 Metern. Dadurch, daß der Raum bis auf die Mittelwand des Nordflügels vor-

folgende Doppelseite:
Brühl, Schloß Augustusburg. Blick von der Galerie ins Treppenhaus

Brühl, Schloß Augustusburg. Treppenhausentwurf, Querschnitt, gezeichnet von Johann Wolfgang van der Auvera. Pulheim-Brauweiler, Rheinisches Amt für Denkmalpflege

Brühl, Schloß Augustusburg.
Treppenhaus

Treppenhaus mit Deckenfresko
von Carlo Carlone

folgende Doppelseite:
Brühl, Schloß Augustusburg.
Treppensaal und Galerie

 Brühl, Schloß Augustusburg

geschoben ist, erhält die Ostwand des Treppensaales in allen vier Geschossen nur durch zwei, die Westwand dagegen durch je vier Fenster Licht.

Die Anordnung der Treppenläufe ist das einzig Verbindende mit Würzburg: Antrittsarm in der Mitte, unterwölbtes Wendepodest in halber Höhe des Erdgeschosses, zwei gegenläufige Treppenarme, von Schachtwänden begrenzt.

Anders als in Würzburg hier die Tiefengliederung zu ebener Erde: in der Mittelachse der untere Lauf, beidseits der Mittelachse gegenläufig aufsteigende Unterwölbungen auf freistehenden Doppelsäulen und Pfeilern, die Vierergruppen überlebensgroßer Tragefiguren aus Stuck umstehen. Die Joche der Unterwölbungen läßt Neumann – ähnlich wie Kernräume seiner Sakralarchitekturen – von Raumfolien begleiten: Zwischen Unterwölbung und Außenwand schiebt er eine schmale gurtbogenartig geformte Gewölbezone ein. Sie ist konstruktiv unabhängig von den angrenzenden großen Unterwölbungen. Auf diesen ruhen die oberen Treppenläufe und die Schachtwände des Treppensaals. Neumann wandelt also die Dreiachsigkeit des Treppensystems mit dem Aufstieg in Fünfachsigkeit. Zwischenpodeste in den Stiegenläufen müssen ebenfalls aus Mangel an Platz entfallen. Verzichtet ist auch auf eine im Plan erwogene Brükke des Unterlaufs, weil sie im Raumbild – anders als in Würzburg – wirkungslos geblieben wäre. Für einen Umgang im Treppensaal bleibt Raum nur an drei Seiten.

Neumanns Idee ist die architektonische Gestaltung dieses Treppenhauses zumindest im Bereich der Stiegenläufe. Dies belegen die Entwürfe, gezeichnet von Johann Wolfgang van der Auvera.[391] Keine Anhaltspunkte aber, wieweit der ausgeführte Treppensaal samt der Deckenlösung Neumanns Intention entspricht. Zu erwarten wäre für ihn ein Gewölbe in der Art der Stiegenentwürfe für Würzburg, Wien und Stuttgart. Statt dessen ist die Treppensaaldecke in großem Oval gegen die flache Decke und die Schrägwände des Mansardraumes geöffnet, von Hermenpilastern getragen. Carlo Carlones Fresko mit Scheinarchitektur in der Randzone und reichem Figurenleben in himmlischer Sphäre läßt diese Zone beim Blick aus dem Vestibül in die Höhe wie eine Kuppel erscheinen.

Carlones Fresko (ausgeführt zwischen 1747 und 1750) verbindet sich mit dem Stuckmarmor an den tragenden Elementen, an Gewölben und Wänden zu einzigartiger Farbharmonie. Unbekannt, ob die Farbangaben für die architektonischen Teile von Neumann stammen und ob er sich auch zur Dekoration mit Weißstuck geäußert hat. Entworfen ist sie von Johann Adolf Biarelle. Äußerst sensibel inszeniert, veranschaulicht die Stuckmarmor- und Stuckausstattung die sich beim Aufstieg zum Licht hin öffnende Struktur des Treppenraumes: kräftige, zum Teil dunkle Farben (teilweise heute durch unbekannte Einflüsse verblaßt) im gedämpften Bereich der Doppelsäulen vor dem unteren Stiegenlauf, lichtere Farbigkeit im Treppensaal, Verdichtung von Weißstuck mit zunehmender Raumhöhe, nur noch Weißstuck am Rudiment der oval geöffneten Decke.

Das Bildprogramm des Treppensaals mit dem Fresko ist eine erste Aussage über den Kurfürsten am Beginn des Weges zum Audienzsaal. Hier wird der regierende Fürst mit all seinen Würden und Titeln, aber auch mit seinem Herrschaftsanspruch vergegenwärtigt. Die mehrschichtige Inszenierung erschließt sich nicht mit einem Male, sondern im Nacheinander während des Aufstiegs. Der erste Blick des Betrachters, der aus dem Vestibül kommt, fällt auf eine Triumpharchitektur mit Doppelsäulen und mit der vergoldeten Büste des Kurfürsten auf einer Pyramide, dem Symbol des hohen und großen Ruhms. Die Büste des Kurfürsten wird schon durch die Kostbarkeit ihrer Erscheinungsform als die Sinnmitte des Treppenhauses begreiflich. In dieser Büste kulminiert das ganze Bildprogramm. Eine zweite Triumpharchitektur rahmt gegenüber die Mitteltür zum Gardenssaal. Die Doppelsäulen vor dem Treppenaufstieg, die diese Raumzone kraftvoll plastisch erscheinen lassen, bereiten auch den triumphalen Ausdruck der Doppelsäulen an den Triumpharchitekturen im Treppensaal vor.

Wie bei keinem zweiten Treppenhaus des Barock spielt die Ausstattung, das Ornat, eine so dominierende Rolle wie in Brühl. Fast übertönt das Dekorative das Architektonische. Der Kurfürst wünscht beides in höchster Vollendung. Die Qualität einer solchen Prachtentfaltung ist Gradmesser für den Rang und die Bedeutung des Bauherrn, für seine Fähigkeit, sich die Ideen des Architekten und die Talente der Ausstattungskünstler zur Erhöhung seiner Herrscherpersönlichkeit nutzbar zu machen. Woher diese Künstler kommen, spielt die geringste Rolle; nur müssen sie in den Augen Clemens Augusts die besten ihres Faches sein.

Brühl, Schloß Augustusburg. Gartenansicht

Wien, Hofburg.
Treppenhausentwurf des mittleren Projekts, 1746/47.
Hdz 4730

Wien, Hofburg.
Rekonstruktionsskizze des Treppenhauses im mittleren Projekt nach Hdz 4730

Der Eindruck des spielerisch Leichten beruht in diesem Treppenhaus erst in zweiter Linie auf der Virtuosität der figürlichen und ornamentalen Stukkaturen Giuseppe Artarios, Carlo Pietro Morsegnos und Joseph Anton Brillis. Der Grundton liegt in Neumanns Architektur und ist vorgegeben in den Entwürfen. Hier schon finden sich die elastische Bogenführung der Unterwölbungen, das geschmeidige Umbiegen der Treppenwangen am Beginn des Unterlaufs und am Übergang in die Oberläufe, schließlich als Geländer das filigrane Gitterwerk aus Schmiedeeisen, wundervoll realisiert durch Johann Georg Sandtener, das sich im Treppensaal bis hinauf zur Galerie und bis in die filigrane Laterne an langer Kette fortsetzt.

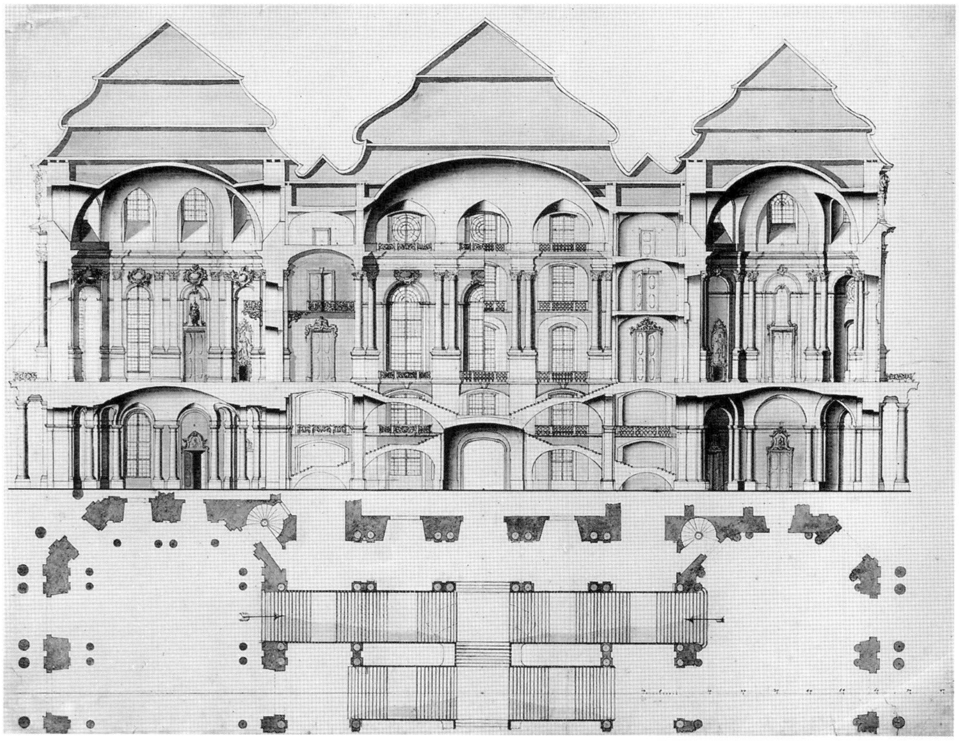

Wien

Das grandioseste seiner Treppenhäuser entwirft Neumann im mittleren Projekt für die Wiener Hofburg (1746/47).[392] Die Stiege liegt im Mittelpavillon zwischen Vestibül und Sala terrena und den Sälen darüber. Das Würzburger System der Laufanordnung ist umgekehrt und spiegelbildlich verdoppelt. Beginnt man den Aufstieg vom Vestibül oder von der Sala terrena, kann man jeweils zwischen zwei Läufen wählen. Auf der mittleren Querachse treffen die Unterläufe auf Podeste, ihrerseits untereinander und mit dem Umgang im ersten Zwischengeschoß durch auf- und abwärtsführende Stufenfolgen verbunden. Vom Mittelpodest geht beidseits ein rückläufiger Treppenarm nach oben in die beiden Säle. Liselotte Andersen hat die Möglichkeiten durchgespielt, diese Stiege zu benutzen: Nirgendwo kann der Besucher verweilen, Bewegungsströme treiben ihn voran.
Wie in Würzburg und später in Stuttgart spannen sich die Läufe gleich Brücken zwischen Pfeilern durch den Raum, der durch fünf Geschosse stattliche 30 Meter Höhe erreicht. Den eigentlichen Treppensaal gestaltet Neumann doppelschalig: Er stellt gekuppelte korinthische Kolossalsäulen – Ausdruck triumphaler Gesinnung wie in Brühl – als innere »Wandschicht« ein und läßt sie ein gestelztes segmentbogiges Muldengewölbe mit Stichkappen tragen. Emporengänge verdeutlichen die Gliederung der Geschosse. Für den Wandaufriß gibt die Projektzeichnung zwei Varianten: Nach der linken Version sollen riesige Rundbogenfenster die beiden Hauptgeschosse des Treppensaals zusammenfassen und ihre Monumentalität durch große Lichtfülle noch mehr steigern.

Stuttgart

Im kleinen Projekt für die Stuttgarter Residenz (1747) legt Neumann das Treppenhaus an die Gartenseite, in einen sechsachsig vorspringenden Baukörper in der Mitte des Hauptflügels.[393] Verwandtes mit Würzburg und Wien fällt als erstes ins Auge: die Läufe mit Zwischenpodesten, ihre brückenartigen Unterwölbungen, die Arkaden der Schachtwände, der vierseitige Treppenumgang oben im Saal, das Muldengewölbe mit Rocaillestuck. Von unten steigen wie in Wien, aber nur einseitig, zwei

Stuttgart, Residenz.
Treppenhausentwurf aus dem großen Projekt, 1748/49.
Hdz 4759

Stuttgart, Residenz.
Treppenhausentwurf aus dem kleinen Projekt, 1747.
Hdz 4758

»Ewer Hochfürstl. Gnaden solle vnterthänigst berichten, wie daß ich noch alß zu Bruchsaal bey seiner hochfürstl. Eminentz (Kardinal Damian Hugo von Schönborn) befinde vndt da ich Erstens die helfte von den Modell der stigen vndt der Architectur in holtz vndt gips mit Eigener hand verfertiget vndt nach meiner meinung genug zu sein erachtet, so haben aber seiner Hochfürstl. Eminentz ein solches belieben vndt gefallen daran gehabt vndt verlangten den andern theil auch, so zwar auch geschen, nun habe auch daß vestibil, saal vndt facciata folgents unter handen …«

Balthasar Neumann am 17. Februar 1731 an Fürstbischof Friedrich Karl von Schönborn. Zit. nach: Briefe S. 25.

parallele Läufe empor und fassen einen Durchgang vom Vestibül zum Garten zwischen sich. Nach der Wende auf dem Umkehrpodest führt ein einziger Lauf, breiter als die unteren, in den großen Saal. Dynamischer als in Würzburg die Lichtregie. Man betritt die Unterläufe in einem unbelichteten quergelagerten Raum und steigt in eine eineinhalbgeschossige, dreiseitig ganz durchfensterte Lichthalle. Oben angekommen, ist wieder ein dunkleres Vorzimmer zu durchqueren, ehe man den großen Festsaal erreicht.

Architektonisch ist dieses Treppenhaus situationsreicher konzipiert als das Würzburger: offeneres Gehäuse, effektvollere Durchblicke, freieres Fluten der Läufe. Raumgliedernd kommt in Höhe des Mezzaningeschosses ein dreiseitig eingezogener Umgang mit dem gleichen filigranen Gitterwerk hinzu, wie es Treppenläufe und Saalumgang erhalten sollen. Neumann mag an die Deckenöffnung des Brühler Treppenhauses denken.

Im großen Projekt (1748/49)[394] behält er um die Stiege die Rhythmisierung durch hohe und niedrige, durch lichte und dunklere Räume bei. Die Treppe wird aber auf vier Achsen reduziert und erhält direktes Licht nur von den Seiten.

Bruchsal

Zum Corps de logis des Schlosses in Bruchsal hat Anselm Franz Reichsgraf von Ritter zu Groenesteyn Entwürfe gezeichnet, mit einem ovalen Stiegensaal in der Mitte. Die Ausführungsarbeiten sind weit gediehen, da kommt es zu einer Auseinandersetzung zwischen dem Baumeister und dem Bauherrn, Kardinal Damian Hugo von Schönborn. Dieser hat eigenmächtig zwischen Erd- und Hauptgeschoß ein Zwischengeschoß für seine Leibbediensteten errichten lassen. Ritter zu Groenesteyn erkennt: Sein Treppenhaus ist nach altem Konzept nicht mehr zu verwirklichen. Er kehrt dem Bruchsaler Schloß den Rücken und hinterläßt »das loch in der mitten …, wo die stiegen hinkommen soll«, wie der Kardinal seinem Helfer aus dem Dilemma, Balthasar Neumann, im Dezember 1730 schreibt. Wenn er nach Bruchsal kommt, soll er »einen geschickten schreiner der nicht so viel kosten thätte und raisonable ist, mit hiehero bringen …, um das Modell von der stieg allhier verfertigen zu können«.[395]

Was Neumann 1731 für Bruchsal plant, wird zwar von anderen seiner Schöpfungen an Größe und Pracht übertroffen, ist »aber in der geistreichen Eigenart der Anlage und hohen Raumpoesie unerreicht«.[396]

Der Gedanke, die Treppe in zwei gekrümmten Läufen emporzuführen, stammt von Ritter zu Groenesteyn. Sie münden bei ihm in einem Podest vor dem Marmorsaal. In Höhe des Hauptgeschosses spannt sich eine Brücke längs durch das Treppenhaus und verbindet den Marmorsaal mit dem Fürstensaal gegenüber. Hätte man das Rittersche Treppenhaus betreten, wäre es zwar mit einem Blick zu überschauen gewesen, aber die Brücke zwischen den Sälen hätte den Raum zerteilt.

Weitaus eindrucksvoller die Lösung Neumanns. In das Treppengehäuse stellt er konzentrisch den Grottensaal mit Rundbogenarkaden und runden Oberlichtern in den Wänden. Die Stiegenläufe liegen zwischen der Außenwand des Grottensaals und der Innenwand des Treppenhauses. Der Betrachter steigt aus der gedämpften erdhaften Zone des Vestibüls in eine mehr und mehr sich vergrößernde Helligkeit hinauf und erlebt von Stufe zu Stufe einen veränderten Raumeindruck. Befreiendes Ziel nach dem Aufstieg durch einen engen ge-

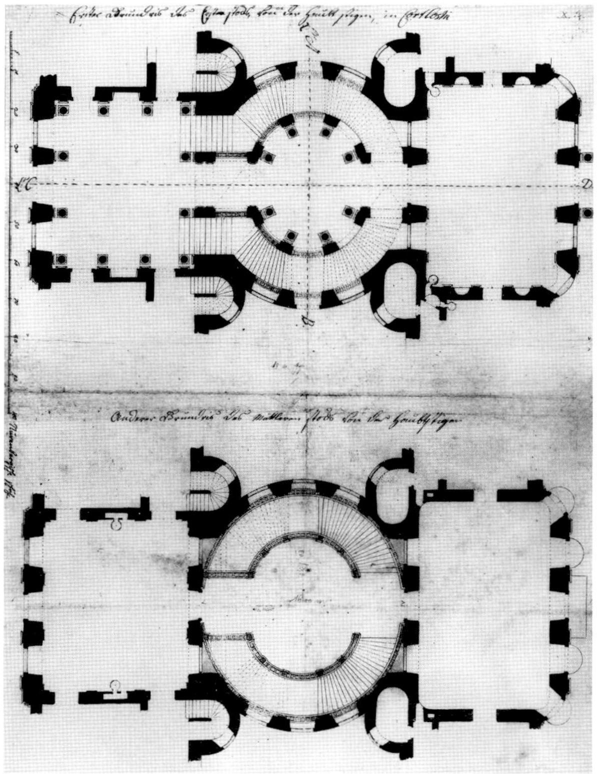

Bruchsal, Schloß. Erdgeschoß- und Hauptgeschoßgrundriß des Corps de logis, 1731. Bruchsal, Außenstelle des Staatlichen Hochbauamtes I Karlsruhe

Bruchsal, Schloß.
Nördlicher Treppenaufgang

folgende Doppelseiten:
Bruchsal, Schloß.
Vestibül und Treppensaal

schwungenen Schacht ist der überkuppelte Treppensaal, vermittelndes Herzstück des Schlosses zwischen Marmor- und Fürstensaal und eigentlich selber Festsaal. Aus der Brücke Ritter zu Groenesteyns ist eine inselartige Plattform auf dem Grottensaal geworden, vom Raum der Stiegenschächte umflutet.

Im Zweiten Weltkrieg schwer beschädigt, ist das Bruchsaler Treppenhaus heute mit einer engen, ansonsten selten erreichten Annäherung an das verlorene Original bis hin zur Stuckdekoration und zum Kuppelfresko wiederhergestellt.[397]

Meersburg

Als Damian Hugo von Schönborn 1740 Fürstbischof von Konstanz wird, beauftragt er Neumann, für das Neue Schloß, die fürstbischöfliche Residenz in Meersburg am Bodensee, ein Treppenhaus zu konzipieren.[398] Die Pläne verwirklicht der Werkmeister Johann Georg Stahl. Doch legt er schlechte Fundamente. Deshalb müssen die Stiegenläufe bereits 1759/60 wieder abgebrochen und durch neue nach dem Entwurf von Franz Anton Bagnato ersetzt werden.

Neumann ist nie in Meersburg gewesen. Seine Treppenlösung skizziert er in Bauaufnahmen des Poliers Franz Pozzi, die er in Bruchsal vorfindet. Die Stadtfront des Schlosses erhält einen tiefen Mittelrisalit für die Stiege. Sie besteht im Erdgeschoß aus zwei symmetrisch gestellten Schachttreppen mit gemeinsamem Mittellauf. Im Obergeschoß löst sich die Anlage in zwei zweiteilige Arme, die auf den Platz vor dem Hauptsaal emporführt. »Am Übergang vom Erdgeschoß zum ersten Stock vermittelt Neumanns Idee ein künstlerisches Erlebnis, hier bietet sich eine Art ›Bruchsal-Effekt‹, wenn man unter diesem Schlagwort den unerwarteten Wechsel zwischen eingeschnürten Stiegenläufen und heller Weiträumigkeit verstehen will. So betrachtet, hat Neumann die für einen Barockarchitekten schwierige Lage hervorragend zu meistern gewußt. Er macht aus der Not, die ihm die beschränkten Anwendungsmöglichkeiten der Treppentypen bereiteten, eine gestalterische Tugend, durch die sich seine Meersburger Leistung würdig unter seine beste Schöpfungen einreiht.«[399]

Bagnato folgt bei der Erneuerung der Treppenläufe Neumanns Grundidee, verändert aber Details, nimmt der Stiege Volumen und damit Gewicht auf Kosten eines ausgewogenen Verhältnisses zum Raum.

Oberzell

Das Treppenhaus der Prämonstratenserabtei Oberzell bei Würzburg (vgl. S. 176)[400] entwirft Neumann eng am Vorbild des Treppenhauses der Zisterzienserabtei Ebrach: Beide gehören dem sogenannten Pommersfelden-Typ an. Zwei U-förmige Stiegenarme mit Balusterbrüstungen und Zwischenpodesten sind in einem querrechteckigen Raum symmetrisch gegenübergestellt und führen vom Erd- bis ins Obergeschoß. Hier treffen sie auf einem »Vereinigungspodest« über gestaffelter Dreierarkade zusammen. Tiefenräumliche Wirkung vermitteln im Obergeschoß drei Korbbogenöffnungen an der Rückwand hinter dem Podest. An den drei übrigen Wänden wird Raumtiefe wie in Ebrach durch vorgeblendete Balusterbrüstungen vorgetäuscht. Eine Idee über Ebrach hinaus ist das Spiegelgewölbe mit Stichkappenkranz in der Voute. So gelingt auch für dieses Treppenhaus ein individueller Ausdruck.

Oberzell, Prämonstratenserabtei. Stuckfigur von Antonio Bossi

Oberzell, Prämonstratenserabtei. Treppenhaus

Neumanns früher Stiftsbau für die Augustinerchorherren in Heidenfeld[401], 1723–1733 errichtet, leugnet nicht die Nähe zum Haus des Baumeisters in der Würzburger Kapuzinerstraße: die gleiche Kühle und Herbheit der architektonischen Formulierung, die Visualisierung reiner Tektonik, eine Architektursprache noch ganz unter dem Eindruck französischer Baukunst.

Konvents- und Propsteigebäude, drei monumentale Flügel, umschließen einen Hof. Die ältere Kirche an der vierten Seite soll einem Neubau weichen, der aber nicht verwirklicht wird (nach Abbruch der Kirche im Zuge der Säkularisation Bau eines modernen Traktes 1935). Einfache Gesimse gliedern die drei verputzten Geschosse und geben der nüchternen Reihung der Fenster Halt. Die Front des Propsteiflügels hebt Neumann gestalterisch hervor: An den mansarddachgedeckten Eckpavillons und am Portalrisalit in der Mitte mit Dreiecksgiebel sind die Fensterachsen durch Kolossalpilaster römisch-jonischer Ordnung scharf betont, an den Eckpavillons auf Postamenten so hoch wie das Erdgeschoß, am Mittelrisalit auf einer Verblendung aus Sandstein. Klassizistisch das Eingangsportal mit toskanischen Pilastern, Triglyphen am Architrav und Segmentgiebel. Das Innere wartet mit einer freitragenden einläufigen Podestreppe auf.

Zwei Jahrzehnte später, auf dem Höhepunkt des Rokoko, gestaltet Neumann eine repräsentative Klosterfassade ungleich differenzierter: am Abteiflügel der Prämonstratenserabtei Oberzell[402] bei Würzburg, für die 1742 die Entwürfe entstehen (die Ausführung, die nach Neumanns Tod sein Sohn Franz Ignaz Michael übernimmt, bleibt unvollendet). Unverkennbar die Nähe zum Formenvokabular der Würzburger Residenz. Flügelbauten, Eckpavillons und Treppenhausrisalit erhalten im Erdgeschoß Fugenschnitt. Die Achsen werden tektonisch klar durch Kolossalpilaster und am Treppenhausrisalit durch kolossale Dreiviertelsäulen betont, die Hauptgeschoß und Mezzanin zusammenfassen. Die Ordnungselemente zügeln den Ornamentprunk, der vorzugsweise unter und auf den Fenstern sowie auf den Kapitellen entfaltet ist.

Wie geht Neumann vor, wenn er ältere Gebäude mit An- oder Erweiterungsbauten zu versehen hat? 1749 sind die Anbauten beidseits des Würzburger Domchores, Sakristei und Ornatkammer, neu zu planen. Beide sollen fast die doppelte Größe ihrer Vorgänger erhalten. Neumann begreift seine Sandsteinquaderbauten als »dienende« Architekturen, die der romanischen Chorpartie nichts von der Wirkung ihrer Massengliederung nehmen, sondern sie steigern. Die Außenwände sind durch kraftvoll-plastische Lisenen gegliedert, die Wandstücke dazwischen stark aufgezehrt durch Segmentbogenfenster und gleichartige halb so große darunter, die bis zum Boden reichen. Die Dachzone ist gedrückt. Durch die Betonung der Vertikalen integriert Neumann die Anbauten in den Rhythmus der Domarchitektur. »Auf den klar gegliederten Wänden der Sakristei und Ornatkammer entfaltet sich ein großformiges Widerspiel von Licht und Schatten, das für einen alleinstehenden Bau von diesen verhältnismäßig kleinen Ausmaßen unmöglich wäre, hier aber Sinn und Beziehung hat.«[403]

Respekt vor der Form des Bestehenden kennzeichnet auch die Erweiterung am »Sommerhaus« des Fürstbischofs Peter Philipp von Dernbach in Veitshöchheim, 1680–1682 errichtet.[404] Sein Nachfolger Carl Philipp von Greiffenclau möchte den Bau als repräsentative Sommerresidenz nutzen. Ursprünglich ist das Schlößchen ein zweigeschossiger rechteckiger Kernbau, von vier turmhaften Eckpavillons umstanden und durch Anbauten an den Schmalseiten erweitert. Die Formen des Äußeren sind noch der Spätrenaissance verpflichtet: so die gekuppelten Fenster mit waagerechten Stürzen und die fünfachsigen Arkadenreihen im Erdgeschoß des Kernbaus. Ihre Korbbögen ruhen auf bossierten Pfeilern, deren Form in den Quaderlisenen der Eckpavillons wiederkehrt.

Neumann erweitert dieses Bauwerk 1749–1753 durch Querriegeltrakte an beiden Schmalseiten und gliedert sie schlicht durch Stichbogenfenster, glatte Ecklisenen und ein Stockwerksgesims. Alles ist in klaren Maßverhältnissen großzügig vorgetragen, beläßt aber doch dem Kernbau die Dominanz. Sie äußert sich auch in der lebendigen Dachlandschaft, die Neumann über die Baukörper legt: u. a. ein doppelgeschweiftes Mansarddach über dem

Heidenfeld, ehem. Augustinerchorherrenstift

Oberzell, Hauptflügel der ehem. Prämonstratenserabtei

Veitshöchheim, Schloß.
Ostfassade

Mittelbau und geradlinig gebrochene über den seitlichen Quertrakten.
An der Nordseite der Erdgeschoßhalle des Kernbaus gestaltet Neumann sein spätestes Treppenhaus.[405] Die Stiege aus Rotsandstein ist einläufig und führt in unregelmäßiger U-Form mit zwei Wendepodesten nach oben. Trotz der Enge des Raumes gelingt ein Zug ins Große, gelingt Reichtum an Spannung.

Eine besondere Bauaufgabe in fürstlichen Gärten ist die Orangerie zum Überwintern der exotischen Gewächse. Eine von Neumann geplante und von Justus Heinrich Dientzenhofer realisierte Orangerie ist die des Schlosses Seehof bei Bamberg.[406] Die Anlage, im Auftrag Friedrich Karl von Schönborns entstanden, schließt – der Nordseite des Schlosses gegenübergestellt – ein Gartenareal auf abschüssigem Gelände ab. Mittelteil ist ein Portalbau, der segmentbogig nach Art eines Teatro ausschwingt und mit zweiachsigen Zwischenbauten zwei mächtige, prallplastisch vorschwellende Pomeranzen- oder Glashäuser verbindet. Sie stammen von 1733–1737. Der Portalbau ist das Werk Johann Jacob Michael Küchels von 1735. Nach seinem Entwurf wird Neumanns Orangerie von 1752 an durch Zubauten erweitert, die teilweise heute nicht mehr stehen.

Aus der Erbmasse seines Schwiegervaters Franz Ignaz Schild fällt Neumann in Randersacker bei Würzburg der Edelhof mitsamt den Weinbergen im »Teufelskeller« zu.[407] Hier baut sich Neumann 1743 an der Dorfstraße zwei Pavillons, von denen einer erhalten ist. Eine rauhe Gartenmauer trägt den kleinen Bau aus feinbehauenem Sandstein mit geschweiftem Schieferdach, von zwei Firstvasen keck akzentuiert. Die Gebäudeecken sind konkav zurückgenommen und von Lisenen gefaßt, die Rocaillen als schmuckvolle Scheinkapitelle tragen. Die Brüstungen unter den Fenstern haben Füllungen, die als Antwort auf die Kurvung des Daches nach unten schwingen. Selten zeigt sich Neumanns Gespür für Maß und Rhythmus empfindsamer als an diesem Meisterstück architektonischer Kammermusik.

Zur Unterbringung der gesamten Verwaltung des Kurfürstentums Trier läßt Kurfürst Franz Georg von Schönborn 1739–1748 in Koblenz-Ehrenbreit-

Schloß Seehof bei Bamberg. Orangerie

stein ein schloßartiges Bauwerk, das Dikasterialgebäude, errichten, für das Neumann 1738 die Pläne entwirft.[408] Johannes Seiz zeichnet sie ins reine und leitet die Bauausführung. Das Werk ist ein dreigeschossiger Putzbau mit rhythmisch differenzierter Wandgliederung, flachen, breiten Seitenrisaliten und dreiachsigem Mittelrisalit. Auf ihn hin ist aller dekorativer Reichtum konzentriert. Die plastischen Werte des Gebäudes beschränken sich hauptsächlich auf die Dachzone: Die Zwischentrakte haben Satteldächer, Mittelrisalit und Seitenrisalite Mansarddächer. Bemerkenswert der geschweifte und geknickte Giebel des Mittelrisalits mit dem kurfürstlichen Wappen als Beispiel für den selbstverständlichen Umgang Neumanns mit einer Formerfindung Hildebrandts. »Neumann übernimmt mit der Giebelform auch die hochplastische Steigerung des Giebelrahmens und der Giebelfelddekoration und krönt durch das mächtige Bildwerk das Wandrelief von zurückhaltender Straffheit wie mit einem mächtigen Haupt von wuchtiger Größe.«[409]
Karl Lohmeyer weist zu Recht auf das Mißverhältnis zwischen dem Mittelrisalit und den behäbigen Seitenrisaliten hin, gibt aber die gewaltige Veränderung der Umgebung zu bedenken, die heute zweifellos dazu beiträgt, »daß uns der Bau unbedeutender erscheint, der vordem hinter prächtiger zum Rheine führender Gartenterrasse mit zahlreichen Wasserkünsten herausragte und dem die ursprüngliche offene Arkadenhalle im Erdgeschoß mit ihrem feinen Gitterwerk ein leichtes, eleganteres Gepräge ehedem verlieh«.[410]
Im heute entstellten Inneren sind alle Geschosse gewölbt. Die Räume in den Seitenrisaliten liegen dreiseitig um kleine, einfühlsam disponierte Treppen, die Amtsstuben in den Zwischentrakten sind alle zum Rhein hin orientiert, auf der Rückseite des Bauwerks durch einen Korridor erschlossen.
Ebenfalls nach Neumanns Plänen entsteht 1744–1747 hinter dem Dikasterialgebäude der »Krummstall« mit zurückschwingendem Mittelteil. 1881/82 hat man dieses Gebäude erhöht.

Randersacker bei Würzburg. Balthasar Neumanns Gartenpavillon

Koblenz-Ehrenbreitstein, Dikasterialgebäude. Aufriß der Hauptfront. Entwurf von Balthasar Neumann, gezeichnet von Johannes Seiz, um 1740. Koblenz, Landeshauptarchiv

Koblenz-Ehrenbreitstein, Dikasterialgebäude

Der Neubau der Residenz erfordert eine räumliche Umwertung Würzburgs. Neumann bedenkt sie gleich mit den ersten Planungen für dieses Bauwerk.

Ist die Stadt bisher auf den Main und die Festung Marienberg orientiert gewesen, so erhält sie nun »ein zweites Gesicht, das auf das neue Gravitationszentrum der Residenz ausgerichtet ist«.[411] Ältere Bauten müssen »in ornamentum civitatis«[412] fallen, damit eine repräsentative Auffahrt zwischen Schloß und Dom entsteht: die Hofstraße. Mit ihr wird dem Stadtbild die Doppelbeziehung zwischen der geistlichen und der weltlichen Macht förmlich eingeprägt. Die Schönbornsche Grabkapelle an der Nordseite des Domes ist das Bindeglied, das den Zusammenhang zwischen den beiden Polen vermittelt und die Herrschaft der Schönborn auch im städtebaulichen Kontext manifestiert.

Damit erschöpft sich Neumanns Vorstellung, den Stadtorganismus zu erneuern, aber bei weitem nicht. Die Befestigungsanlagen des mittelalterlichen Würzburg werden eingeebnet, und an ihrer Stelle entsteht ein Straßengürtel – Neubaustraße, Balthasar-Neumann-Promenade, Theaterstraße, Juliuspromenade –, der die Residenz mit der Stadt und dem Main verknüpft, zugleich die Stadt auf das Residenzschloß hinordnet. Neumann lockert ferner die enge Bebauung durch den Platz vor dem Rathaus und den großzügig neuregulierten Marktplatz auf.

Den gewachsenen Stadtgrundriß dem Raster einer Gründungsstadt wie Karlsruhe oder Mannheim anzugleichen, daran hat Neumann niemals gedacht. Seine Leistung ist, erkannt zu haben, wie aus dem Gegebenen die Anforderungen an eine moderne Residenzstadt erfüllt werden können, ohne ihre geschichtliche Identität zu zerstören. Domstadt, Bürgerstadt, fürstbischöfliche Residenz: Neumann gelingt es, diese Gegensätze in Einklang zu bringen. Um Urbanistik in modernem Sinne geht es weniger. Aber Ansätze dazu gibt es durchaus.

Würzburgs Straßen sind verwinkelt und düster. Das fürstbischöfliche Dekret vom September 1721 geißelt besonders die mittelalterliche Bauweise der vorspringenden Obergeschosse als »unförmblich«.[413] Neumanns gesetzliche Grundlage als künstlerischer und architektonischer Gutachter der Kommission für Stadtbauwesen, gegen die Übelstände vorzugehen, ist das Baumandat vom 22. August 1722.[414] Wer bauen will, hat der Kommission einen Plan vorzulegen, den der Fürstbischof einsieht und der von der Kommission überprüft wird. Erker, Vorbauten und Giebel sind verboten. Zu beachten sind gleiche Fluchtlinien, Höhen, Dach- und Fensterformen. Keineswegs muß ein Haus wie das andere sein. Doch besteht ein »Modell«, das offensichtlich die wesentlichen Richtlinien veranschaulicht. Entschließt sich jemand, »zur gemeiner stadt zierde was sonderliches« zu errichten, z.B. »mit zierlicher ausstaffierung der fenster, portal, gesimser und dergleichen, die von bildhauer- oder sonsten künstlicher arbeit gemacht würden«, kann er mit zwölf Jahren Schatzungs- und Steuerfreiheit rechnen. Für gewöhnliche Neubauten wird sie zehn, für Teilerneuerungen fünf Jahre lang gewährt.

Neumanns Vorstellung von Stadtarchitektur im Sinne des Baumandats demonstriert zuerst sein eigenes Haus in der Kapuzinerstraße. Das Grundstück erwirbt er zusammen mit dem Hofbeamten Hartmann 1722 auf Anraten des Fürstbischofs, *»worauff ich mir den angefangen Ein Haus von 108 schuch lang zu bauen, nebst hoff, stallung vndt garten«*.[415] Das erste Projekt zeigt einen langen dreigeschossigen Flügel, der aus drei Häusern besteht, ein monumentaler Block mit Mansarddach. Nur die beiden Außengebäude werden verwirklicht. Sie sind auf Neumanns Ansicht der geplanten Residenz von Ende 1722 als städtebaulich wichtige Bindeglieder zwischen Stadt und Residenzbereich zu sehen. Allein das Neumannsche Haus (im Plan das rechte) ist wenigstens in seiner Außengestalt erhalten geblieben.

Die Fassade, als Frühwerk noch herb und flächenhaft, zeichnet sich durch sicheres Gespür für Maßverhältnisse aus. Die Stockwerke sind durch Gesimsbänder abgesetzt, die beiden Obergeschosse an den Kanten durch Kolossalpilaster eingefaßt. Neumann verzichtet auf ornamentale Effekte. Nur den Fenstern mißt er eine diskrete Schmuckrahmung zu. Der einzige Akzent der Fassade von Gewicht ist das Portal.

Ähnlich gestaltet Neumann 1726/27 den Gasthof zum Hirschen in Würzburg als Südabschluß des Platzes vor dem Rathaus.[416] Wieder besteht die Fassade aus drei gleichhohen Geschossen mit ursprünglich überall gleichen Fenstern (das Erdgeschoß später verändert). Jetzt aber sind die Gebäudekanten gerundet: ein Stilwandel von einer betont flächigen zu einer körperhaft-plastischen Architektur.
Weitere Bauaufgaben, die sich Neumann stellen, sind der Seminar- und Spitalbau, das Kapitelhaus, der Domherrenhof, das Reihenhaus für Hofbeamte, das Wohn- und Geschäftshaus und das Kaufhaus, um das Wichtigste zu nennen.

Schon bald nach Regierungsbeginn beauftragt Fürstbischof Friedrich Karl von Schönborn seinen Architekten mit zwei Neubauten für das Unterrichts- und Wohlfahrtswesen in Bamberg: mit einem Klerikalseminar (1732–1737, heute Neues Rathaus) und mit dem Katharinenspital (1729–1738, jetzt Wohn- und Geschäftshaus). Die Gebäude, jedes dreigeschossig, mehrflügelig und mit Mansarddach, sind städtebaulich konzipiert. Ursprünglich flankierten sie den quergelagerten Friedhof vor der Südfront der alten Martinskirche. Die Eckpavillons aus Haustein an der Hauptwachstraße und am Grünen Markt sind gestalterisch gleich. Ende 1733 stehen Teile im Rohbau. Neumann meint: »*Die gebauh sehen gut auß... Vndt seind die gemeinz leith sehr damit Zu friden.*«[417]
Die Fassaden der Eckpavillons modelliert Neumann kraftvoll, wobei er den hierorts üblichen, von den Dientzenhofer geprägten Architekturformen folgt. Die jeweils acht Achsen sind durch Kolossalpilaster zu je drei außen und zwei in der Mitte zusammengefaßt. Im Sockelgeschoß mit Fugenschnitt findet sich in der Mitte eine Tordurchfahrt. Im Bereich der Außenachsen schneiden überall drei Arkaden ein, die mittlere als Zugang zu ehemals zwei Läden. Reich und kräftig die dekorativen Details um die Fenster des Hauptgeschosses: Brüstungsplatten mit Blumengehängen, Kartuschen und Girlanden über den Fensterstürzen und Verdachungen darüber in flacher Winkel- und Bogenform. Vergleicht man diese Dekordetails mit denen anderer Bauwerke Neumanns, so wird man kein zweites Mal genau den gleichen Motiven begegnen. Dies zeigt, wie bewußt und die Wirkung bedenkend er Ornamentmotive verwendet. »Die Eindrücke aus Wien werden teilhaben an dieser Fassadengestaltung, die, wenn Neumann auch weder vorher noch später unmittelbar Vergleichbares schuf, ihren festen Platz in seiner Entwicklung hat.«[418]
Die Front des Katharinenspitals am Grünen Markt bricht im Anschluß an den Eckpavillons mit einem gleichgeformten dreiachsigen Hausteintrakt nach rückwärts um, bedingt durch den Straßenverlauf. Diese gestalterisch kritische Stelle wird nicht kaschiert, sondern Neumann macht sie zu einem architektonischen Ereignis. Am Berührungspunkt der Mauerkörper treffen aufgrund der Gliederungsformen eines jeden Fassadenstücks vier Reliefschichten zusammen: Licht und Schatten entfalten darauf ein Wechselspiel voller Lebendigkeit (vgl. Abb. S. 188).

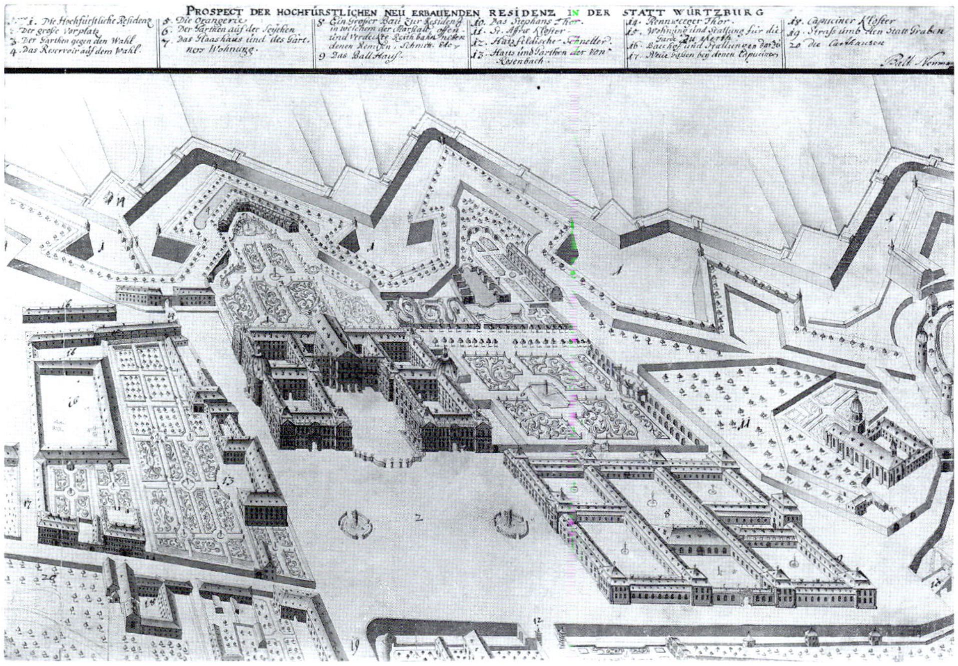

»Prospect der hochfürstlichen neü erbauenden Residenz in der Statt Würtzburg«. Federzeichnung mit Neumanns Signatur, Ende 1722. Hdz 4676

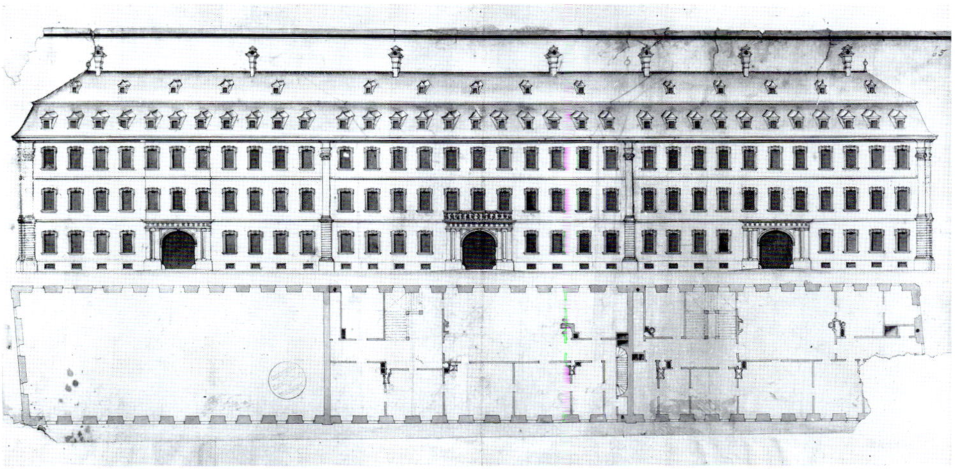

Würzburg, erstes Projekt Neumanns zur Bebauung der Kapuzinerstraße, 1722. Delin II, 65

Bamberg, Neues Rathaus

rechte Seite:
Bamberg, Domkapitelhaus

Bamberg, Curia St.Hippolyti (Stadionscher Domherrenhof). Aufriß der Fassade zum Domplatz von Justus Heinrich Dientzenhofer mit Neumanns Korrekturen, 1739. Delin II, 124

Bamberg, Curia St. Hippolyti

Nach Abbruch der alten Martinskirche 1804 und der Anlage des Maximiliansplatzes anstelle der Kirche und des Friedhofs haben die Eckgebäude viel von ihrer städtebaulich bindenden Wirkkraft verloren. Der Trakt des Seminars entlang des Platzes, 1737 am anderen Ende von Johann Jacob Michael Küchel durch einen Hausteinpavillon begrenzt, wirkt heute mit seiner Putzfassade zu gedehnt und leer. Neumann hat die optische Zäsur durch die Martinskirche vor Augen. Torpfeiler mit Flammenvasen an jedem der Eckpavillons erinnern an das Holzgitter, das sich einst zwischen ihnen erstreckte und den Friedhof gegen den Straßenraum abschloß.[419]

Mit dem Kapitelhaus am Dom zu Bamberg (1730–1733) gibt Neumann ein Beispiel, wie einfühlsam er sich gegenüber einem Bauwerk von Rang aus dem Mittelalter zu artikulieren versteht.[420] Dabei hält er sich nicht einmal mit seinen architektonischen Mitteln zurück.
Der breit gelagerte zweigeschossige Quaderbau erhält ein mächtiges, zum Unterbau in den Abmessungen ausgewogenes Mansarddach: eine Gebäudefront von plastischer Wucht begrenzt den Platzraum. Kraftvoll und doch mit feinem Empfinden für Rhythmus die Gliederung der Fassade. Die Pilasterordnungen des Giebelrisalits in der Mitte sind vorbereitet durch Lisenen an den flankierenden Achsen des Risalits. Bemerkenswert der Anschluß an den Dom durch eine ausgegliederte weitere Achse, gleichsam eine neutrale Zone zwischen den Bauwerken. Dadurch wird das Kapitelhaus gestreckt und verliert nichts von seiner raumbestimmenden Wirkung beim Schrägblick vom Residenzplatz aus.

Die Pläne zum Kapitelhaus unterbreitet Neumann 1730 Fürstbischof Friedrich Karl von Schönborn in Wien. Nicht nur die Raumdisposition findet dieser lobenswert, er habe auch »Die eüßerliche architectur Vndt form in einer guten wohl concertirten bau ordnung eingeleitet beobachtet«.[421]
Gegenüber dem Kapitelhaus läßt Domdechant Franz Konrad Graf von Stadion und Thannhausen, der spätere Fürstbischof von Bamberg, von 1739 an durch Justus Heinrich Dientzenhofer die Curia St. Hippolyti neuerrichten.[422] Dientzenhofers Aufriß der Fassade zum Residenzplatz überarbeitet Neumann im Hinblick auf eine städtebaulich gewichtigere Wirkung. Die Geschoßhöhe des Flügels und des links angrenzenden »Pavillons« (eigentlich die Schmalfront des stadtseitigen Flügels mit pavillonhafter Erscheinung) ist bei Dientzenhofer gleich. Neumann differenziert sie. Der dreigeschossige Pavillon gewinnt dadurch an Kraft und Eigenständigkeit gegenüber dem turmhaft wuchtigen Pavillon der Neuen Residenz ihm gegenüber. Statt der Dientzenhoferschen Walmdächer setzt Neumann Mansarddächer auf, mit größerer Traufenhöhe, als Dientzenhofer sie plant. Neumanns Dächer klingen formal nun mit dem des Pavillons der Neuen Residenz zusammen.
Der Residenzplan hat an der Südseite einen feinproportionierten Abschluß erhalten, der vor allem zur Geltung kommt, schaut man von der Alten Hofhaltung oder aus einem der Fenster der Neuen Residenz und sieht den Stadionschen Domherrenhof zwischen Residenzpavillon und Ostchor des Domes liegen. Andererseits ist der Blick von der Terrasse am Ostchor, dem sogenannten Domkranz, auf die malerischen Dächer der Stadt mit dem Turm der Martinskirche als point de vue architektonisch durch die Pavillons der Neuen Residenz und des Domherrenhofes höchst wirkungsvoll gefaßt.

Vornehm und sparsam wirkt die Architektursprache des Würzburger Domherrenhofes Marmelstein von 1747 für denselben Franz Konrad Graf von Stadion und Thannhausen, der in Würzburg Dompropst ist (vgl. Abb. S. 188f.). »Kein Giebel, kein Pilaster, nicht einmal Fensterlisenen tauchen auf, alles ist so einfach wie nur möglich gehalten – und doch wird jeder dem Bau anmerken, daß er etwas Besonderes bedeutet; er verkörpert eine Form, die ohne die entsprechende Gesinnung nicht denkbar ist.«[423]

Den Hof an der Ecke Domerschul-/Plattnerstraße konzipiert Neumann ebenfalls städtebaulich, indem er ihn auf ältere Domherrenhöfe der Umgebung bezieht. Die Planung geht von einer differenzierteren Erscheinungsform des Äußeren aus. Neumann erwägt Fensterlisenen mit Brüstungsfüllungen (wie am Bamberger Gegenstück) und ein Mansarddach.
In einem nächsten Planungsschritt fallen die Füllungen fort. Die Fassade gewinnt an Ruhe und Spannung. Statt des Mansarddaches jetzt ein Walmdach mit wirkungsvoll gesetzten Firstvasen, die Neumann liebt. Bei der Ausführung verzichtet er auch noch auf die Fensterlisenen. Nicht das Übereinanderliegen der Fenster durch drei Geschosse dominiert, sondern auch horizontale Kräfte sind spürbar. Man hat das Empfinden, »daß alles an seinem Platze im labilen Gleichgewicht wohl angebracht ist und keiner Stützung bedarf«.[424]

Für die Auffahrt zur Würzburger Residenz, die heutige Theaterstraße, liegen Pläne einer Hofbeamtensiedlung von 1739 vor: »*…vndt schicket sich gantz schön zu 3 stock vndt 2 stock häußer und höff, vndt alle in ihrer Ordnung und gleichheit.*«[425] Gerade dies mag erschrecken: Uniformität als offensichtlicher ästhetischer Hauptzweck. Man darf jedoch die Qualität dieser Architektur nicht übersehen. Neumann entwirft eine Folge lebendiger Bauorganismen in klarem rhythmischem Zusammenhang. Den dreigeschossigen Häusern weist er gequaderte Ecklisenen und Firstvasen auf dem Mansarddach zu, den zweigeschossigen Häusern Toreinfahrten in die Höfe. Durchgezogene Gesimse und die Tür-, Tor- und Fensterreihen binden die Gebäudezeile in der Waagerechten. Schmuck-

Bamberg, Katharinenspital

Würzburg, Domherrenhof Marmelstein. Erster und zweiter Entwurf, 1747. Delin II, 133 und 134

Würzburg, Domherrenhof Marmelstein

Domerschulstraße
Plattnerstraße
ZONE

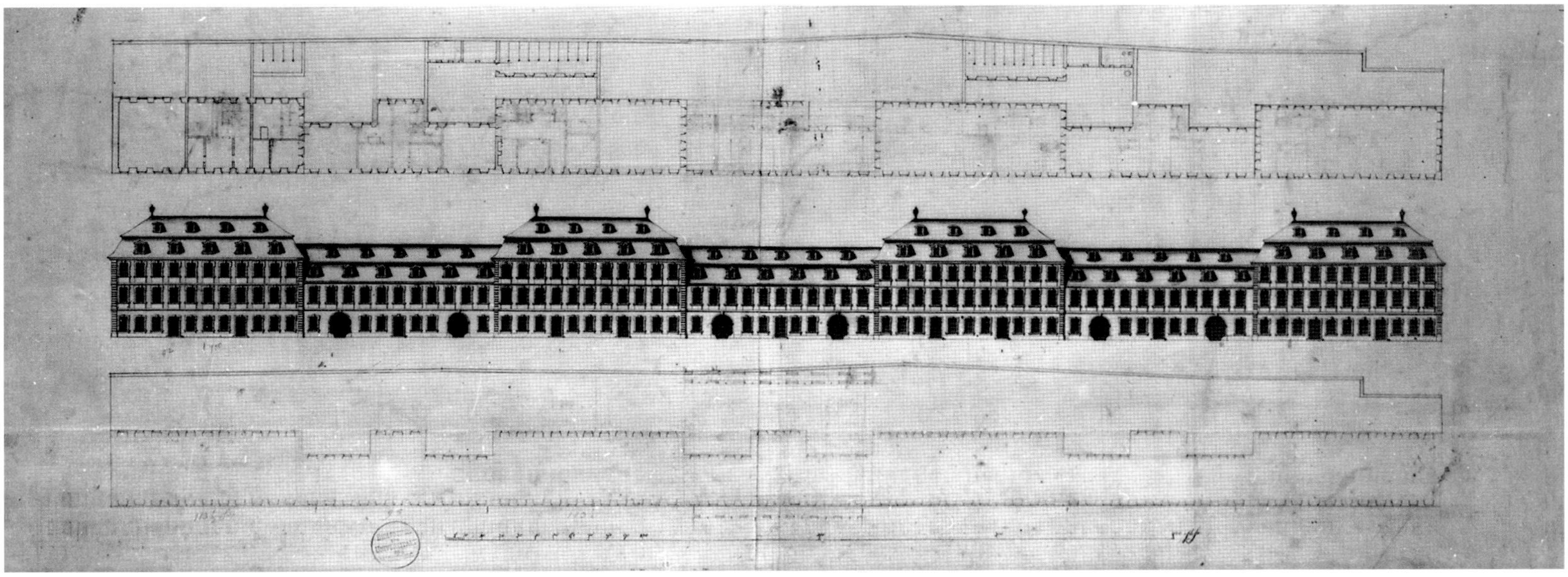

Würzburg, Entwurf zur Bebauung des Grabens, heute Theaterstraße, mit einer Hofbeamtensiedlung, 1739. Delin II, 152

pracht ist am Wege zur Residenz und für Hofbeamte unangemessen.

Aus Neumanns Wohnarchitektur sind Zierformen aber keineswegs verbannt. Schönstes Beispiel hierfür ist der im Zweiten Weltkrieg zerstörte Hof Rohmbach (1738–40) des Spezereienhändlers und Hoflieferanten Carl Anton Venino in Würzburg.[426] Das dreigeschossige Eckhaus mit Mansarddach ist im rustizierten Erdgeschoß durch Arkaden geöffnet. Dahinter liegen die Geschäftsräume Veninos. Die beiden Obergeschosse haben als einzige Vertikalelemente Quaderlisenen an den Ecken wie die dreigeschossigen Häuser der Hofbeamten. Die Fenster liegen eng beieinander, so daß sich eine Dominanz der Waagerechten von selbst ergibt. Die sorgsam profilierten Fensterrahmen bereichert Neumann mit Ornamentbekrönungen und Lambrequins unter den Fensterbänken. So entsteht auf den Wandflächen ein kontrastreiches dekoratives Spiel.

Einen anderen Typus von Kaufhaus oder »handlung hauß«, wie Fürstbischof Friedrich Karl von Schönborn es ausdrückt, konzipiert Neumann als Glanzpunkt seiner Neugestaltung des Marktes.[427] Der Vorentwurf (Delin II, 147) zeigt neben Grundrissen zwei verschiedene Aufrißlösungen. Das Gebäude ist als Block mit Mansarddach auf annähernd rechteckigem Grundriß errichtet. Um einen zentralen Lichthof gruppieren sich zu ebener Erde sieben voneinander unabhängige, nach außen durch Arkaden geöffnete Läden. Jedem ist ein Treppenhaus zugeordnet, über das die Geschäftsbesitzer ihre Wohnungen in den Obergeschossen erreichen können. Die dreigeschossige Gebäudevariante hat einen schlichten Wandaufriß mit seitlichen Begrenzungslisenen. Die viergeschossige Lösung sieht in den Arkadenpfeilern und -zwickeln sowie unter den Fenstern Blendfüllungen als bereichernde Elemente vor.

Der dreigeschossige Entwurf (Delin II, 146) entspricht dem 1739–1741 gebauten Kaufhaus. Seine Wirkung ist vor allem durch eine Abänderung im Bereich der Arkaden gegenüber dem Vorentwurf gesteigert. Dort schon bringt Neumann ein Spannungsmoment in die Gleichförmigkeit des Fassadenbildes ein, indem er je eine schmale Arkade absondert. Bei der Ausführung schiebt er zwischen je drei Arkaden an den Seiten ein Mittelstück aus großer Arkade und schmalen, aus der Achse verschobenen Durchgängen mit Oberlichtern und gestreckten Vierpaßfenstern darüber. »So erhält die sonst in der gleichmäßigen Ruhe ihrer Proportionen lagernde Fassade einen belebenden Akzent, einen Unterton gewissermaßen, der sich fast nur auf das Sockelgeschoß beschränkt.«[428] Neumann verfeinert die Wirkung des Gebäudeblocks durch sparsamen Dekor rund um die Fenster und verwandelt die Härte des Vorentwurfs in Freundlichkeit.

Der Schnitt durch das Kaufhaus verdeutlicht: Zu jedem Laden gehört im Zwischenstock ein gewölbter Lagerraum, der durch die vom Geschoßgesims abgeteilten Bogenfelder der Arkaden Licht erhält. Weitere Lagermöglichkeiten bieten die gewölbten Keller.

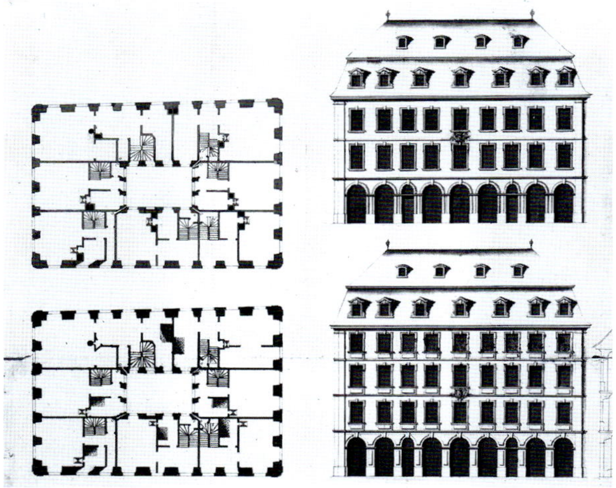

Würzburg, Vorentwurf für das Kaufhaus am Markt, 1739. Delin II, 147

Würzburg, Ausführungsentwurf für das Kaufhaus am Markt, 1739. Delin II, 146

Würzburg, Kaufhaus am Markt. Fensterdetail

In den Geschäften finden die Käufer alles fürs tägliche Leben, ohne lange Wege gehen zu müssen. Die Ladenbesitzer verfügen über gut geschnittene Wohnungen, die mühelos je nach Bedarf zu unterteilen sind. Nach außen strahlt das Kaufhaus Vornehmheit aus. Es dient der städtischen Repräsentation und demonstriert die fortschrittliche Gesinnung des Fürstbischofs. »Für alle diese Notwendigkeiten eine entsprechende Form gefunden zu haben, ist das uneingeschränkte Verdienst Neumanns, dessen Begabung hier in ganz neuem Licht erscheint; das Ganze nicht eine rein organisatorische, sondern in erster Linie auch künstlerische Aufgabe.«[429]

Pläne für Privathäuser zeichnet Neumann über das Jahr wohl 20 bis 30 mal, »*alles gratis, dan ich geschwind damit fertig bin* ...«[430] Die beiden Projekte für ein Landhaus um 1725 sind beispielhaft für das Bemühen um zweckgerechte Architektur auch für bescheidenere Wohnansprüche. Das Haus soll drei Wohnungen enthalten: im Erdgeschoß für einen Bauern, im Hauptgeschoß und im Mezzanin für einen Herrn und seinen Bediensteten. Gute Proportionen und Spannungsreichtum zwischen Anordnung und Form der Fenster prägen das Äußere, das bereits die Rangunterschiede der Bewohner zum Ausdruck bringt: Erdgeschoß und Mezzanin haben niedrige Räume und kleine Fenster, das Hauptgeschoß ist hoch und licht.

Klar und funktional die Raumverteilung des ersten Projekts. Der Eingang befindet sich an der Seite. Um den schmalen Flur, der sich zum Treppenhaus erweitert, liegen Küche, Milchkammer, Stube, Kammer, Vorratsgewölbe, die Treppe in den gewölbten Keller und die Toilette. Im Obergeschoß mündet das Treppenhaus in einen Vorraum mit gerundeten Ecken, von dem aus die Öfen für drei Zimmer zu heizen sind.

Die Dispostion des zweiten Projekts – sein Erdgeschoß ist nicht ganz so überzeugend gelungen wie im ersten Projekt – variiert Neumann noch um 1745 in seinen Modellentwürfen für Pfarrhäuser.[431]

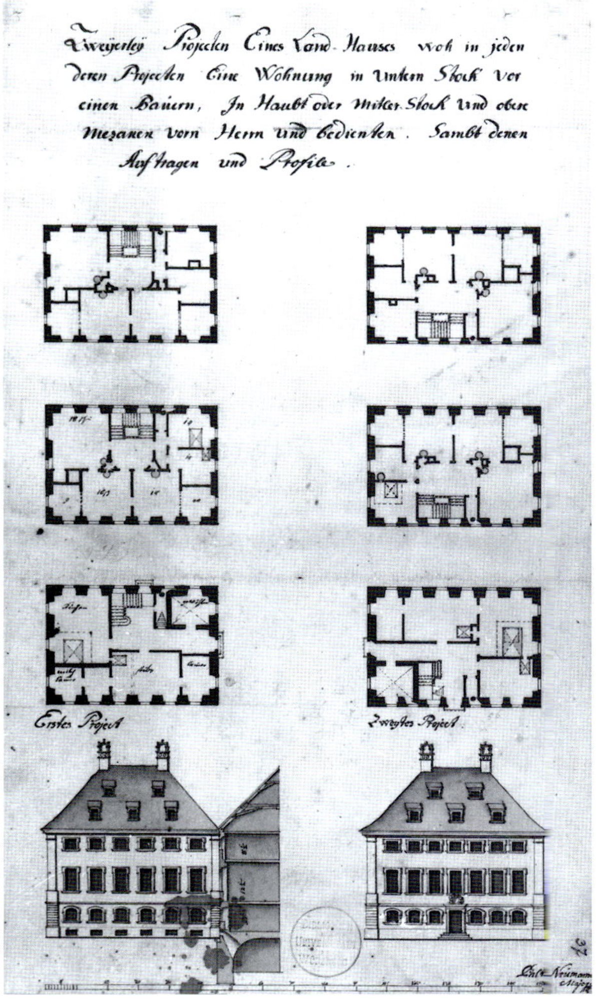

Entwürfe für ein Landhaus, um 1725. Delin II, 37

In Neumanns Briefen an Friedrich Karl von Schönborn ist häufig die Rede von Arbeiten an Festungswerken, die neu zu erbauen oder in guten Stand zu setzen sind. Imponierendes Beispiel einer Wehranlage, die Neumann nach dem Entwurf Maximilian von Welschs spätestens von 1724 an bis in die dreißiger Jahre hinein verwirklicht, ist der Maschikuliturm[432] in Würzburg am Südhang des Marienberges über dem Leistengrund. Viergeschossig für ein beträchtliches Verteidigungspotential errichtet, gilt dieser Turm als eine der originellsten Schöpfungen deutscher Festungsarchitektur.

Das Sockelgeschoß besteht aus zwei konzentrisch um den Gebäudekern gelegten Ringtonnen, die ungefähr als Halbkreis auf die Felswand des Abhangs stoßen. Die Außenwand hat eine Anzahl stufenförmig nach außen erweiterter rechteckiger Schießscharten für Geschütze. Der Oberbau tritt gegenüber dem Sockelgeschoß zurück. Das erste Geschoß zeigt rundbogig geschlossene Schießscharten, das zweite kreisförmige. Allseitig ist das Tal massiv zu bestreichen. Wohldurchdacht das System der Abzugkanäle für den Pulverdampf: Im Sockelgeschoß sind sie durch den Scheitel des Gewölbes geführt und außen mit einem Stein gedeckt, im ersten Obergeschoß ziehen sie schräg durch die Mauer und erscheinen außen als rechteckige Rauchlöcher über dem Gurtgesims. Im zweiten Obergeschoß liegen Abzugskanäle wiederum im Gewölbescheitel und zusätzlich schräg in der Außenwand, wo sie sich mit den Senkscharten der oberen Plattform, den Maschikulis, verbinden. Über eine Wendeltreppe gelangen die Verteidiger auf die Plattform und sind auf ihr durch eine hohe Brustmauer über einem Rundbogenfries geschützt. Nischen mit Gewehrscharten in der Brüstungsmauer und die Senkscharten unter den Rundbögen ermöglichen einen konzentrierten Einsatz von Handfeuerwaffen nach allen Richtungen. Zur Kernbefestigung des Marienbergs gelangt man durch einen gedeckten Gang.

Würzburg, Festung Marienberg, Maschikuliturm

Würzburg, Schnitt durch den Maschikuliturm von Franz Seberich, 1939

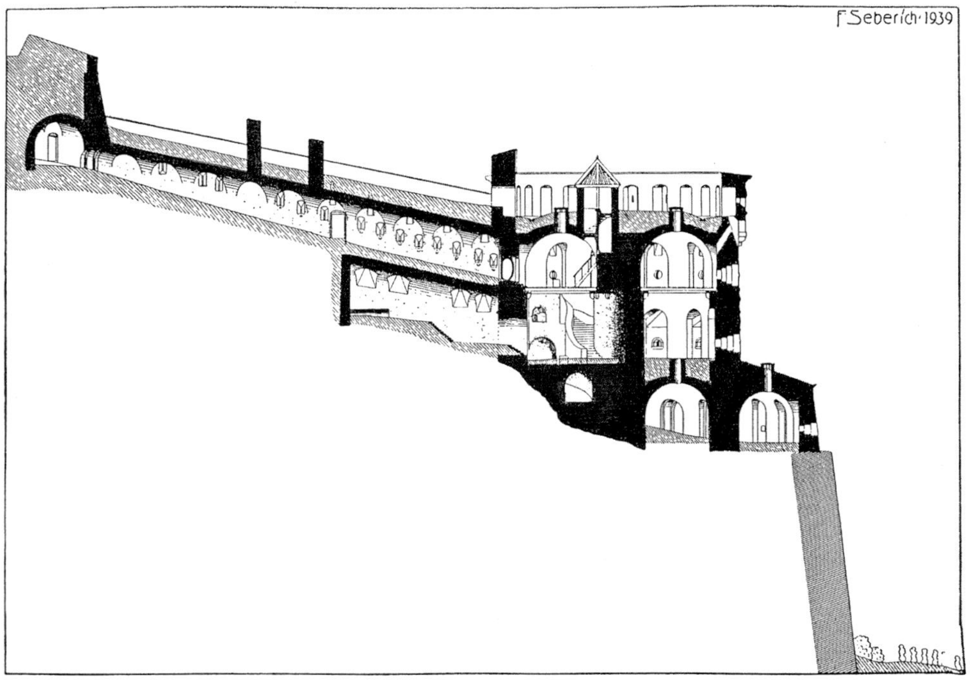

Mehrfach hat Neumann Brücken begutachtet und Vorschläge für ihre Instandsetzung erarbeitet. 1739 und 1751 entwirft er die »Untere Brücke« und die »Seesbrücke« über die Regnitzarme in Bamberg. Hans Reuther zählt die »Seesbrücke«, die Johann Jacob Michael Küchel verwirklicht, »zu den architektonisch qualitätvollsten steinernen Brückenbauten des deutschen Spätbarock, nicht zuletzt durch das gegensätzliche Spiel der Kurven von Brückenbogen und Eisnasen der Strompfeiler«.[433] Ursprünglich sind sieben Bögen und Pfeiler auf Natursteinfundamenten vorgesehen. Ausgeführt wird die »Seesbrücke« vierbogig, die Strompfeiler auf hölzernen Pfahlrosten gegründet und beidseits bis zur halben Höhe mit Eisbrechernasen versehen. Die »Seesbrücke« und die ebenfalls vierbogige »Untere Brücke«, beide aus Sandsteinquadern konstruiert und mit Skulpturen geschmückt, fallen 1784 einem außergewöhnlichen Eisgang zum Opfer.

Den Bamberger Brücken geht die sechsbogige Brücke über die Tauber in Tauberrettersheim voraus. Neumann erneuert sie 1733, nur 17 Jahre nach ihrer Entstehung. Sie ist aus Bruchstein errichtet und hat an den Oberstrompfeilern hohe Eisbrechernasen mit halbrunden Pfeilerpodesten. Entsprechende finden sich an der Unterstromseite auf halbrunden Pfeilervorlagen. Kraftvolle Plastizität und Schönheit der Bogenführung zeichnen die Tauberbrücke aus.

Würzburg, Maschikuliturm

Tauberrettersheim,
Tauberbrücke

Bereits anerkannter Meister des Wasserbaus, skizziert Neumann 1720 eine Mühlenbachüberführung durch den Wallgraben der Stadtbefestigung in Würzburg. Die Laufrinne aus Holz ruht auf zwei nach oben konisch verjüngten Steinpfeilern.[434]
Kühner und technisch nicht ohne Probleme ist das Projekt einer Wasserleitung in Koblenz, entworfen 1751–1753.[435] Kurfürst Franz Georg von Schönborn schlägt dem Stadtrat vor, auf mehreren Plätzen Springbrunnen aufrichten zu lassen. Das Wasser muß weit von jenseits der Mosel herangeführt werden. Neumann will es auf kürzestem Wege in Eisenröhren durch das Bett des Flusses leiten, aber der Rat fürchtet Schäden durch Hochwasser und Eisgang. Zwar teilt Neumann solche Bedenken nicht, doch stimmt er schließlich zu, die Röhren über die Moselbrücke zu verlegen. Statt der kostspieligen Röhren aus Eisen sollen »*steinerne*« aus Ton verwendet werden. Neumann möchte sie lieber länger und dicker haben als die örtlichen Kannenbäcker sie zu fertigen pflegen. Deshalb läßt er sich ihr Tonmaterial nach Würzburg kommen, um selbst Probestücke herzustellen. Unterdessen hat man auch in Koblenz experimentiert und Röhren aus zwei verschiedenen fetten Tonsorten gebrannt, mit unterschiedlichem Ergebnis: Die aus dem einen Material haben »*sich geblättert*«, die anderen den Brand überstanden. Neumann will die Ursache wissen und läßt sich beide Tonerden schicken, »*damit ich sehen vndt probiren könne, welche amb besten sein werdten vndt welche tauerhafter vndt den gewalt des wassers besser außtauern können*«.[436] Er findet heraus: Ein gutes Ergebnis erzielt, wer sich beim Brennen auf den behutsam abwägenden Umgang mit dem Feuer versteht.
Die Architekten in Koblenz bringen nichts Rechtes zustande, und Neumann stirbt, bevor er sein empirisch gewonnenes Wissen vor Ort erproben kann. Erst in den achtziger Jahren werden die Arbeiten an der Wasserleitung beendet: nach Neumanns erster Idee mit eisernen Röhren.

Bamberg, Seesbrücke. Stich von Johann Baptist Klauber nach Johann Georg Endres, 1784

Einsturz der Seesbrücke am 27. Februar 1784 durch außergewöhnlichen Eisgang. Deckfarbengemälde von Georg Friedrich Rübner im Bamberger Kolpinghaus

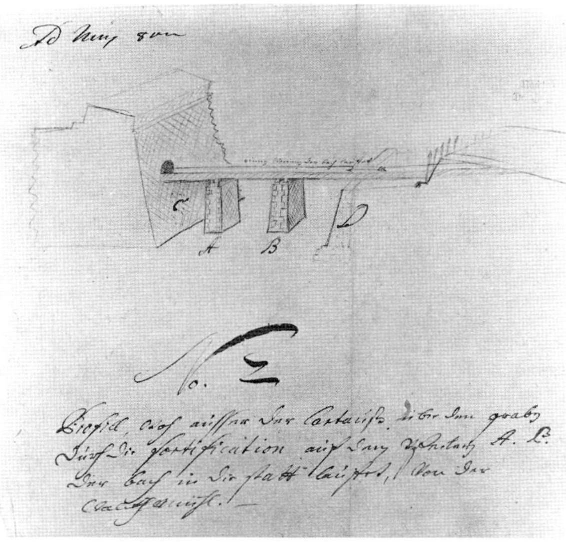

Würzburg, Bachüberführung durch den Wallgraben der Stadtbefestigung. Skizze von Balthasar Neumann, 1720. Würzburg, Stadtarchiv

Das Feuerwerk von 1725

Neumanns Feuerwerkskunst ist in einem einzigen Beispiel anschaulich geblieben: in seiner 1725 gedruckten »Beschreibung der brennenden Feuer-Bühn etc«.[437] Er richtet das Feuerwerk ein auf Anordnung des Fürstbischofs Christoph Franz von Hutten zu Ehren der Erzherzogin Elisabeth von Österreich anläßlich ihres Aufenthalts in Würzburg 1725. Die Fürstin unterbricht hier ihre Reise in die Österreichischen Niederlande, wo sie ihr Amt als Statthalterin übernimmt. Zur Beschreibung des Feuerwerks gehört ein Stich nach einer vielleicht eigenhändigen Zeichnung Neumanns.[438]

Das Spektakulum, für den Abend des 22. September 1725 inszeniert, ist eine Huldigung in vier Akten, jeder mit mehreren Bildern. Zeichnung und Stich fassen alle wesentlichen Bilder zusammen, als spielten sie sich ab in einem einzigen Moment. Unbekannt der Entwerfer des Programms.

Ein Feuerwerk ist nicht nur Ausdruck barocker Festesfreude, sondern zugleich ein vorzügliches Mittel der politischen Demonstration. Kaum nachhaltiger kann der Fürstbischof seine Loyalität gegenüber dem Kaiserhaus bekunden als in einem Schaugepränge solcher Art.

Aufführungsorte sind die vom Fluß umspülte Bastion St. Andreas im nördlichen Mainviertel und der Main selbst.[439] Der Bastion paßt Neumann eine Feuerwerksbühne »*gleich einem eröffneten Theatro*« ein. Sie hat die Form eines gleichseitigen Dreiecks, jede Seite 250 Schuh lang. Die Feuerwerker, die mit Lunten auf Kommando die Feuerwerkskörper zünden, sind hinter einer beträchtlichen Anzahl an architektonischen und figürlichen Versatzstücken aus vergänglichen Materialien verborgen. Diesen Versatzstücken sind Geschütze und Mörser zugeordnet. Beschreibungen und Bilddokumente zeugen für Neumanns Souveränität, sinnbildliche Aussagen mit den Raffinessen der Pyrotechnik zu verbinden.

Der erste Akt handelt vom Verlangen der Österreichischen Niederlande, Erzherzogin Elisabeth als Statthalterin zu begrüßen. 18 Kanonen feuern zur gleichen Zeit eine Salve ab. Allegorien, Hoffnung und Verlangen, entzünden – so sehen es die Zuschauer – alle die Feuer, die ununterbrochen brennen. Darauf erstrahlen das kaiserliche und die niederländischen Wappen, von vielen Raketen, Lustkugeln und »*in der Lufft spielenden Feueren hell beschienen*«. Im dritten Bild kommen Hauptfiguren ins Spiel, »*theils in grossen feurigen Sonnen-Strahlen / theils in andern hell-schimmerenden Flammen*«: auf der hinteren Spitze des Dreiecks unter einem Baldachin Kaiser Karl VI., in der Mitte der seitlichen Dreieckschenkel die Allegorien Brabants und Flanderns, die dem Kaiser ihr Verlangen nach der Statthalterin unterbreiten. Was die Allegorien zu sagen haben, verkünden die Inschriften auf ihren Sockeln. Mit Hoffnung und Verlangen erstrahlen zwei Niederländische Löwen, auch sie mit einem Spruch, der die Sehnsucht nach der Ankunft der Erzherzogin zum Ausdruck bringt. Das nächste Bild bietet reinstes Schauvergnügen: »*brennende und ausfahrende Lust-Feuer*« im Vordergrund vor der Galerie. Fünf Genien steigen »*in einem lichten Feuer-Strohm in die Lufft*«, voran der Genius des Herzogtums Franken. Sie tragen Beischriften oder die Wappen der österreichisch-niederländischen Provinzen. Nach einem weiteren Bild mit ausfahrenden Feuern und Raketen »handeln« neue Figuren: die vier Vorgängerinnen Elisabeths als Statthalterinnen. Sie sind an den vorderen Ecken des Bühendreiecks aufgestellt und wenden sich mittels ihrer Sockelverse an die Erzherzogin: »*Die Tugend / so mit Dir den Fürsten-Stab wird führen / Ist zwar der Unseren gleich / ja was in Vier zertheilt Die Welt bewundert hat / in Dich zusammen eylt: Drum wirst auf gleiche Art / mit grösserem Glück regieren.*« Als Schlußeffekt des ersten Aktes kreisen Feuerräder »*auf vielerley Arth*«; Sonne und Mond auf Pyramiden beleuchten die Vorgängerinnen Elisabeths.

Der zweite Akt führt die Ernennung der Erzherzogin als Statthalterin durch Kaiser Karl VI. vor Augen. Alle Wappen, Figuren, Sonne und Mond brennen »*in stäter Beleuchtung ohnaufhörlich*« fort, während die 18 Kanonen die Vorstellung eröffnen. Die Aufmerksamkeit der Zuschauer erregt der in Feuer getauchte Thronbaldachin. Hier überreicht Karl VI. der Erzherzogin den niederländischen Herrscherstab, und der Spruch auf einem Wappensockel beinhaltet den Wunsch, die Beglückte möge rasch ins Land ihrer Statthalterschaft kommen.

Feuerwerk beim Besuch der Erzherzogin Elisabeth von Österreich in Würzburg 1725. Stichvorlage von Balthasar Neumann. Stuttgart, Württembergische Landesbibliothek

Nach weiteren Huldigungsbildern, durch Lustkugeln und anderem abwechslungsreich unterbrochen, bietet Neumann eine pyrotechnisch delikate Schlußfiguration: Am Himmel spannt sich »*unter abermahls auslauffenden Feuer...ein angenehmer viel-färbiger Regen-Bogen / als ein Zeichen deß letzten Kayserlichen Spanischen Friedens...fliegende Wasser-Kuglen / Lust-Kuglen / unaufhörlich auffsteigende Rageten vermehren den Glantz deß Regen-Bogens / und schliessen die zweyte Vorstellung*«.

Der dritte Akt – die Freude der Österreichischen Niederlande vor der Ankunft der Statthalterin – spielt auf einem Felsen nahe der Bastion im Main: inmitten der »*Niederländische*(n)*See*«. Auf dem Felsen erscheint beim Eröffnungssalut der 18 Kanonen Elisabeth als Aurora in einem von Meerpferden gezogenen Triumphwagen, »*rings um mit lindem Feuer bestrahlet*«. Es wird entfacht von einem Schnurfeuerwerk: durch einen Adler, der mittels eines Raketensatzes an einer Schnur vom Thronbaldachin des Kaisers zum Felsen hinüberjagt. Dann setzt Wasserfeuerwerk ein: Flußgöttinnen – Thetis, Schelde, Maas, Leie (frz. Lys), Main – schicken »*unter spielenden / mit Rageten untersetzten Wasser-Kuglen*« brennende, mit Kaufmannsgütern und Waffen beladene Schiffe in die »*See*«, wo sie sich »*Mit abermahl untersetzten Rageten unter vielen Freuden-Knallen endlich verzehren*«. Im Wasser schwimmende Nymphen und Sirenen weisen wie die Flußgöttinnen und andere Allegorien Huldigungsschriften vor. Mit Raketen steigen Genien der Österreichischen Niederlande empor, und während es Sterne regnet, ein Bienenschwarm die Luft durchschwirrt und sich ein Regenbogen formt, präsentieren die Genien in der Höhe freudige Lobsprüche auf die Statthalterin. Im Abschlußbild vermischen sich Feuerkugeln auf dem Wasser, Raketen und Lustkugeln auf der Bastion zu einem Schauspiel, wie es der Stich vergegenwärtigt.

Thema des letzten Aktes ist der Glückwunsch des Hochstifts Würzburg und des Herzogtums Franken an die Erzherzogin zu ihrer Ernennung als Statthalterin. Als Entree 18 Kanonenschüsse. Lustfeuer lenken die Aufmerksamkeit auf die vordere Galerie. In ihrer Mitte werden die Allegorien des Hochstifts und des Herzogtums samt ihrer Sockelinschrift von Licht umhüllt. Auf einer Säule flammt die Kaiserkrone auf. In Feuer gleißen die Initialen des Kaisers, die der Erzherzogin und »*der hertzliche und über zwey hohe Pyramiden auffsteigende Wunsch: Vita & Felicitas*«. Mond und Sonne stehen im Strahlenkranz. »*Die brennende Glückwünschungen werden mit unablößlichen auslauffenden Lust-Feuren in der Gallerie, und vor den vielen in unterschiedlichen Stellungen deß Theatri aufgerichteten Pyramiden hervor steigenden Kunst-Flammen vergesellschaftet.*« Im vorletzten Bild lassen Regenbögen, Pfauenschwanz, Sternregen und Bienenschwarm erstaunen. Zum Schluß der »*feurige(n) Opera*« schreiben Raketen ein 100 Schuh hohes Vivat an den Himmel.

»... DIE GNAD GEHABT, EINIGE GUTE UNTERTHÄNIGSTE DIENSTE ZUM GNÄDIGSTEN VERGNÜGEN ZU TUN...«

Würdigung

Neumann genießt zu Lebzeiten hohes Ansehen. Er ist nach 1740 der bekannteste Baumeister zwischen Bonn und Konstanz, vom Rhein bis zur Donau. Kurfürsten und andere Herrscher hätten ihn geliebt wegen seiner Kunst und seiner großen Erfahrung in der Architektur, vermerkt Pfarrer Geißler beim Tode des Künstlers (vgl. S. 48). Christian Bönicke nennt Neumann 1788 einen Baumeister »von der ersten Klasse und einer der verdientesten Männer in unserem Fürstentume«.[440]
Mit der Abkehr vom Barock schwindet im 19. Jahrhundert auch die Erinnerung an Neumann. Das Verdienst, ihn aus der Vergessenheit für die Kunstgeschichte wiederentdeckt zu haben, kommt Cornelius Gurlitt zu. Vorsichtig wagt er 1889 das Urteil: der »vielleicht größte Baukünstler seiner Zeit«.[441]
Eine vortreffliche Charakterisierung des Künstlers gibt 1917 Georg Eckert. Er stellt Neumann Johann Lucas von Hildebrandt gegenüber und erkennt den Unterschied ihrer künstlerischen Naturen: »auf Hildebrandt's Seite ist ein lebhaftes Temperament und eine sprudelnde Phantasie, Neumann war mehr der denkende Kopf, dem eine anschauliche Klarheit der künstlerischen Empfindung angeboren war.« Eckert sieht Neumann als Raumkünstler an der Spitze seiner Zeit, in seinen großen Schöpfungen hat er bleibende Werte einer im höheren Sinne wahrhaft fürstlichen Kunst hinterlassen.[442]
Ernüchternd dagegen die Meinung Richard Sedlmaiers und Rudolf Pfisters als Ergebnis ihrer Forschungen über die Würzburger Residenz zu Anfang der 1920er Jahre: Neumann ist niemand anderes als ein bauleitender Beamter, begabt zwar als Konstrukteur und Organisator, aber kein künstlerisch-schöpferisches Genie der Baukunst. Dies bestätigt ihnen ein Vergleich der Klosterkirche Banz mit Vierzehnheiligen: »Dort die intuitive Schöpfung eines wohl nicht weltmännischen, aber gottbegnadeten deutschen Künstlers, hier die Leistung eines virtuosen Konstrukteurs, der ›komplizierte‹ Innenraum, in dem man jenseits der unzerstörbaren Qualitäten der Zeit vergeblich nach dem warmen göttlichen Funken der genialen einheitlichen Konzeption sucht.«[443] Aus heutiger Sicht ein Fehlurteil.
Die Gegenposition bezieht 1935 Adolf Feulner. Er weist auf neue Funde[444] hin, die die überragende Bedeutung Neumanns wieder geklärt hätten. »Jetzt übersehen wir seine künstlerische Entwicklung, wir wissen, daß er gelernt und gerungen hat, bis er die letzten Möglichkeiten seiner Zeit erschöpft hat. Wenn wir die Zahl der künstlerischen Höchstleistungen und die Vielseitigkeit seines Wirkens als Maßstab nehmen, dürfen wir ihn sogar den größten Architekten des achtzehnten Jahrhunderts nennen... Die mathematische, wissenschaftliche Arbeit des Ingenieurs und Konstrukteurs, die ununterbrochene Beschäftigung mit technischen Aufgaben war Neumanns Beruf. Das künstlerische Schöpfertum war sein Schicksal und seine Bestimmung. Die eine Wirksamkeit ist bei ihm ohne die andere nicht denkbar. Die sachlichen Vorzüge seines Wissens und Könnens, gesteigert bis zur blinden, niemals versagenden Sicherheit im Konstruktiven, sind geradezu das Fundament seines Künstlertums. Sie sind die unentbehrlichen Vorgaben für die Kühnheit der künstlerischen Lösungen seiner Spätzeit.«[445]

Rückblick

Vergegenwärtigt man sich noch einmal die Aufgaben und Themen Neumannscher Architektur, so steht im profanen Bereich an erster Stelle der Schloßbau mit einer Sonderaufgabe, die Neumann besonders schöpferisch werden läßt: die Gestaltung von Treppenhäusern.
Im sakralen Bereich sind Neumanns wichtigste Themen die Wölbrotunde und der kurvierte Raum. Nach Bärbel Manitz hat Neumann die Wölbrotunde selbst erfunden. »Sie ist das große Schaustück in seinen Kirchenräumen... Die Wölbrotunde ist ein

200 Wallfahrtskirche Vierzehnheiligen, Gnadenaltar

absolutistischer Baugedanke, die als Kraftzentrum im Gesamtraum herrscht. Sie erscheint mit ihren freistehenden Doppelsäulen als besonders luxuriöses Schaustück im Raumbild, so als wollten die Säulen auch ihren allegorischen Wert, ihre ›fortitudo‹, optimal demonstrieren.«[446]

Neumanns Tätigkeit im Städtebau ist weitgehend abhängig von der Schloßbaukunst oder anderen Bezugspunkten und Aspekten fürstlichen Bauens. Rein urbanistische Erwägungen außerhalb dieses Spektrums spielen eine untergeordnete Rolle.

Die Formensprache Neumanns ist an französischer, italienischer, böhmischer und wienerischer Architektur zu einer persönlichen Ausdrucksweise entwickelt. Anders als Maximilian von Welsch, dessen Schöpfungen oft ein bestimmtes Vorbild keineswegs leugnen, läßt sich bei Neumann nur selten nachweisen, auf welche Vorlagen er konkret zurückgegriffen hat. Er bezeugt aber selbst, wie wichtig ihm Stiche und auf Reisen Gesehenes sind, um *»damit hernach componiren«*[447] zu können.

Französischer Anregungen bedient er sich, ohne daß er sich blind vom französischen Klassizismus prägen läßt. In Frankreich findet er bestätigt, was ihm bereits vor seiner Paris-Reise geläufig ist: daß die Schönheit eines Bauwerks auf der architektonischen Gliederung und auf ihren Proportionen beruht. Für Neumann hat stets *»architectur«*, der konsequente, klare Vortrag tektonischer Elemente wie Säule und Pilaster, den Vorrang.

Neumanns Wölbkunst ist kaum vorstellbar ohne Guarino Guarini (1624–1683). Dessen höchst artifizielle Konstruktionen in Turin (San Lorenzo, Cappella Santissima Sindone am Chor des Domes) könnte der Fähnrich bei seinem Aufenthalt in Mailand bewundert haben. Zumindest werden ihm die Raum- und Gewölbebildungen des Italieners in Stichen bekannt gewesen sein. Guarini meint, die Architektur sei abhängig von der Mathematik – »aber die schöpferischen Formen Guarinischer Bauten sind mehr als angewandte Mathematik. Sie sind eine besondere und neue künstlerische Anschauung«.[448] Neumann ist mit Vierzehnheiligen und Neresheim auf seine Weise ihr Vollender. Aber nicht in direkter Linie von Guarini her, der Weg führt über die Wölbformen spätbarocker Sakralbauten auf gekurvtem Grundriß in Böhmen und – entscheidend – über Johann Dientzenhofer, dem Mittler zwischen der böhmischen Guarineske zu Neumann. Nach Manitz haben die böhmischen und guarinesken Vorraussetzungen allerdings »mehr einen allgemeinen Quellenwert«[449] für Neumann. Letztlich dominiert das Eigenschöpferische. Viel verdankt Neumann Johann Lucas von Hildebrandt.[450] Neumanns Fassadenstil, klar, oft nüchtern, gewinnt durch Hildebrandts Vorbild, durch sein »sensibles Gefühl für Proportionen, für Bewegung und Auflösung der architektonischen Materie einen Reichtum an differenziertem Ausdruck, der Neumanns genialer Begabung ursprünglich nicht in solchem Maß gegeben«[451] ist. Hildebrandts Leitmotiv, den großen, geschweiften und geknickten Giebel, im Feld oft mit prunkendem Relief geschmückt, macht Neumann zu dem seinen. Ein Plagiat? Nicht in der Denkweise des 18. Jahrhunderts. Man ist überzeugt, daß aus vielen guten Ideen eine bessere zu entwickeln ist. Vollendete Kunstformen eines anderen nimmt man ohne Scheu in die eigene Schöpfung auf und gibt sich Mühe, ihnen noch vollkommenere Gestalt zu verleihen.[452] Hildebrandts Einfluß berührt »kaum das Wesentliche der Begabung Neumanns, aber es erhebt die Auseinandersetzung mit Hildebrandts gegensätzlicher Natur Neumanns persönliche Kraft zu jenem vollen Umfang ihrer künstlerischen Größe, die an der Würzburger Residenz gegenüber allen anderen Denkmälern seines Schaffens im Profanbau unvergleichlich geblieben ist«.[453] Indem Neumann Hildebrandtsche Formen adaptiert, bejaht er die künstlerische Kompetenz seines Rivalen. Edgar Lehmann hat am Beispiel der Pläne für Langheim demonstriert, wie wenig die stilistische Stellung eines Neumann-Planes Indiz für seine zeitliche Stellung im Werdeprozeß eines Werkes ist. Für Neumanns Arbeitsweise scheine es vielmehr charakteristisch zu sein, daß er immer wieder, vor allem in Vorentwürfen, aber auch in Entwürfen, die von ihm zur Ausführung bestimmt worden seien, auf ältere Gedanken zurückgreife, wenn sie ihm für den Charakter der neuen Aufgabe angemessen erschienen. »So bekommt sein Schaffen gleichsam einen polyphonen Charakter. Er greift häufig neue Motive auf, aber er entwickelt nicht nur diese weiter, sondern verwendet, variiert, immer wieder auch die älteren Gedanken. Manche Motive tauchen schließlich gänzlich unter, die entscheidenden Grundvorstellungen aber begleiten ihn sein ganzes Schaffen hindurch, und sie zeigen nun doch auch, trotz aller retardierenden Rückgriffe, eine allmähliche Weiterentwicklung und Reifung.«[454] Lehmann

Würzburg, Hofkirche der Residenz. Stich von Johann Balthasar Gutwein nach Balthasar Neumann, 1745

belegt dies an der Ausbildung des Langhauses und der Vierung: Der ganze Motivschatz von Münsterschwarzach bis Neresheim ist bei der Langheim-Planung präsent.
Welchen Maßstab legt Neumann an seine Architektur? Vierzehnheiligen, sagt er, soll vollkommen und meisterhaft werden. Nicht nur für diese, für jede Schöpfung wird das Höchste erstrebt, was über ein Kunstwerk zu sagen ist, selbst dann, wenn wie in Maria-Limbach nur begrenzte Mittel vorhanden sind. Vollkommenheit ist nicht allein der Maßstab für die Erscheinungsform einer Architektur. Vollkommen haben auch Bauausführung, Mauer- und Gewölbetechnik zu sein.
Neumann legt Wert darauf, daß seine Bauwerke im Kupferstich so authentisch wie möglich erscheinen und nicht durch *»schmirkupfer«*[455] ins falsche Licht geraten. Deswegen macht er sich selber daran, seine Kirchen in Münsterschwarzach und Kitzingen-Etwashausen, die Schloßkapelle in Werneck und die Hofkirche in Würzburg für den Stecher zu zeichnen.[456] Um seine technische wie künstlerische Leistung dem Betrachter vorstellbar zu machen, wählt Neumann eine besondere Art der Wiedergabe. Wie bei einem Modell, das aufzuklappen ist und dessen Einzelteile entfernt werden können, schneidet er den Baukörper auf und zeigt mehr, als in der Realität mit einem Blick zu erkennen ist. Beim Stich der Hofkirche nimmt er nicht nur die Fassadenwand heraus, sondern auch die Orgelempore bis auf die Säulensockel und -basen weg. Nun erlebt der Betrachter, wie der Raum mit den Säulenstellungen strukturiert ist, wie er sich, plastisch differenziert und durch Licht modelliert, in die Tiefe erstreckt, wie die Gewölbe untereinander zusammenhängen: geschmeidig sich rundende Schalen. Angedeutet ist der Reichtum der Dekoration. Die Weihehandlung in Gegenwart zahlreicher Bischöfe verstärkt die Assoziation von Feierlichkeit.
Ähnlich die Stichvorlage mit dem Einblick in die Wernecker Schloßkapelle. Die Zweischaligkeit der

Werneck, Schloßkapelle. Stichvorlage von Balthasar Neumann, 1745 (?). SE CII*

Raumarchitektur, der Rhythmus der schlanken Nischen, ihre Kalotten und wie sie in das zentrale Kuppelgewölbe einschneiden, die Wirkung der (nur teilweise verwirklichten) Dekoration, die Ausstattung mit Hochaltar und Bänken, der meisterlich gezimmerte Dachstuhl: jedes Detail ist wichtig und mit Sorgfalt gezeichnet.

Die wahrhaft Großen unter den Dichtern und Künstlern, meint Jacob Burckhardt, legitimierten sich als solche durch die Herrschaft, die sie bisweilen schon zu Lebzeiten über ihre Kunst ausübten, »wobei, wie überall, die Erkenntnis oder stille Überzeugung mitwirkt, daß die große Begabung stets etwas höchst Seltenes sei. Es bildet sich das Gefühl, daß d i e s e r Meister absolut unersetzlich sei, daß die Welt unvollständig wäre, nicht mehr gedacht werden könnte ohne ihn.«[457]

Balthasar Neumann gehört zu den Künstlern dieses Schlags. Man messe sein Schaffen am Œuvre eines Johann Lucas von Hildebrandt, eines Johann Michael Fischer, eines Johann Conrad Schlaun und der anderen berühmten Architekten, die seine Zeitgenossen sind: Vieles wird sich als unverwechselbar und unvergleichlich erweisen. Räume wie die Treppenhäuser in Würzburg, Brühl, Bruchsal und die projektierten für Stuttgart und Wien sind im Barock nie grandioser ersonnen worden. Die Hofkirche in Würzburg, das Käppele, Vierzehnheiligen, Neresheim, sie alle sind nicht nur Höhepunkte Neumannschen Wirkens. Hier erreicht die Kunst des räumlichen Gestaltens im Sakralbau des Barock ihren Gipfel. Ohne Neumann eine für uns unvollständige, eine nicht vorstellbare Welt.

Als Lernender gibt Neumann den Ratsherren seiner Vaterstadt Eger zu verstehen, seine Geschicklichkeit habe er schon erproben können, und er werde »*etwas Seltsames*« zeigen, wenn er einmal das Glück habe, sich in der Praxis zu bewähren.[458]

Neumann hat Großes verwirklicht: Weltarchitektur.

Neresheim, Benediktinerabteikirche. Blick in den Innenraum

Abkürzungen im Text

Delin	Universitätsbibliothek Würzburg, Delineationes.
Hdz	Kunstbibliothek Berlin, Staatliche Museen Preußischer Kulturbesitz, Handzeichnungen: Reuther (43).
SE	Mainfränkisches Museum Würzburg, Sammlung Eckert: Hotz (22), Hotz/Muth/Sperzel/Trenschel (51). Ein * hinter der Ziffer bedeutet Kriegsverlust.
( )	Klammern in Zitaten schließen Ergänzungen oder Erklärungen des Verfassers ein.

Literatur-Verzeichnis (Auswahl)

Weitere Literatur ist in den Anmerkungen aufgeführt.

Bibliographien und Forschungsberichte

1 Eberhard von Cranach-Sichart, Balthasar Neumann, in: Thieme/Becker, Allgemeines Lexikon der bildenden Künstler 25, Leipzig 1931, S. 411 f.

2 Max H. von Freeden/Harald Keller, Balthasar Neumann (Literaturbericht), in: Zeitschrift für Kunstgeschichte 6, 1937, S. 260 ff.

3 Hans Reuther, Neues Schrifttum über Balthasar Neumann, in: Kunstchronik 6, 1953, S. 209 ff.

4 Ders., Nachtrag zum Balthasar Neumann Jubiläumsjahr 1953, in: Kunstchronik 7, 1954, S. 35 ff.

5 Ders., Die mainfränkische Barockarchitektur. Der gegenwärtige Stand der Forschung, in: Zeitschrift für Kunstgeschichte 22, 1959, S. 268 ff.

6 Hanna Lasch, Architekten-Bibliographie. Deutschsprachige Veröffentlichungen 1920–1960, Leipzig 1962 (über Balthasar Neumann S. 120 ff.).

7 Hans Wichmann, Bibliographie der Kunst in Bayern 3, Wiesbaden 1967, Nr. 39544–39665.

Quellensammlungen

8 Karl Lohmeyer, Die Briefe Balthasar Neumanns von seiner Pariser Studienreise 1723, Düsseldorf 1911.

9 Ders., Die Briefe Balthasar Neumanns an Friedrich Karl von Schönborn, Fürstbischof von Bamberg und Würzburg, und Dokumente aus den ersten Baujahren der Würzburger Residenz, Saarbrücken 1921.

10 Quellen zur Geschichte des Barocks in Franken unter dem Einfluß des Hauses Schönborn. I. Teil: Die Zeit des Erzbischofs Lothar Franz und des Bischofs Johann Philipp Franz von Schönborn 1693–1729, 1. Halbband, unter Mitwirkung von Anton Chroust bearb. von P. Hugo Hantsch und Andreas Scherf, Augsburg 1931. – 2. Halbband, bearb. von Max H. von Freeden, Würzburg 1950 ff.

Monographien

11 Joseph Keller, Balthasar Neumann. Artillerie- und Ingenieur-Obrist, Fürstlich Bambergischer und Würzburger Oberarchitekt und Baudirektor, Würzburg 1896.

12 Fritz Knapp, Balthasar Neumann. Der große Architekt seiner Zeit, Bielefeld – Leipzig 1937.

13 Max H. von Freeden, Balthasar Neumann. Leben und Werk, 3. Aufl. München – Berlin 1981.

14 Hans Reuther, Balthasar Neumann. Der mainfränkische Barockbaumeister, München 1983 (mit umfangreicher Bibliographie).

15 Bernhard Schütz, Balthasar Neumann, 2. Aufl. Freiburg – Basel – Wien 1987.

16 Wilfried Hansmann, Balthasar Neumann. Leben und Werk, 3. Aufl. Köln 1988.

Ausstellungskataloge

17 Balthasar Neumann. Leben und Werk. Gedächtnisschau zum 200. Todestage in der Residenz Würzburg, 21. Juni – 18. Oktober 1953, Würzburg 1953.

18 Balthasar Neumann in Baden-Württemberg. Bruchsal – Karlsruhe – Stuttgart – Neresheim. Ausstellung zum Europäischen Denkmalschutzjahr 1975, Staatsgalerie Stuttgart, 28. September – 30. November 1975, Stuttgart 1975.

19 Fünf Architekten aus fünf Jahrhunderten. Zeichnungen von Hans Vredeman de Vries, Francesco Borromini, Balthasar Neumann (bearb. von Hans Reuther), Hippolyte Destailleur, Erich Mendelsohn. Ausstellung in Berlin, Baden-Baden, Bonn, Zürich 1976/1977, Berlin 1976.

20 Aus Balthasar Neumanns Baubüro. Pläne der Sammlung Eckert zu Bauten des großen Barockarchitekten. Sonderausstellung aus Anlaß der 300. Wiederkehr des Geburtstages Balthasar Neumanns, Mainfränkisches Museum Würzburg, 16. Mai – 19. Juli 1987, Würzburg 1987.

21 Erich Hubala, Balthasar Neumann 1687–1753. Der Barockbaumeister aus Eger. Ausstellung der Stadt Wendlingen am Neckar 1987, Stuttgart 1987.

22 Jagdschlösser Balthasar Neumanns in den Schönbornlanden. Ausstellung im Martin von Wagner Museum der Universität Würzburg, Residenz Würzburg, 15. Mai – 3. Juli 1994. Arbeitsheft 68, Bayerisches Landesamt für Denkmalpflege, München 1994.

Werkgruppen, Einzelwerke und sonstiges

23 Hans W. Hegemann, Die Altarbaukunst Balthasar Neumanns, Marburg 1937.

24 Hans Reuther, Die Kirchenbauten Balthasar Neumanns, Berlin 1960.

25 Liselotte Andersen, Studien zu Profanbauformen Balthasar Neumanns. Die großen Residenzprojekte für Wien, Stuttgart und Karlsruhe, Diss. München 1966.

26 Christian F. Otto, Space into Light. The Churches of Balthasar Neumann, New York – Cambridge (Mass.) – London 1979.

27 Georg Eckert, Balthasar Neumann und die Würzburger Residenzpläne. Ein Beitrag zur Entwicklungsgeschichte des Würzburger Residenzbaues, Straßburg 1917.

28 Richard Sedlmaier/Rudolf Pfister, Die fürstbischöfliche Residenz zu Würzburg, Text- und Tafelband, München 1923.

29 Walter Boll, Die Schönbornkapelle am Würzburger Dom. Ein Beitrag zur Kunstgeschichte des XVIII. Jahrhunderts, München 1925.

30 Richard Teufel, Vierzehnheiligen, 2. Aufl. Lichtenfels 1957.

31 Wilfried Hansmann, Das Treppenhaus und das Große Neue Appartement des Brühler Schlosses. Studien zur Gestaltung der Hauptraumfolge, Düsseldorf 1972.

Würzburg, Schönbornkapelle. Blick in das Gewölbe

32 Helmut-Eberhard Paulus, Die Schönbornschlösser in Göllersdorf und Werneck. Ein Beitrag zur süddeutschen Schloß- und Gartenarchitektur des 18. Jahrhunderts, Nürnberg 1982.
33 Erich Hubala/Otto Mayer, Die Residenz zu Würzburg. Aufnahmen von Wolf-Christian von der Mülbe, Würzburg 1984.
34 Erich Schneider, Die barocke Benediktinerabteikirche Münsterschwarzach, Neustadt /Aisch 1984.
35 Michael Petzet (Hg.), Die Restaurierung der Wallfahrtskirche Vierzehnheiligen. Text- und Bildband mit Anhang. Arbeitsheft 49/1 u. 49/2, Bayerisches Landesamt für Denkmalpflege, München 1990.
36 Johann Kettner, Balthasar Neumann in Gößweinstein. Das Baugeschehen nach den Schriftquellen, Münster – Hamburg 1993.
37 Doris Fischer, Die St. Paulinuskirche in Trier. Studien zu Architektur, Bau- und Planungsgeschichte, Worms 1994.
38 Udo Mainzer (Hg.), Die Wallfahrtskirche auf dem Kreuzberg in Bonn. Arbeitsheft der rheinischen Denkmalpflege 35, Köln – Warschau 1996
39 Fritz Hirsch, Das sogenannte Skizzenbuch Balthasar Neumanns. Ein Beitrag zur Charakteristik des Meisters und zur Philosophie der Baukunst, Heidelberg 1912.
40 Max H. von Freeden, Balthasar Neumann als Stadtbaumeister, Berlin 1937 (Nachdruck Würzburg 1978).
41 Rudolf Kömstedt, Von Bauten und Baumeistern des fränkischen Barocks, aus dem Nachlaß hg. von Hans Reuther, Berlin 1963.
42 Joachim Hotz, Katalog der Sammlung Eckert aus dem Nachlaß Balthasar Neumanns im Mainfränkischen Museum Würzburg, Würzburg 1965.
43 Hans Reuther (Bearb.), Die Zeichnungen aus dem Nachlaß Balthasar Neumanns. Der Bestand in der Kunstbibliothek Berlin, Berlin 1979.
44 Harmen Thies, Grundrißfiguren Balthasar Neumanns. Zum maßstäblich-geometrischen Rißaufbau der Schönbornkapelle und der Hofkirche in Würzburg, Florenz 1980.
45 Maren Holst, Studien zu Balthasar Neumanns Wölbformen, Mittenwald 1981.
46 Joachim Hotz, Das »Skizzenbuch Balthasar Neumanns« (Universitätsbibliothek Würzburg, Delin. III). Studien zur Arbeitsweise des Würzburger Meisters und zur Dekorationskunst im 18. Jahrhundert, Teil 1: Text und Katalog, Teil 2: Das »Skizzenbuch«, Wiesbaden 1981.
47 Walter Jürgen Hofmann, Balthasar Neumann und die Formierung seiner Architektur, in: Jahrbuch für fränkische Landesforschung 42, 1982, S. 249 ff.
48 Joachim Hotz, Balthasar Neumann als Zeichner und Graphiker, hg. von der Bayerischen Vereinsbank, München 1983.
49 Uta Hassler, Die Baupolitik des Kardinals Damian Hugo von Schönborn. Landesplanung und profane Baumaßnahmen in den Jahren 1719–1743, Mainz 1985.
50 Thomas Korth/Joachim Poeschke (Hg.), Balthasar Neumann. Kunstgeschichtliche Beiträge zum Jubiläumsjahr 1987, München 1987.
51 Sammlung Eckert. Plansammlung aus dem Nachlaß Balthasar Neumanns im Mainfränkischen Museum Würzburg, hg. vom Mainfränkischen Museum Würzburg unter Mitverwendung der Vorarbeiten von Joachim Hotz †, bearb. von Hanswernfried Muth, Elisabeth Sperzel und Hans-Peter Trenschel, Würzburg 1987.
52 Bärbel Manitz, Wand, Wölbung und Rotunde. Themen und Leitmotive in Balthasar Neumanns kurvierter Sakralarchitektur, 2 Teile, Worms 1994.
53 Hans Reuther/Ekhart Berckenhagen, Deutsche Architekturmodelle. Projekthilfe zwischen 1500 und 1900, Berlin 1994.
54 Gerd Schneider, Unbekannte Werke barocker Baukunst. Ansichten nach Entwürfen von Balthasar Neumann und Zeitgenossen, Wiesbaden 1995.
55 Erich Franz, Räume, die im Sehen entstehen. Ein Führer zu sämtlichen Bauten Balthasar Neumanns, Ostfildern vor Stuttgart 1998.

Anmerkungen

Ziffern in Klammern ( ) verweisen auf das Literatur-Verzeichnis S.207.
Briefe = Lohmeyer (9).
Quellen = Quellen zur Geschichte des Barocks in Franken (10).
Zitate Neumannscher Texte werden stets *kursiv* wiedergegeben.

»KEINE ZEIT WERDTE NICHT VERGEBLICH ZU BRINGEN«

Jugend und Aufstieg (S. 7)

1 Johannes Stauda, Balthasar Neumanns Abstammung und Ahnen, in: Der Egerländer 1954, S. 29f. – Die Geschwister Neumanns sind nach Stauda: Hans Adam, Tuchmacher und Stadtmusikus (1673–1743); Maria Kunigunde (geb. 1674), Maria Magdalena (1676–1699); Katharina (1678–1700), Andreas (geb. 1680), Georg Adam, Feuerwerker in Würzburg (1683–1753), Johann Paul und Hans Andreas, Zwillinge (geb. 1689). – Balthasar Neumann schreibt sich immer mit seinem Taufnamen, niemals »Johann Balthasar«, wie gelegentlich zu lesen ist.
2 Max H. von Freeden, Balthasar Neumann in Italien. Neue archivalische Beiträge zur Frühzeit des Künstlers, in: Mainfränkisches Jahrbuch für Geschichte und Kunst 1, 1949, S. 205.
3 Ders., Balthasar Neumanns Lehrjahre. Das Bruchstück einer Lebensbeschreibung aus Familienbesitz im Vergleich mit Quellen und Überlieferung, in: Archiv des Historischen Vereins von Mainfranken 71, 1937/38, S. 10.
4 Ebenda.
5 Karl Siegl, Balthasar Neumann, in: »Unser Egerland« 36, 1932, S. 80.
6 Ebenda, S. 75f.
7 Ebenda, S. 80f.
8 Ebenda, S. 76.
9 Ebenda, S. 81.
10 Ebenda, S. 76.
11 Ebenda, S. 77f.
12 Keller (11), S. 6.
13 von Freeden (wie Anm. 3), S. 11.
14 Ulrich Schütte, Architekt und Ingenieur, in: Katalog der Ausstellung »Architekt und Ingenieur. Baumeister in Krieg und Frieden«, Wolfenbüttel 1984, S. 18f.
15 Max H. von Freeden, Festung Marienberg, Würzburg 1982, S. 135.
16 Ulrich Schütte, Der Proportionalzirkel Balthasar Neumanns von 1713, in: Katalog (wie Anm. 14), S. 124f. – Frauke van der Wall in: Katalog 1987 (20), Nr. 6. – Gerhard G. Wagner in: Katalog 1994 (22), Nr. 101f.
17 Max H. von Freeden, Balthasar Neumanns Gesuche an den Fränkischen Kreistag, in: Festschrift für Karl Lohmeyer, Saarbrücken 1954, S. 65.
18 Ders. (wie Anm. 2), S. 206.
19 Ebenda.
20 Ders. (wie Anm. 17).
21 Quellen 828.
22 Andreas Scherf, Johann Philipp Franz von Schönborn. Bischof von Würzburg (1719–1724), der Erbauer der Residenz, München 1930, S. 123, Anm. 67.
23 Werner Wenzel, Die Gärten des Lothar Franz von Schönborn. 1655–1729, Berlin 1970, S. 63.
24 Quellen 598.
25 Walter Jürgen Hofmann, Der Neue Bau von Kloster Ebrach, in: Jahrbuch für fränkische Landesforschung 31, 1971, S. 193ff.
26 Hotz (46) 1, S. 26.
27 Marianne Erben in: Katalog 1987 (20), Nr. 17.
28 von Freeden (40), S. 11.
29 Arthur Bechtold/Rudolf Pfister, Ein Würzburger Stadtplan Balthasar Neumanns, in: Zeitschrift für Geschichte der Architektur 8, 1928, S. 211.
30 Die fürstbischöfliche Finanzbehörde.((fehlt etwas??))
31 Quellen 823.
32 Quellen 626.
33 Quellen 627.
34 Quellen 628.
35 Quellen 663.
36 Quellen 669.
37 Quellen 693.
38 Hofmann (47), S. 290.
39 Holst (45), S. 58.
40 Richard Sedlmaier/Rudolf Pfister, Balthasar Neumanns Stellung im Deutschen Barock, in: Kunstchronik und Kunstmarkt 56, Nr. 19, 1921, S. 365.
41 Quellen 1266. Das Schriftstück ist undatiert, ca. 1722/24 entstanden.
42 Siegl (wie Anm. 5), S. 81.
43 von Freeden (40), S. 25.
44 Rudolf Feurer in: Katalog 1987 (20), Nr. 20.
45 Quellen 1280.
46 Quellen 1304.
47 Franz Ignaz Christian (1726–1727), Maria Apollonia (geb. 1726, Taufe und Tod am 2. November), Maria Apollonia Franzisca Elisabetha (geb. 1727), Maria Margaretha Josepha (geb. 1729), Anna Maria Raymunda Ludwina (geb. 1731), Franz Ignaz Michael (1733–1785), Valentin Franz Stanislaus (1736–1803), Maria Franzisca Carolina (geb. 1743): nach Max H. von Freeden/Hans-Peter Trenschel, Daten zum Leben und Werk Balthasar Neumanns, in: Katalog 1987 (20), S. 31ff.
48 Siegl (wie Anm. 5), S. 81.
49 Ebenda, S. 78.
50 Ebenda, S. 77, 79, 85.

Die Schönborn – ihr Mäzenatentum und Neumann (S. 14)

51 Max H. von Freeden, Schönbornzeiten an Rhein und Main, in: Die Schönbornzeit. Mainfränkische Hefte 80, 1983, S. 16. – Vgl. auch: Peter Hirschfeld, Mäzene. Die Rolle des Auftraggebers in der Kunst, München-Berlin 1968, S. 189ff. – Katalog der Ausstellung »Die Grafen von Schönborn. Kirchenfürsten, Sammler, Mäzene«, Germanisches Nationalmuseum Nürnberg 18. Februar–23. April 1989, Nürnberg 1989.
52 Quellen 1054.
53 Quellen 192.
54 Quellen 263.
55 Quellen 1054.
56 Quellen 581.
57 Quellen 766.
58 Grundlegend: Joachim Meintzschel, Studien zu Maximi-

lian von Welsch, Würzburg 1963. – Fritz Arens, Maximilian von Welsch (1671–1745). Ein Architekt der Schönbornbischöfe, München – Zürich 1986.

59 Josef Morper, Über die künstlerische Arbeitsweise des 18. Jahrhunderts, in: Die Christliche Kunst 22, 1925/26, S. 288.

60 Briefe S. 231, Anm. 53.

61 Karl Wild, Staat und Wirtschaft in den Bistümern Würzburg und Bamberg. Eine Untersuchung über die organisatorische Tätigkeit des Bischofs Friedrich Karl von Schönborn 1729–1746, Heidelberg 1906, S. 95.

62 Schneider (34), S. 14 f.

63 Hans-Peter Trenschel in: Katalog 1987 (20), Nr. 10.

Reise nach Paris (S. 18)

64 Vgl. Lohmeyer (8). – Die Briefzitate hier nach: Quellen.

65 Quellen 835.

66 Quellen 1016.

67 Quellen 1017.

68 Das Schloß vom Ende des 17. Jahrhunderts brannte 1779 ab.

69 Quellen 1023.

70 Quellen 1026.

71 Quellen 1029.

72 Quellen 1026.

73 Wichtig hierzu: Georges Brunel, Würzburg: Les Contacts entre Balthasar Neumann et Robert de Cotte, in: Actes du XXIIe Congrès International d'histoire de l'art Budapest 1969, Bd. 2, Budapest 1972, S. 115 ff.

74 Quellen 1026.

75 Quellen 1029, 1037 a.

76 Quellen 1029.

77 Ebenda u. Quellen 1936.

78 Quellen 1037.

79 Hubala/Mayer/von der Mülbe (33), S. 125.

80 Quellen 1037.

81 Ebenda.

82 Quellen 1052.

83 Quellen 1041.

84 Quellen 1036.

85 Quellen 1029.

86 Quellen 1037.

87 Ursula Reinhardt, Die bischöflichen Residenzen von Chalons-sur-Marne, Verdun und Straßburg. Ein Beitrag zum Werk des Ersten Königlichen Architekten Robert de Cotte (1656–1735), Basel 1972, S. 20.

88 Quellen 1041.

89 Quellen 1039.

90 Quellen 1038.

91 Ebenda.

92 Germain Boffrand, Livre d'Architecture, Paris 1745 (Nachdruck Farnborough 1969), S. 91 u. Pl. LV f.

93 Quellen 1055.

94 Quellen 1041.

95 Der Begriff bei: Hubala (21), S. 46.

96 Quellen 1044.

97 Quellen 1037, 1055.

98 Quellen 1037.

99 Quellen 1036–1038, 1042, 1044.

100 Quellen 1046.

101 Quellen 1044.

102 Quellen 1032.

103 Quellen 1055.

104 Quellen 1052.

105 Quellen 1057.

Vielfalt des Schaffens (S. 27)

106 Briefe S. 105.

107 Wild (wie Anm. 61), S. 172 f.

108 Gabriele Dischinger, »Küchel contra Schröffel«. B. Neumann und M. von Welsch als Prozeßgutachter, in: Mainfränkisches Jahrbuch für Geschichte und Kunst 34, 1982, S. 59 f.

109 Zit. nach: von Freeden (40), S. 74.

110 Briefe S. 45.

111 Briefe S. 92. – Über Neumanns Tätigkeit in Bad Kissingen: Hotz (48), S. 22 ff.

112 Briefe S. 106.

113 Grundlegend: Günther Stein, Balthasar Neumann und das Glasgebiet, in: Glastechnische Berichte 41, 1968, S. 565 ff. – Werner Loibl/Ludwig Wamser/Frauke van der Wall in: Katalog 1994 (22), Nr. 104 ff.

114 Briefe S. 70.

115 Michael Renner, Unbekannte Briefe und Quellen zum Wirken Balthasar Neumanns 1728–1753, in: Mainfränkisches Jahrbuch für Geschichte und Kunst 13, 1961, S. 135.

116 Joachim Hotz, Balthasar Neumann als Handelsmann. Ein Brief aus dem Jahre 1753, in: Fränkisches Land, Beilage zum Neuen Volksblatt Bamberg 9, 1962, Nr. 10.

117 von Freeden (wie Anm. 17), S. 66.

118 Ebenda, S. 68 f.

119 Keller (11), S 189.

120 Michael Renner, Johann Roppelt, fürstlich-bambergischer Artillerie- und Ingenieurleutnant (1709–1750), in: Mainfränkisches Jahrbuch für Geschichte und Kunst 13, 1961, S. 147 ff.

121 Margret Solbach, Unveröffentlichte Berichte und Gutachten Balthasar Neumanns, in: 97. Bericht des Historischen Vereins für die Pflege der Geschichte des ehem. Fürstbistums Bamberg, Jahrbuch für 1959 u. 1960, Bamberg 1961, S. 196 f.

122 Renner (wie Anm. 120), S. 156.

123 Quellen 1266, Korrekturen nach dem Original.

124 Christian Bönicke, Grundriss einer Geschichte von der Universität zu Wirzburg, 2. Teil, Würzburg 1788, S. 106.

125 Hans Reuther, Johann Jacob Schübler und Balthasar Neumann, in: Mainfränkisches Jahrbuch für Geschichte und Kunst 78, 1955, S. 345 ff. – Franzl Ludwig, Balthasar Neumann. Dachwerke seiner Landkirchen, Diss. TU Berlin 1982, S. 184 ff.

126 Verzeichniß der Bücher, Kupferstiche und Handzeichnungen aus der Verlassenschaft des fürstl. Würzburg. Herrn Artillerie-Obersten und berühmten Architekten Franz Michael Ignaz von Neumann etc., Würzburg 1804

127 Uta Hasekamp, Die Gartenplanungen Balthasar Neumanns. Zwischen barocker Tradition und neuem Naturverständnis, in: Die Gartenkunst 4, 1992, S. 144; (vgl. auch Anm. 369).

Arbeitsweise und Mitarbeiter (S. 36)

128 Briefe S. 22.

129 Schneider (34), S. 21.

130 Ebenda, S. 20, Anm. 119.
131 Kettner (36), S. 66.
132 Ebenda, S. 108.
133 Ebenda, S. 88 f.
134 Alfred Schädler, Zur künstlerischen Arbeitsweise beim Bau und bei der Ausstattung der Wallfahrtskirche Gößweinstein, in: Deutsche Kunst und Denkmalpflege 1957, S. 29.
135 Kettner (36), S. 24.
136 Cornelius Will, Briefe und Aktenstücke über die Erbauung der Stiftskirche Neresheim durch Balthasar Neumann, in: Archiv des Historischen Vereins von Unterfranken und Aschaffenburg 43, 1901, S. 13 f.
137 Jörg Gamer, Die Benediktinerabteikirche Neresheim, in: Katalog 1975 (18), S. 93 ff.
138 Mechthild Kranzbühler, Balthasar Neumann und Wolfgang von der Auwera im Dienste der Grafen von Schönborn beim Heusenstammer Kirchenbau, in: Archiv des Historischen Vereins für Unterfranken und Aschaffenburg 68, 1929, S. 391 f.
139 Briefe S. 15.
140 Hotz (46) 1, S. 17.
141 Ebenda, S. 62.
142 Sedlmaier/Pfister (28) 1, S. 171, Anm. 151. – Hotz (46) 1, S. 55 ff.
143 Briefe S. 100.
144 Hotz (46) 1, S. 60 ff. Dieser Johann Michael Fischer ist nicht zu verwechseln mit dem berühmten Münchner Baumeister gleichen Namens.
145 Ebenda, S. 56 ff. – Wichtig zur Zeichenkunst dieses Bildhauers: Heinrich Ragaller, J. W. van der Auwera. Ein Skizzenbuch. Dokumente zur Gartenplastik für den Prinzen Eugen, Würzburg 1979. – Umfassend: Katalog 1987 (20).
146 Hotz (46) 1, S. 58.
147 Sedlmaier/Pfister (28) 1, S. 171, Anm. 151.
148 Stauda (wie Anm. 1), S. 29.
149 Hans Reuther, Franz Ignatz Michael Neumanns Konstruktionsriß für Neresheim, in: Zeitschrift für Kunstgeschichte 21, 1958, S. 43. – Peter van Treeck, Franz Ignatz Michael Neumann, Diss. Würzburg 1968 (Mainfränkische Studien Bd. 6, 1972).
150 Die Entwürfe Hdz 4687 und 4688 tragen zwar Neumanns Signatur mit dem Zusatz »invenit et fecit«. Bedenkenswerterweise wendet Helmut-Eberhard Paulus in seiner Rezension von Reuther (14) in: Kunstchronik 37, 1984, S. 541 aber ein, die Begriffe sagten nichts über die Eigenhändigkeit aus, sondern bekräftigten lediglich die Verantwortung für das Projekt.
151 Briefe S. 40.
152 Grundlegend: Hotz (46).

Zu Gast beim Kurfürsten von Köln (S. 40)

153 Wilfried Hansmann, Balthasar Neumann in Bonn und Brühl. Zum 225. Todestag des Barockbaumeisters am 19. August 1978, in: Rheinische Heimatpflege 15, 1978, S. 161 ff.
154 Briefe S. 105.
155 Briefe S. 123 f.
156 von Freeden (wie Anm. 17), S. 68.
157 Briefe S. 128.
158 Briefe S. 142 f.
159 Hansmann (wie Anm. 153), S. 164. – Zu Poppelsdorf grundlegend: Wend Graf Kalnein, Das kurfürstliche Schloß Clemensruhe in Poppelsdorf. Ein Beitrag zu den deutsch-französischen Beziehungen im 18. Jahrhundert, Düsseldorf 1956.
160 Briefe S. 154.
161 Briefe S. 154 f.
162 Briefe S. 156.
163 Briefe S. 169.
164 Briefe S. 170. – Vom gleichen Tag (28. November 1748) datiert ein Schreiben Neumanns an einen Kammerrat in Bruchsal, worin er seinen Aufenthalt in Bonn vom 12. bis 29. November datiert. Hier habe er *»bau Concepta gemacht undt in das Werk gesetzet«*: Keller (11), S. 9, Anm. 2.
165 Michael Renner, Ein unbekannter Brief Balthasar Neumanns, in: Mainfränkisches Jahrbuch für Geschichte und Kunst 12, 1960, S. 218.
166 Hansmann (wie Anm. 153), S. 166.

Späte Jahre und Tod (S. 45)

167 Sedlmaier/Pfister (28) 1, S. 123.
168 Renner (wie Anm.115), S. 131, 138.
169 Max H. von Freeden, Ein unbekannter Brief Balthasar Neumanns an Kaiser Franz Stephan, in: Mainfränkisches Jahrbuch für Geschichte und Kunst 10, 1958, S. 280.
170 Zit. nach: Wolfgang Herrmann, Balthasar Neumanns Umbauprojekte für die Wiener Hofburg, in: Zeitschrift für Denkmalpflege 2, 1927/28, S. 2.
171 von Freeden (wie Anm. 169), S. 286.
172 Renner (wie Anm. 115), S. 139.
173 Zit. nach: Carmen Hertz, Balthasar Neumanns Schloßanlage zu Werneck für den Fürstbischof Friedrich Carl von Schönborn, Diss. Würzburg 1917, S. 40.
174 Renner (wie Anm. 115), S. 139 ff.
175 Quellen 829, Anm. 2.
176 Hertz (wie Anm. 173), S. 5.
177 Schneider (34), S. 20.
178 Kettner (36), S. 102, 157 u. passim.
179 Karl Lohmeyer, Johannes Seiz. Kurtrierischer Hofarchitekt, Ingenieur sowie Obristwachtmeister und Kommandeur der Artillerie 1717–1779, Heidelberg 1914, S. 49. Danach betragen die Summen: 746 Reichstaler 36 Albus für 1740, 149 R. 18 A. für 1742, 329 R. 42 A. und 316 R. 36 A. für 1743, 329 R. 18 A. und 329 R. 36 A. für 1744, 307 R. 11 A. für 1746. – Um einige Anhaltspunkt für die Kaufkraft zu geben: 1748 erhält man ein Kalb je nach Alter für 1–4, eine Kuh für 9–10, einen dreijährigen Hengst für 30 Reichstaler: Fritz Verdenhalven, Alte Maße, Münzen und Gewichte aus dem deutschen Sprachgebiet, Neustadt/Aisch 1968, S. 14.
180 Will (wie Anm. 136), S. 18 f.
181 Ebenda, S. 22.
182 Max H. von Freeden, Balthasar Neumanns Begräbnis in der Marienkapelle. Die Wiederauffindung seiner letzten Ruhestätte, in: Würzburger General-Anzeiger vom 7. Dezember 1937, Nr. 284.

Die Bildnisse Neumanns (S. 49)

183 Max H. von Freeden, Balthasar Neumann-Bildnisse, in: Altfränkische Bilder und Wappenkalender 86, 1987, S. 4 f. – Hanswernfried Muth in: Katalog 1987 (20), Nr. 4.
184 Farbabb. in: Katalog 1987 (20), S. 23.

185 Hanswernfried Muth in: Katalog 1987 (20), Nr. 5. – von Freeden (wie Anm. 183).
186 Berlin, Staatliche Museen Preußischer Kulturbesitz, Kupferstichkabinett. – Eine weitere Rötel- und Kreidezeichnung der Neumann-Gestalt im Martin-von-Wagner-Museum Würzburg ist später als die Berliner Zeichnung entstanden, korrespondiert mit dem Fresko und trägt nichts Eigenes zum Bildnis des Baumeisters bei: Vgl. Katalog der Ausstellung »Tiepolo. Zeichnungen von Giambattista, Domenico und Lorenzo Tiepolo aus der Graphischen Sammlung der Staatsgalerie Stuttgart, aus württembergischem Privatbesitz und dem Martin-von-Wagner-Museum der Universität Würzburg, Stuttgart 1970, Nr. 206 u. Abb. S. 185. – Zu Tiepolo in Würzburg neuerdings: Peter O. Krückmann (Hg.), Der Himmel auf Erden. Tiepolo in Würzburg , 2 Bde., München – New York 1996.
187 Max H. von Freeden/Carl Lamb, Das Meisterwerk des Giovanni Battista Tiepolo. Die Fresken der Würzburger Residenz, München 1956, Abb. 35 u. 37.
188 Frank Büttner, Giovanni Battista Tiepolo. Die Fresken der Residenz zu Würzburg. Aufnahmen von Wolf-Christian von der Mülbe, Würzburg 1980, S. 95.
189 von Freeden (13). S. 26.

»*EIN VOLLKOMMENES WERCK ..., EIN MEISTERHAFTES WERCK*«

Frühe Meisterwerke des Sakralbaus (S. 53)

190 Boll (29). – Reuther (24), S. 106 ff. – Otto (26), S. 58 ff. – Thies (44), S. 19 ff. – Hofmann (47). – Thomas Korth, Der Raum der Schönbornkapelle am Würzburger Dom, in: Korth/Poeschke (50), S. 53 ff. – Schütz (15). S. 90 ff. – Manitz (52) 1, S. 93 ff. – Franz (55), S. 31 ff. – Christian Rümelin, Die Schönbornkapelle Balthasar Neumanns. Grundrißgenese und Plankonstruktion, in: Jahrbuch für fränkische Landesforschung 56, 1996, S. 307 ff.
191 Hofmann (47), S. 254 mit Hinweis auf: Hans Sedlmayr, Johann Bernhard Fischer von Erlach, 2. Aufl. Wien 1976, S. 164 f., 286 f. u. Abb. 182 ff.
192 Quellen 849, 854.
193 Hofmann (47), S. 261 ff. – Dieser Zuschreibung und zeitlichen Einschätzung widerspricht Korth (wie Anm. 190), S. 67 f. – Der Forschungsstand zur Geschichte und Baugestalt der Schönbornkapelle ist nach wie vor vom Streit der Meinungen geprägt.
194 Quellen 854.
195 Thies (44), S. 19 ff.
196 Allan Braham/Peter Smith, François Mansart, London 1973, Tafelband Abb. 108.
197 Hofmann (47), S. 269.
198 Ebenda, S. 283.
199 Manitz (52) 1, S. 168.
200 Ebenda, S. 138.
201 Hubala/Mayer/von der Mülbe (33), S. 153.
202 Reuther (24), S. 64 f. – Otto (26), S. 60 ff. – Schütz (15), S. 86 f. – Manitz (52) 1, S. 319 ff. – Franz (55), S. 41 ff.
203 Quellen 1026.
204 SE LXXII linke Variante: Sedlmaier/Pfister (28) 1, Abb. 21.
205 Werner Bartsch, Balthasar Neumanns Entwurf zur Hofkirche der Neuen Residenz zu Bamberg, Diss. Berlin 1969, S. 35 ff.
206 Hubala/Mayer/von der Mülbe (33), S. 153.
207 Schütz (15), S. 87.
208 Schneider (34), S. 130, Anm. 71.
209 Reuther (24), S. 76. – Otto (26), S. 66 ff. – Schütz (15), S. 94 ff. – Manitz (52) 1, S. 311 ff. – Schneider (54), S. 117 ff. – Franz (55), S. 82 ff.
210 Schneider (34) hat das Plan- und Bildmaterial erneut gesichtet und bewertet. – Mit neuem Forschungsansatz: Georg Satzinger, Balthasar Neumanns Kuppelentwürfe für die Abteikirche Münsterschwarzach. Zugleich ein Beitrag zum Thema ›Neumann und die Tradition‹, in: Zeitschrift für Kunstgeschichte 55, 1992, S. 413 ff.
211 Satzinger (wie Anm. 210), S. 428 ff.
212 Ebenda, S. 436.
213 Hofmann (47), S. 292.

Schloßkirchen und Schloßkapellen (S. 61)

214 Zit. nach: Michael Renner, Fürstbischof Friedrich Karl Graf von Schönborn und die Entstehungsgeschichte der Gedichte für das Richtfest der Residenz in Würzburg 1744, in: Mainfränkisches Jahrbuch für Geschichte und Kunst 17, 1965, S. 52 f.
215 Sedlmaier/Pfister (28) 1, S. 42.
216 Reuther (43), S. 30 ff.
217 Schütz (15), S. 142 mit Grundriß.
218 Thies (44), S. 33.
219 Ebenda, S. 35 f.
220 Schütz (15), S. 136.
221 Sedlmaier/Pfister (28) 1, S. 206, Anm. 310.
222 Grauer und rotgelber Stuckmarmor in der Ausführung.
223 Sedlmaier/Pfister (28) 2, S. 125. – Zur Hofkirche vgl. auch: Manitz (52) 1, S. 201 ff.; Schneider (54), S. 141 ff.; Franz (55), S. 48 ff.
224 Hans Reuther, Die Schloßkapelle zu Werneck und ihre Stellung in der mitteleuropäischen Barockarchitektur, in : Das Münster 21, 1968, S. 113 ff. – Otto (26), S. 82 ff. – Paulus (32), S. 103 ff. – Erich Schneider, Balthasar Neumanns Schloßkirche in Werneck, in: Korth/Poeschke (50), S. 113 ff. – Schütz (15), S. 88 ff. – Manitz (52) 1, S. 331 ff. – Schneider (54), S. 137 ff. – Franz (52), S. 57 ff. – Vgl. Anm. 357.
225 Reuther (24), S. 97.
226 Schütz (15), S. 88.
227 Erich Schneider (wie Anm. 224), S. 126 f.
228 Bartsch (wie Anm. 205). – Schneider (54), S. 133 ff.
229 Reuther (24), S. 98. – Ders. (43), S. 64 f. – Schütz (15), S. 130 ff. – Manitz (52) 1, S. 227 ff. – Schneider (54), S. 225 ff.
230 Edgar Lehmann, Balthasar Neumann und Kloster Langheim, in: Zeitschrift für Kunstgeschichte 25, 1962, S. 234.

Sakralarchitektur für Stadt und Land (S. 71)

231 Reuther (24), S. 56 ff. – Alfred Schädler, Die Kunstdenkmäler von Oberfranken II. Der Landkreis Pegnitz, München 1961, S. 172 ff. – Otto (26), S. 69 ff. – Hans Reuther, Kath. Pfarr- und Wallfahrtskirche zur Heiligsten Dreifaltigkeit Gößweinstein, München – Zürich 1988. – Kettner (36); diese Arbeit zeichnet minutiös das Geschehen auf der Baustelle nach. – Manitz (52) 1, S. 315 ff. – Franz (55), S. 90 ff.
232 Zit. nach: Kettner (36), S. 103, Anm. 133.

233 Schädler (wie Anm. 134), S. 32.
234 Zit. nach: Hotz (46) 1, S. 44.
235 Kettner (36), S. 290.
236 Hotz (46) 2, S. 110, Abb. 135v.
237 Kettner (36), S. 299.
238 Reuther (24), S. 48 ff. – Otto (26), S. 63 ff. – Jörg Gamer, Bruchsal, 2. Katholische Pfarrkirche St. Peter, in: Katalog 1975 (18), S. 31 ff. – Manitz (52) 1, S. 318 f. – Franz (55), S. 157 ff.
239 Hassler (49), S. 224 f.
240 Ebenda, S. 225.
241 Murk Daniel Ozinga, De protestantsche kerkenbouw in Nederland. Van hervorming tot franschen tijd, Paris-Amsterdam 1929, Taf. 41.
242 Gamer (wie Anm. 238), S. 34, Nr. 39.
243 Ebenda, S. 36, Nr. 45.
244 Reuther (24), S. 54 ff. – Otto (26), S. 98 ff. – Schütz (15), S. 103 ff. – Manitz (52) 1, S. 196 ff. – Franz (55), S. 103 ff.
245 Schütz (15), S. 117.
246 Erich Schneider, Die Kirche zu Gaibach, München – Zürich 1984, S. 6.
247 Adolf Feulner, Balthasar Neumanns Rotunde in Holzkirchen. »Konstruierte« Risse in der Barockarchitektur, in: Zeitschrift für Geschichte der Architektur 6, 1913, S. 162 f.
248 Reuther (24), S. 61 ff. – Otto (26), S. 75 ff. – Manitz (52) 1, S. 338 ff. – Franz (55), S. 97 ff.
249 Briefe S. 129.
250 Kranzbühler (wie Anm. 138), S. 397.
251 Reuther (24), S. 66 ff. – Otto (26), S. 88 ff. – Schütz (15), S. 117 ff. – Manitz (52) 1, S. 188 ff. – Schneider (54), S. 191 ff. – Franz (55), S. 109 ff.
252 Erich Schneider, Balthasar Neumann und die Michaelskirche der Protestanten in Kitzingen-Etwashausen, in: Jahrbuch für fränkische Landesforschung 39, 1979, S. 139 ff.
253 Schütz (15), S. 120 mit Abb. des Ursprungsprojekts S. 119.
254 Ebenda.
255 Ebenda, S. 121.
256 Hermann Bunjes u. a., Die kirchlichen Denkmäler der Stadt Trier, Düsseldorf 1938, S. 340. – Reuther (24), S. 88 f. – Otto (26), S. 73 ff. – Franz (55), S. 153 ff.
257 Fischer (37), S. 158.
258 Reuther (24), S. 100 f. – Otto (26), S. 102 ff. – Hanswernfried Muth, Augustinerkirche Würzburg. Klosterkirche, ehemalige Dominikanerkirche, 2. Aufl. München – Zürich 1978.
259 Keller (11), S. 150.
260 Renner (wie Anm. 214), S. 51.
261 Zum Landkirchenbau: Franz J. Bendel, Beiträge zur kirchlichen Bautätigkeit Balthasar Neumanns in den Jahren 1730 bis 1745, in: Archiv des Historischen Vereins von Mainfranken 71, 1937/38, S. 19 ff. – Hans Reuther, Die Landkirchen Balthasar Neumanns, in: Zeitschrift für Kunstgeschichte 16, 1953, S. 154 ff. – Joachim Hotz, Beiträge zur Kirchenbaukunst Balthasar Neumanns, in: Das Münster 14, 1961, S. 305 ff. – Franz (55), S. 147 ff.
262 Bendel (wie Anm. 261), S. 58.
263 Ebenda, S. 26.
264 Briefe S. 17.
265 Walter Schulten, Die Heilige Stiege auf dem Kreuzberg zu Bonn, Düsseldorf 1964, S. 41 ff. – Ders., Die Heiligen Stiegen in Bonn, Wien und Prag, in: Beiträge zur rheinischen Kunstgeschichte und Denkmalpflege (Die Kunstdenkmäler des Rheinlandes, Beiheft 16), Düsseldorf 1970, S. 269 ff. – Mainzer (38).
266 Schulten 1964 (wie Anm. 265), Abb. 24. – Ders. 1970 (wie Anm. 265), Abb. 3.
267 Heinrich Blumenthal, Bautechnische Probleme und bauliche Betreuung der Kreuzbergkirche und der Heiligen Stiege als Landesbau, in: Mainzer (38), S. 37 ff.
268 Reuther (24), S. 54. – Otto (26), S. 95 ff. – Manitz (52) 1, S. 199 f. – Schneider (54), S. 147 ff.
269 Reuther (43), S. 75, Taf. 51. – Schütz (15), S. 127 ff. – Manitz (52) 1, S. 261 ff. – Schneider (54), S. 220 ff.
270 Bernhard Schütz, Balthasar Neumanns Jesuitenkirche in Mainz und die Pläne für die Jesuitenkirche in Würzburg, in: Mainzer Zeitschrift 73/74, 1978/79, S. 49 ff. – Otto (26), S. 107 ff. – Schütz (15), S. 123 ff. – Manitz (52) 1, S. 246 ff. – Schneider (54), S. 201 ff.
271 Hotz (42), S. 121, Anm. 18. – Reuther (24), S. 69 ff. – Otto (26), S. 104 ff. – Schütz (15), S. 98 ff. – Manitz (52) 1, S. 273 ff. – Schneider (54), S. 153 ff.
272 Lehmann (wie Anm. 230), S. 228.

Späte Meisterwerke des Sakralbaus (S. 100)

273 Teufel (30). – Reuther (24), S. 90 ff. – Otto (26), S. 115 ff. – Schütz (15), S. 143 ff. – Ders., Die Planung und Ausführung des Kirchenbaues, in: Petzet (35) 1, S. 43 ff. – Ders., Vierzehnheiligen. Geschichte und Kunst, 6. Aufl. München – Zürich 1992. – Manitz (52) 1, S. 283 ff. – Franz (55), S. 61 ff. – Schneider (54), S. 161 ff.
274 Zit. nach: Georg Schreiber, Die Vierzehn Nothelfer in Volksfrömmigkeit und Sakralkultur. Symbolkraft und Herrschaftsbereich der Wallfahrtskapelle, vorab in Franken und Tirol, Innsbruck 1959, S. 37.
275 Teufel (30), S. 28.
276 Ebenda, S. 29. – Briefe S. 134.
277 Schütz (15), S. 148 ff.
278 Johannes Erichsen, Vierzehnheiligen nach Balthasar Neumann. Zum Problem der Eingriffe in das Raumkonzept in den Jahren 1753–1763, in: Petzet (35) 1, S. 71 ff.
279 Schütz (15), S. 175.
280 Jürgen Pursche, Zur Rekonstruktion der Raumfassung des 18. Jahrhunderts in der Wallfahrtskirche Vierzehnheiligen, in: Petzet (35) 1, S. 217 ff.
281 von Freeden (13), S. 63.
282 Reuther (24), S. 109 f. – Otto (26), S. 92 ff., 100 ff. – Hotz (wie Anm. 261), S. 317. – Schütz (15), S. 122 f. – Manitz (52) 1, S. 170 ff. – Schneider (54), S. 195 ff. – Franz (55), S. 75 ff.
283 Hotz (wie Anm. 261), S. 317 mit Abb.
284 Hanswernfried Muth/Hugo Schnell, Wallfahrtskirche Käppele/ Würzburg, 12. Aufl. München – Zürich 1983, S. 14.
285 Reuther (24), S. 71 ff. – Otto (26), S. 111 ff. – Franz (55), S. 140 ff.
286 Hans Reuther, Die Baugeschichte und Gestalt der Wallfahrtskirche zu Maria-Limbach, in: Das Münster 2, 1948/49, S. 356.
287 Bendel (wie Anm. 261), S. 21.
288 Reuther (14), Abb. 156.
289 Reuther (24), Abb. 51.
290 Hans Ramisch, Zur Außeninstandsetzung der Wallfahrtskirche Maria-Limbach von Balthasar Neumann, in: Jahrbuch der Bayerischen Denkmalpflege 32, 1978 (1980), S. 181.
291 Reuther (24), S. 78 ff. – Otto (26), S. 123 ff. – Jörg Gamer, Die Benediktinerabteikirche Neresheim, in: Katalog 1975 (18),

S. 93 ff. – Schütz (15), S. 176 ff. – Wolfgang Aumer, Abtei Neresheim, 6. Aufl. Regensburg 1994. – Manitz (52) 1, S. 300 ff. – Norbert Lieb/Wolfgang Aumer, 900 Jahre Abtei Neresheim 1095–1995, 3. Aufl. Regensburg 1995. – Schneider (54), S. 231 ff. – Franz (55), S. 118 ff.
292 von Freeden (13), S, 64 f.
293 Will (wie Anm. 136), S. 26.
294 Paulus Weißenberger, Baugeschichte der Abtei Neresheim, Stuttgart 1934, S. 93 f., Anm. 282 a.
295 Will (wie Anm. 136), S. 8 f.
296 Günter Neumann, Neresheim, hg. von Hans Jantzen, München-Pasing 1947. – Gamer (wie Anm. 291), S. 97 ff.
297 Holst (45), S. 39 f.
298 Schütz (15), S. 183.
299 Will (wie Anm. 136), S. 23.
300 Ebenda, S. 20.
301 Ebenda, S. 23.
302 Schütz (15), S. 176.

Altarbaukunst (S. 125)

303 Grundlegend: Hegemann (23).
304 Ebenda, S. 34 ff.
305 Ebenda, S. 19. – Joachim Hotz, Balthasar Neumanns Hochaltar im Wormser Dom, in: Der Wormsgau 6, 1963/64, S. 9 ff. – Fritz Arens, Die Errichtung des Hochaltars im Wormser Dom, ebenda, S. 25 ff. – Franz (55), S. 151 ff.
306 Gamer (wie Anm. 238), S. 36, Nr. 45.
307 Ebenda. – Der Aufriß und Grundriß dort abgebildet S. 37.
308 Wilfried Hansmann, Der Hochaltar Balthasar Neumanns in der Pfarrkirche St. Maria von den Engeln zu Brühl – Entwurf und Ausführung, in: Wallraf-Richartz-Jahrbuch 40, 1978, S. 49 ff.
309 Mündlich dem Verfasser mitgeteilt von Dr. Georg Sigmund Graf Adelmann, Stuttgart.
310 Dagobert Frey, Der Realitätscharakter des Kunstwerkes, in: Kunstwissenschaftliche Grundfragen. Prolegomena zu einer Kunstphilosophie, 2. Aufl. Darmstadt 1972, S. 131.
311 Hansmann (wie Anm. 308), S. 55 u. Abb. 9.

Schlösser (S. 130)

312 So das Titelblatt der Festschrift zur Weihe der Würzburger Hofkirche von 1745: Katalog 1953 (17), S. 70.
313 Wolfgang Herrmann, Neue Entwürfe zur Würzburger Residenz, in: Jahrbuch der Preußischen Kunstsammlungen 49, 1928, S. 126.
314 Stefan Kummer, Balthasar Neumann und die frühe Planungsphase der Würzburger Residenz, in: Korth/Poeschke (50), S. 83.
315 Quellen 704.
316 Hubala/Mayer/von der Mülbe (33), S. 116 ff. – Kummer (wie Anm. 314), S. 79 ff. – Franz (55), S. 173 ff.
317 Quellen 791.
318 Quellen 792.
319 Boll (29), S. 137 f., Anm. 68.
320 Quellen 1266.
321 Quellen 1274.
322 Quellen 1275.
323 Renner (wie Anm. 214), S. 47.
324 Eckert (27), S. 111.
325 Max H. von Freeden, Eine Wiener Studienreise Balthasar Neumanns im Jahre 1729, in: Bamberger Blätter 13, 1936, Nr. 5, S. 19.
326 Briefe S. 14.
327 Briefe S. 25.
328 Briefe S. 49.
329 Sedlmaier/Pfister (28) 1, S. 66.
330 Briefe S. 61.
331 Briefe S. 8.
332 Briefe S. 4.
333 Briefe S. 27.
334 Eckert (27), S. 99.
335 Briefe S. 44.
336 Briefe S. 129.
337 Grundlegend zu den Bauthemen: Hubala/Mayer/von der Mülbe (33), S. 86 ff. – Kritisch dazu: Kummer (wie Anm. 314), S. 89, Anm. 7.
338 Vgl. Anm. 316.
339 Sedlmaier/Pfister (28) 1, Abb. 39 f.
340 Hubala/Mayer/von der Mülbe (33), S. 98.
341 Kummer (wie Anm. 314), S. 80.
342 Hubala/Mayer/von der Mülbe (33), S. 107.
343 Eckert (27), S. 148 f.
344 Bernhard Schütz, Fassaden als Weltarchitektur. Die Würzburger Residenz, in: Korth/Poeschke (50), S. 110.
345 Freundlicher Hinweis von Klaus Endemann, München.
346 Briefe S. 119.
347 Hubala/Mayer/von der Mülbe (33), S. 269.
348 Briefe S. 108 f.
349 Briefe S. 134.
350 Briefe S. 138.
351 Hubala/Mayer/von der Mülbe (33), S. 194.
352 Briefe S. 136, 138.
353 Hubala (21), S. 99.
354 Erich Bachmann/Rolf Kultzen, Residenz Würzburg und Hofgarten. Amtlicher Führer, 3. Aufl. München 1976, S. 44.
355 Briefe S. 103.
356 Briefe S. 112, 115, 118.
357 Paulus (32), S. 122. – Wilfried Hansmann, Balthasar Neumann als Gartenarchitekt, in : Die Gartenkunst 1, 1989, S. 38 f. – Hasekamp (wie Anm. 127), S. 147 ff. – Erich Schneider, Der Fasanengarten bei Schloß Werneck. Ein Beitrag zu seiner Entstehung, in: Katalog 1994 (22), S. 117 ff. – Ders., Schloß Werneck. Bau- und Entstehungsgeschichte von Schloß und Fasanengarten im 18. und 19. Jahrhundert, Regensburg 1995.
358 Paulus (32), S. 1 f.
359 Zit. nach: Dieter Hennebo/Alfred Hoffmann, Der architektonische Garten. Renaissance und Barock (Geschichte der Deutschen Gartenkunst 2), Hamburg 1965, S. 263.
360 Paulus (32), S. 108.
361 Hennebo/Hoffmann (wie Anm. 359).
362 Ludwig Wamser, Das fürstbischöfliche ›Jagdhaus Mädelhofen‹ (Gemeinde Waldbrunn) – ein Frühwerk Balthasar Neumanns für Johann Philipp Franz von Schönborn, in: Katalog 1994 (22), S. 27 ff.
363 Ingrid Heeg-Engelhart, Archivalien zur Baugeschichte des ›Neuen Jagdhauses Mädelhofen‹, in: ebenda, S. 59 ff.
364 Wamser (wie Anm. 362), S. 37 ff.
365 Ebenda, S. 52 ff.
366 Stefan Kummer, Der Ovalrisalit des ›Jagdhauses Mädelho-

fen‹. Anmerkungen zur angeblichen »Kurvenfeindlichkeit« Balthasar Neumanns, in: ebenda, S. 83 ff.

367 Joachim Hotz, Balthasar Neumanns Entwürfe für das fürstbischöflich-würzburgische Jagdschloß im Guttenberger Wald, in: Mainfränkisches Jahrbuch 33, 1981, S. 153 ff. – Hansmann (wie Anm. 357), S. 39 ff. – Hasekamp (wie Anm. 127), S. 150 ff. – Ludwig Wamser, Das »Hochfürstliche Jagdschloß Guttenberg« und sein archäologisches Umfeld. Mit einem Exkurs zu Balthasar Neumanns Neubauentwürfen, in: Katalog 1994 (22), S. 97 ff.

368 Ingrid Dennerlein, Die Gartenkunst der Régence und des Rokoko in Frankreich, Worms 1981, S. 55.

369 So konnte Uta Hasekamp (wie Anm. 127), S. 144 wörtliche Übernahmen aus Dezallier d'Argenvilles »La Théorie et la Pratique du Jardinage« und aus Davilers »Cours d'Architecture« für Neumanns »Project eines Parterres oder Ziehr- und Blumen-Beet etc.« (Hdz 4718) im Würzburger Hofgarten nachweisen (Abb. 9–11).

370 Grundlegend: Andersen (25).

371 Ebenda, S. 6 ff. – Reuther (43), S. 60 ff., Taf. 40 ff. – Hellmut Lorenz, Balthasar Neumanns Pläne für die Wiener Hofburg, in: Korth/Poeschke (50), S. 131 ff.

372 Andersen (25), S. 31 ff. – Dies., Die Residenz in Stuttgart, in: Katalog 1975 (18), S. 75 f. (mit Farbtafeln). – Reuther (43), S. 51 ff., Taf. 32 ff. – Schneider (54), S. 31 ff.

373 Andersen in Katalog 1997 (wie Anm. 372), S. 76, Nr. 3.

374 Ebenda, S. 85 f., Nr. 9 f.

375 Andersen (25), S. 61 ff.

376 Dies., Die Residenz in Karlsruhe, in: Katalog 1975 (18), S. 61. – Schneider (54), S. 17 ff.

377 Ebenda, S. 68, Nr. 9.

378 Reuther (43), S. 71 f. – Schütz (15), S. 77 ff. – Schneider (54), S. 43 ff.

Eine Sonderaufgabe des Schloß- und Klosterbaus: das Treppenhaus (S. 150)

379 Hansmann (31), S. 63.

380 Briefe S. 94.

381 Harald Keller, Das Treppenhaus im deutschen Schloß- und Klosterbau des Barock, München 1936, S. 89.

382 Erich Hubala, Renaissance und Barock, Frankfurt – Innsbruck 1968, S. 203. – Schütz (15), S. 69 ff. – Schneider (54), S. 63 ff. – Franz (55), S. 183 ff.

383 Zit. nach: Sedlmaier/Pfister (28) 2, S. 102.

384 Hubala/Mayer/von der Mülbe (33), S. 225 f.

385 Zit. nach: Keller (11), S. 66. – Seit den Sicherungsarbeiten von 1964–1966 steht außer Zweifel: Neumanns konstruktiver Wagemut im Bereich von Vestibül, Weißem Saal und Treppenhaus – statisch ein eng zusammenhängender Komplex – beruht auf empirischem Wissen. Die Last des Vestibülgewölbes mit dem Fußboden des Weißen Saals und des Dachstuhls legt Neumann auf zwei Doppelsäulenpaare. Zusätzlich belastet er die nördlichen beiden Doppelsäulen – die am Treppenhaus – mit der Nordwand des Weißen Saales. Man hat errechnet, daß jede Doppelsäule eine Auflast von 385 Tonnen und einen Horizontalschub von 80 Tonnen aufzufangen hat. Die Wand zwischen Treppenhaus und Weißem Saal trifft nicht mittig auf die Doppelsäulen auf, sondern ist um etwa 80 cm nach Süden verschoben. »Es läßt sich eindeutig feststellen, daß dies in voller Absicht geschehen ist. Balthasar Neumann hat dadurch bewirkt, daß die Resultante der waagerechten und senkrechten Kräfte durch die Schwerachse der Säulenpaare verläuft. Diese wohlüberlegte Konstruktion konnte nur so lange standhalten, wie die der Berechnung zugrunde gelegten Kräfte der Wirklichkeit entsprachen. Diese Relation wurde im Laufe der Jahre im wesentlichen wohl durch die Verminderung der von Balthasar Neumann angesetzten senkrechten Lasten (u. a. Ersatz des Eichenholzdachstuhls durch eine leichtere Konstruktion) gestört, wobei die horizontalen Lasten ein gefährliches Übergewicht erhielten«: Lars Landschreiber, Sicherung des Vestibüls, des Treppenhauses und des Weißen Saales in der Residenz Würzburg, in: Deutsche Kunst und Denkmalpflege 26, 1968, S. 87. – Zu den Sicherungsarbeiten auch: Hubala/Mayer/von der Mülbe (33), S. 267 ff.

386 Reuther (43), S. 39 f.

387 Sedlmaier/Pfister (28) 1, Abb. 104, 108.

388 Büttner/von der Mülbe (wie Anm. 188), S. 93 ff. – Krückmann (wie Anm. 186).

389 Burkard von Roda, Adam Friedrich von Seinsheim. Auftraggeber zwischen Rokoko und Klassizismus. Zur Würzburger und Bamberger Hofkunst anhand der Privatkorrespondenz des Fürstbischofs (1755 bis 1779), Neustadt/Aisch 1980, S. 126 ff.

390 Hansmann (31), S. 20 ff., 35 ff. – Schütz (15), S. 66 ff. – Franz (54), S. 208 ff.

391 Hansmann (31), S. 40 ff., Abb. 12 f., 16 ff.

392 Wolfgang Herrmann, Balthasar Neumanns Umbauprojekte für die Wiener Hofburg, in: Zeitschrift für Denkmalpflege 2, 1927/28, S. 9 ff. – Andersen (25), S. 11 ff. – Schütz (15), S. 79 ff. – Lorenz (wie Anm. 371). – Schneider (54), S. 77 ff.

393 Andersen (25), S. 34 ff. – Dies. in: Katalog 1975 (18), S. 76 ff. – Schütz (15), S. 73 ff. – Schneider (54), S. 31 ff.

394 Andersen (25), S. 46 ff. – Dies. in: Katalog 1975 (18), S. 88 f. mit Farbabb.

395 J. Wille, Briefwechsel Balthasar Neumanns mit Kardinal Schönborn (1728–1730) nebst einer Denkschrift von 1746, in: Zeitschrift für die Geschichte des Oberrheins, Neue Folge 14, 1899, S. 475.

396 Georg Dehio, Handbuch der Deutschen Kunstdenkmäler 4, Südwestdeutschland, 2. Aufl. Berlin 1926, S. 44. – Jörg Gamer, Bruchsal. 1. Fürstbischöflich-speyerisches Residenzschloß St. Damiansburg, in: Katalog 1975 (18), S. 9 ff. – Schütz (15), S. 64 ff. – Franz (55), S. 193 ff.

397 Artur Haßler, Der Wiederaufbau des Bruchsaler Schlosses, in: Katalog 1975 (18), S. 51 ff.

398 Joachim Hotz, Balthasar Neumanns Anteil am Neuen Schloß in Meersburg, in: Jahrbuch der Staatlichen Kunstssammlungen in Baden-Württemberg 1, 1964, S. 199 ff.

399 Ebenda, S. 210.

400 Hans Reuther, Studien zu Treppenanlagen Balthasar Neumanns, in: Zeitschrift des Deutschen Vereins für Kunstwissenschaft 24, 1970, S. 152 ff.

Klosterarchitektur und andere Bauaufgaben (S. 176)

401 Felix Mader/Georg Lill, Die Kunstdenkmäler von Unterfranken und Aschaffenburg, Heft 17, Stadt und Bezirksamt Schweinfurt, München 1917, S. 165 ff. – Franz (55), S. 169 ff.

402 Reuther (14), S. 138 ff.

403 von Freeden (40), S. 102.

404 Walter Tunk/Burkard von Roda, Veitshöchheim. Schloß

und Garten, 7. Aufl. München 1997, S. 32 ff.
405 Reuther (wie Anm. 400), S. 149 ff.
406 Margarete Kämpf, Das fürstbischöfliche Schloß Seehof bei Bamberg, Bamberg 1956, S. 77 ff. – Alfred Schelter in: Katalog 1994 (22), Nr. 277 f.
407 Andreas Scherf, Balthasar Neumanns Gartenhaus in Randersacker, in: Fränkische Heimat 16, Nürnberg 1937, S. 121 f. – von Freeden (13), S. 29. – Bei Restaurierungsarbeiten 1991 fand sich im Pavillon »in sekundärer Fundlage – in der Füllschicht (Fehlbodenschüttung) der ersten Erneuerungsphase des oberen Plattenbodens – als möglicherweise alt verlegter Einzelfund« ein aus drei Teilen zusammengesetzter Stechzirkel mit teilweise facettierten Schenkeln, wie ihn die Architekten des Barock benutzten. Das aus Eisen geschmiedete Gerät könnte Neumann gehört haben: Ludwig Wamser in: Katalog 1994 (22), Nr. 103.
408 Fritz Michel, Die Kunstdenkmäler der Stadt Koblenz. Die profanen Denkmäler und die Vororte, München – Berlin 1954, S. 414 ff. – Franz Josef Talbot, Das Dikasterialgebäude in Koblenz-Ehrenbreitstein. Ein Verwaltungsbau von Balthasar Neumann, Neuss 1995. – Franz (54), S. 215 ff.
409 Bruno Grimschitz, Johann Lucas von Hildebrandt, Wien-München 1959, S. 214.
410 Lohmeyer (wie Anm.179), S. 50.

Stadtbaukunst und Wohnarchitektur (S. 184)

411 Hofmann (47), S. 257.
412 von Freeden (40), S. 49.
413 Quellen 903.
414 Quellen 978.
415 von Freeden (40), S. 25.
416 Ebenda, S. 42 ff., Abb. 17.
417 Zit. nach: von Freeden (40), S. 67. – Zu Seminar und Spital vgl.: Heinrich Mayer, Bamberg als Kunststadt, 2. Aufl. Bamberg 1955, S. 286 ff. – Tilmann Breuer/Reinhard Gutbier, Die Kunstdenkmäler von Oberfranken (Die Kunstdenkmäler von Bayern) 7. Stadt Bamberg, Bd. 5. Innere Inselstadt, München 1990, S. 335 ff., S. 366 ff.
418 von Freeden (40), S. 68.
419 Mayer (wie Anm. 417), S. 283.
420 von Freeden (40), S. 54 ff. – Franz (55), S. 173.
421 von Freeden (40), S. 56.
422 Ebenda, S. 70 f. – Mayer (wie Anm. 417), S. 123 f.
423 von Freeden (40), S. 104.
424 Ebenda, S. 106.
425 Ebenda, S. 83.
426 Ebenda, S. 90 ff., Abb. 49.
427 Ebenda, S. 93 ff.
428 Ebenda, S. 97.
429 Ebenda, S. 99.
430 Briefe S. 69.
431 von Freeden (40), Abb. 19.

Festungs- und Ingenieurbau (S. 192)

432 Franz Seberich, Die Stadtbefestigung Würzburgs 2. Die neuzeitliche Umwallung, Mainfränkische Hefte 40, 1963, S. 225 f. – von Freeden (wie Anm. 15), S. 150 ff.
433 Reuther (14), S. 155 f. – Ausführlich: Breuer/Gutbier (wie Anm. 417), S. 1256 ff.
434 Reuther (14), S. 156. – Hotz (46) 1, S. 35.
435 Karl Lohmeyer, Briefe Balthasar Neumanns über die Anlage der Coblenzer Wasserleitung. 1751–1753, in: Zeitschrift für Geschichte der Architektur 6, 1913, S. 13 ff.
436 Ebenda, S. 15.

Das Feuerwerk von 1725 (S. 197)

437 Erschienen in Würzburg bei Heinrich Engmann, Hofbuchdrucker. Exemplar in der Universitätsbibliothek Würzburg Rp 24, 252 fo/23. Hiernach die Zitate. – Zum Feuerwerk: Hotz (48), S. 14 ff.
438 Auf die Möglichkeit der Eigenhändigkeit deutet die Legende der Zeichnung: Das Feuerwerk sei »vorgestellt worden den 22. September 1725 durch Balt: Neumann, auch gezeichnet«. Das Blatt kann aber auch eine Reinzeichnung aus dem Baubüro nach einer Vorlage Neumanns sein.
439 Der Schauplatz des Feuerwerks ist gut zu erkennen auf dem Stich von Johann Salver nach Balthasar Neumann »Wasserjagd auf dem Main« anläßlich des Besuchs der Erzherzogin Elisabeth von Österreich: Hotz (46) 1, Abb. 15. Die Wasserjagd fand am 23. September 1725, einen Tag nach dem Feuerwerk, statt.

»...DIE GNAD GEHABT, EINIGE GUTE UNTERTHANIGSTE DIENSTE ZUM GNADIGSTEN VERGNUGEN ZU TUN...«

Würdigung und Rückblick (S. 199)

440 Bönicke (wie Anm. 124).
441 Cornelius Gurlitt, Geschichte des Barockstiles und des Rococo in Deutschland, Stuttgart 1889, S. 338.
442 Eckert (27), S. 149.
443 Sedlmaier/Pfister (wie Anm. 40), S. 366.
444 Gemeint sind wohl die Arbeiten Wolfgang Herrmanns (wie Anm. 313, 392).
445 Adolf Feulner, Johann Balthasar Neumann 1687–1753, in: Die Großen Deutschen. Neue Deutsche Biographie 2, Berlin 1935, S. 67 f.
446 Manitz (52) 1, S. 345 f.
447 Quellen 1023.
448 A. E. Brinckmann, Von Guarino Guarini bis Balthasar Neumann, Berlin 1932, S. 4.
449 Manitz (52) 1, S. 345.
450 Umfassend: Hans Reuther, Die künstlerische Einwirkung von Johann Lucas von Hildebrandt auf die Architektur Balthasar Neumanns, in: Architectura 1973, S. 58 ff.
451 Grimschitz (wie Anm. 409).
452 Morper (wie Anm. 59).
453 Grimschitz (wie Anm. 409), S. 215.
454 Lehmann (wie Anm. 230), S. 237.
455 Briefe S. 134.
456 Ob die überlieferten Zeichnungen wirklich die Blätter von Neumanns Händen sind oder von seinen Zeichnern gefertigt wurden, wird wohl nie zu klären sein.
457 Jacob Burckhardt, Weltgeschichtliche Betrachtungen, hg. von Rudolf Marx, Stuttgart 1978, S. 219.
458 von Freeden (13), S. 10.

Glossar

Corps de logis – mittleres Hauptgebäude oder Haupttrakt vonSchlössern des 17. und 18. Jahrhunderts
Diaphan – durchscheinend
Dreikonchenanlage – Kirche mit drei halbrunden oder polygonalen Apsiden in der Grundrißform eines Kleeblatts
Hermenpilaster – Pilaster mit einem sich nach unten verjüngenden Schaft
Interkolumnie – Abstand zwischen zwei Säulen, von Säulenachse zu Säulenachse gemessen
Kannelüren – senkrechte konkave Rillen am Schaft von Säulen und Pilastern
Lambrequin – Querbehang mit Quasten oder Spitzen, im Barock auch aus Stein oder Stuck nachgebildet
Lisene – schmaler, senkrechter, flach der Wand vorgelegter Mauerstreifen ohne Basis und Kapitell
Longitudinalbau – im Gegensatz zum Zentralbau ein Bauwerk, bei dem die Längsachse dominiert
Maison de plaisance – Lustschloß mit einer bestimmten Grundrißdisposition, bei der in der Regel Vestibül und Salon die Raumgruppe der Längsachse bilden. Der Begriff wird neuerdings allgemeiner gefaßt
Mensa – Platte eines Altars
Mezzanin – niedriges Zwischengeschoß
Okulus – kreisförmiges oder ovales Fenster
Pendentif – Hängezwickel, Eckzwickel oder Teilgewölbe, ein sphärisches Dreieck, um vom quadratischen Grundriß eines Raumkörpers zum Fußkreis einer Kuppel überzuleiten
Pilaster – Wandpfeiler mit Basis und Kapitell
Risalit – ein aus der Flucht eines Baukörpers vorspringender Gebäudeteil, der höher sein kann als der Hauptbau und oft ein eigenes Dach hat. Je nach Lage unterscheidet man Mittel-, Seiten- oder Eckrisalit
Rotunde – Zentralbau mit rundem oder ovalem Grundriß
Stichkappe – Gewölbeteil, der in das Hauptgewölbe senkrecht einschneidet. Notwendig bei Fenstern oder anderen Maueröffnungen, die in die Gewölbezone eingreifen
Stipes – Träger der Platte (Mensa) eines Altars
Stutzkuppel – Kuppelausschnitt über einer kleineren Fläche innerhalb des Grundquadrats des umbeschriebenen Kreises
Travée – in der Architektur der Renaissance und des Barock Wandabschnitt, bestehend aus zwei Stützen (Säulen oder Pilaster), einem Gebälk und dem Intervall dazwischen
Trompe – Gewölbezwickel in der Form eines halben Hohlkegels mit nach unten gekehrter Öffnung
Volute – spiral- oder schneckenförmig gerolltes Bauglied
Voute – Deckenkehle, konkav gerundeter Übergang von der Wand zur Decke
Ziborium – auf Säulen ruhender Aufbau (Baldachin) über einem Altar

Balthasar Neumann
Zeittafel zu Leben und Werk (Auswahl)

1687 am 30. Januar in Eger als Sohn des Tuchmachers Hans Christoph Neumann und seiner Frau Rosina, geb. Grassold, getauft; siebtes von neun Kindern
1700 Beginn der Lehre als Geschütz- und Glokkengießer bei seinem Taufpaten Balthasar Platzer in Eger
1711 nach Würzburg; Tätigkeit als Geschützgießergeselle; Lehrbrief der »Büchsenmeister- Ernst- und Lustfeuerwerkerey«
1712 Studium der Geometrie, des Fortifikationswesens und der Architektur
1713 Anfertigung des »Instrumentum Architecturae«, eines Proportionalzirkels
1714 Eintritt als Fähnrich in die hochfürstlich-würzburgische Schloßleibkompanie
1715 Grundrißplan der Stadt Würzburg; als Brunnenspezialist beim Schloß Gaibach
1716 Tätigkeit beim Neuen Bau der Zisterzienserabtei Ebrach; wieder als Brunnenspezialist beim Schloß Gaibach
1717 im Türkenfeldzug Teilnahme an der Eroberung Belgrads unter Prinz Eugen; in Wien
1718 in Oberitalien, Tätigkeit in Mailand; Ernennung zum hochfürstlich-würzburgischen Ingenieurhauptmann
1719 Beginn der Planung für die Würzburger Residenz, dabei Mitwirkung anderer führender Architekten aus Mainz, Paris und Wien; Baubeginn 1720, Rohbau und Teile der Ausstattung 1744 vollendet, Mitwirkung an der Ausstattung bis 1753
1720 Ernennung zum hochfürstlich-würzburgischen Artilleriehauptmann
1721 Eingreifen in die Planung der Schönbornkapelle am Würzburger Dom, Ausführung bis 1736
1722 Einsetzung der Stadtbaukommission und Überwachung des gesamten bürgerlichen Bauwesens in Würzburg bis 1753
1723 Reise nach Paris
1724 Ernennung zum hochfürstlich-würzburgischen Artillerie- und Ingenieurmajor
1725 Heirat mit Maria Eva Engelberta Schild, Tochter des Geheimen Hofrats Dr. Franz Ignaz Schild
1726 Planung für die Benediktinerpropsteikirche in Holzkirchen bei Würzburg, Baubeginn 1728, vollendet 1730
1727 Pläne und Baubeginn der Benediktinerabteikirche Münsterschwarzach am Main, Ausführung bis 1743, im 19. Jahrhundert abgebrochen
1728 Beginn der Mitarbeit am Schloßbau in Bruchsal
1729 Friedrich Karl von Schönborn wird Fürstbischof von Bamberg und Würzburg, Neumanns wichtigster Bauherr; Ernennung zum Obristleutnant der Fränkischen Kreisartillerie; Planung des Domkapitelhauses in Bamberg, erbaut 1730–1733
1730 Planung und Baubeginn der Wallfahrtskirche in Gößweinstein, vollendet 1739
1731 Modell für das Treppenhaus im Bruchsaler Schloß
1732 endgültiger Entwurf für die Hofkirche der Würzburger Residenz, geweiht 1734
1733 Projekt I für Schloß Werneck
1734 Projekt II für Schloß Werneck; Baubeginn danach, vollendet 1745
1735 endgültige Planung zum Treppenhaus der Residenz in Würzburg; der dortige Kaisersaalpavillon im Bau
1736 Planung und Bau der Kirche in Retzbach am Main, geweiht 1740
1737 Pacht der Glashütte zu Schleichach im Steigerwald
1738 Planung der Peterskirche in Bruchsal, vollendet 1747; Entwurf für den Hochaltar im Dom zu Worms; Pläne für das Dikasterialgebäude in Koblenz-Ehrenbreitstein, vollendet 1748
1739 Planung und Baubeginn der Pfarrkirche in Heusenstamm bei Offenbach, Rohbau 1740 fertiggestellt, 1742 ausgestattet
1740 Aufenthalt in Bonn und Brühl, Weiterreise

nach Holland; Pläne für die Pfarrkirche in Gaibach, Baubeginn 1742, Weihe 1745; erste Entwürfe für das Käppele in Würzburg

1741 Baubeginn der Heiligkreuzkirche in Kitzingen-Etwashausen, vollendet 1745; Modell für das Treppenhaus in Schloß Augustusburg zu Brühl; Ernennung zum Obristen der Fränkischen Kreisartillerie

1742 Planung und Baubeginn der Jesuitenkirche in Mainz, ausgebrannt 1793, abgebrochen 1805–1811; erste Planung für Vierzehnheiligen, Baubeginn 1743, Neuplanung nach Änderung in der Bauausführung 1744, Weihe 1772

1743 Erwerb des Hofes »Niederfrankfurt« neben dem Wohnhaus »Oberfrankfurt« und Umbau; Inbesitznahme des Edelhofs mit den Weinbergen in Randersacker, Bau von zwei Gartenpavillons, davon einer erhalten

1744 Richtfest der Würzburger Residenz

1745 Pläne für die Heilige Stiege auf dem Kreuzberg in Bonn-Poppelsdorf, ausgeführt 1746–1751

1746 Tod des Fürstbischofs Friedrich Karl von Schönborn, sein Nachfolger entläßt Neumann als Oberbaudirektor; 1746 und 1747 Entwürfe für den Neubau der Hofburg in Wien, nicht ausgeführt

1747 Entwürfe für die Benediktinerabteikirche Neresheim, Baubeginn, Weihe 1792; Pläne für den Neubau des Schlosses in Stuttgart, weitere Entwürfe 1748/49, nicht ausgeführt

1748 weitere Pläne und Bau des Käppele in Würzburg, Rohbau 1749 vollendet

1749 Wiederbestallung als Oberbaudirektor in Würzburg durch den neuen Fürstbischof Carl Philipp von Greiffenclau; Ausführungsentwurf für Neresheim; Anbau von Sakristei und Ornatkammer des Würzburger Domes; Anbauten und Treppenhaus für Schloß Veitshöchheim, vollendet 1753

1750 Pläne für den Neubau des Schlosses in Karlsruhe, weitere Entwürfe 1751, nicht ausgeführt

1751 Pläne und Baubeginn für die Wallfahrtskirche Maria-Limbach, vollendet 1755

1752 Pläne zum Neubau des Schlosses in Schwetzingen, nicht verwirklicht

1753 am 19. August in Würzburg gestorben, Begräbnis am 22. August in der Marienkapelle am Markt

Eine erschöpfende Zusammenstellung der »Daten zum Leben und Werk Balthasar Neumanns« von Max H. von Freeden und Hans-Peter Trenschel in: Katalog 1987 (20), S. 31 ff.

Die wichtigsten erhaltenen Bauwerke Balthasar Neumanns

Zusammengestellt nach Reuther (14) S. 175 ff. und (24) S. 45 ff., dem Dehio-Handbuch der Deutschen Kunstdenkmäler, einschlägiger Literatur und eigenen Reisenotizen.

Arnstein

Kath. Pfarrkirche St. Nikolaus
1732–1734. Wohl nach Plan aus dem Baubüro Neumanns. Ausgeführt durch Maurermeister Paul Mayer und Zimmermeister Joseph Gruber, beide aus Bamberg. Saalartiges Langhaus mit flacher Stichkappentonne, eingezogenem, dreiseitig geschlossenem Chor mit Stichkappengewölbe, Turm am Chor mit Zwiebelhaube und Laterne. – Hochaltar 1735–1738 von Martin Walther, Altarblatt von Johann Joseph Scheubel d. Ä. (?), figürlicher Schmuck aus der Werkstatt des Johann Georg Stöhr. Kanzel 1738 von Walther.

Bad Kissingen

Kath. Friedhofskirche St. Burkard
1727–1744. Der einfache Saalbau des Langhauses mit Voutendecke nach Neumanns Plan wurde an den Chor und das nördlich anschließende Turmuntergeschoß von 1446 angefügt. Turmobergeschoß mit Zwiebelhelm Ende 19. Jahrhundert.

Bamberg

Ehem. Benediktinerinnen-Kloster
(jetzt Karmelitenkloster und Kirche St. Theodor)
Der Westflügel des Konventsgebäudes nach einem umgestalteten Neumann-Plan von 1737 durch Justus Heinrich Dientzenhofer 1739/40 verwirklicht.

Curia St. Hippolyti
(Stadionscher Domherrenhof, Domplatz 1)
Von 1739 an zusammen mit Justus Heinrich Dientzenhofer (vgl. S. 186f.).

Domkapitelhaus
1730–1733 (vgl. S. 186 f.). – Der Kapitelsaal im Obergeschoß (Steinsaal) mit reichem Stuck von Seba-stian Binkart am Spiegelgewölbe (1732).

Domkreuzgang
Rekonstruktion des im 15. Jahrhundert erbauten Südflügels mit Kreuzrippengewölbe durch Neumann 1733.

Ehem. Katharinenspital
(jetzt Wohn- und Geschäftshaus, Grüner Markt 31 / Maximiliansplatz 1 / Fleischstraße 4)
1729–1738 (vgl. S. 185)

Ehem. Klerikalseminar
(jetzt Neues Rathaus, Maximiliansplatz 3 / Hauptwachstraße 1)
1732–1737 (vgl. S. 185)

Bonn

Schloß Poppelsdorf
(jetzt naturwissenschaftl. Institute der Universität)
Neumann sind die Fassade des Nordwestflügels und die Freitreppe vor der Südostfassade von ca. 1744 zuzuschreiben.

Heilige Stiege
an der Wallfahrtskirche auf dem Kreuzberg
1746–1751 (vgl. S. 93ff.)

Bruchsal

Kaserne (Huttenstraße 20–22)
1746 entworfen für das aus 280 Mann bestehende fürstbischöfliche Kreis-Kontingent. Grundsteinlegung 1750, Ausführung bis 1753 durch Johann Georg und Leonhard Stahl. Zwei rechtwinklig um einen Hof gelegte, zweigeschossige Gebäude, durch eine Toranlage verbunden. Nach der Zerstörung im Zweiten Weltkrieg nur die Trakte an der Huttenstraße wiederhergestellt, die Flügel zu seiten des Hofes abgetragen.

Ehem. fürstbischöflich-speyerisches Residenzschloß, St. Damiansburg
Entwurf der Gesamtanlage 1720 durch Maximilian von Welsch. Neumann wird von 1728 an bis zu seinem Tode für alle wichtigen Bauentscheidungen herangezogen. Pläne für alle wesentlichen Neubau-

ten und Veränderungen: Entwürfe für das südliche Drittel des Corps de logis (1729), Stiegenhaus, Vestibül, Grottensaal, Gartensaal und die Mittelrisalite der Hof- und Gartenseite (1731), die Gräben (1737), das Torwachtgebäude und das Jagdamt (1738), den Kirchturm (1738), die Reithalle (1744), die Verbreiterung und Erhöhung der Verbindungsbauten (1746), das Zeughaus (1746) und die Wasserleitung (1748–1750). Vgl. S. 168ff.

Kath. Pfarrkirche St. Peter
Abbruch des mittelalterlichen Vorgängerbaus 1738, Bauzeit 1740–1746 (vgl. S. 73ff.). – Stukkaturen 1745 von einem unbekannten Künstler fertiggestellt. Hochaltar nach Neumanns Angabe von Johann Wolfgang van der Auvera entworfen 1747 (vgl. S. 124f.), Figuren von Johann Adam Vierosteck (vergoldet 1754), Hochaltargemälde von Lothar Ignaz Schweickart 1748. Seitenaltäre von Johann Michael Feichtmayr d. J. 1754/55, Figuren der Immakulata und des hl. Sebastian von Johann Joachim Günther. Kanzel von Feichtmayr 1756.

Brühl

Treppenhaus in Schloß Augustusburg
Planungsbeginn durch Neumann 1740, Ausstattung um 1750 und nach 1761 (vgl. S. 157ff.).

Ehem. Franziskaner- und Schloßkirche St. Maria von den Engeln (jetzt kath. Pfarrkirche)
Hochaltar 1745 (vgl. S. 126ff.). Im Zweiten Weltkrieg stark beschädigt, bei der Restaurierung und Teilrekonstruktion 1955–1961 leider in Details nicht originalgetreu wiederhergestellt.

Burgebrach

Kath. Pfarrkirche St. Veit
1730 Neubauentwurf Neumanns für das Langhaus der spätgotischen Kirche unter Einbeziehung des alten Chores mit südöstlich angefügtem Turm. Ausführung des Langhauses, einem dreijochigen Saal mit Stichkappentonne, 1731. Mit der Verlängerung des Saales 1925 wurde das Innere weitgehend verändert.

Dirmstein

Simultane St. Laurentiuskirche
Nach reduziertem Entwurf Neumanns von 1740 erbaut 1742–1747. Flachgedeckte Saalkirche mit dreiseitigem Chor. Die beiden westlichen Achsen durch eine Zwischenwand abgetrennt und als evangelischer Teil genutzt. Spätgotischer Turm des 1689 zerstörten Vorgängerbaus an der Nordseite. – Hochaltar nach dem Vorbild des Neumannschen Domhochaltars in Worms.

Distelhausen

Kath. Pfarrkirche St. Markus
Nach einem Entwurf aus Neumanns Baubüro errichtet durch den Maurermeister Holzmann aus Ochsenfurt 1731–1738. Flachgedeckte Saalkirche mit eingezogenem gewölbtem Chor, außen dreiseitig, innen rund geschlossen. An der Nordseite des Chores der Turm des mittelalterlichen Vorgängerbaus. – Prachtvolle Rokokoausstattung, zwischen 1738 und 1750 entstanden. – Umfassende Restaurierung 1968–1973.

Dittigheim

Kath. Pfarrkirche St. Vitus
Ein erster Entwurf aus Neumanns Baubüro von 1739 will den spätromanischen Vorgängerbau durch eine gewölbte Fassadenturmkirche ersetzen. Aufgabe der Wölbung im zweiten Büroentwurf 1744 zugunsten einer Voutendecke in Langhaus und Chor. Bauausführung 1748–1752 unter der Bauleitung des Ingenieur-Hauptmanns Johann Georg Müller aus Würzburg, der auch als Zeichner Neumanns tätig ist. Der Turm mit Zwiebelhaube zur Hälfte aus der Fassade mit Giebelflanken heraustretend. Dreiachsiger Saal, eingezogener Chor mit dreiseitigem Schluß. – Deckenmalerei 1750 von Johann Michael Wolcker.

Eltingshausen

Kath. Pfarrkirche St. Martinus
Nach Plänen aus dem Baubüro Neumanns durch Maurermeister Johann Müller aus Eßleben 1744–1746 errichtet. Flachgedecktes Langhaus mit kreuzgratgewölbtem Chor. Einbezogen der Kern des romanischen Turmes, als Sakristei genutzt. – Deckengemälde »Mariae Himmelfahrt« und Hochaltarblatt »Geburt Christi« von Johann Andreas Herrlein 1746. Zeitgleich entstehen die Altäre.

Euerbach
Kath. Pfarrkirche St. Michael
1738–1746. Einschiffige Fassadenturmkirche an der westlichen Stirnseite des Schlosses. Im zweijochigen Langhaus gegurtetes Stichkappentonnengewölbe. Eingezogener Chor mit dreiseitigem Schluß, Kreuzgewölbe und Stichkappenschluß. – Ausstattung in ländlichem Rokoko, zwei Altarblätter von Georg Sebastian Urlaub.

Forchheim
Ehem. Kaserne (jetzt Waisenhaus, Kasernenstr. 7)
Mansarddachbau 1730–1735 nach Neumanns Entwurf.

Gaibach
Kath. Pfarrkirche Hl. Dreifaltigkeit
1742–1745 (vgl. S. 79ff.). Ausgeführt durch Maurermeister Johann Joseph Fischbacher aus Würzburg (gest. 1744), danach durch Johann Adam Stohr aus Gerlachshausen bei Kitzingen. – Haupt- und Seitenaltäre aus Stuckmarmor von Antonio Bossi 1747/48. Hochaltarbild mit der Huldigung der Heiligsten Dreifaltigkeit durch das Haus Schönborn von Franz Lippold um 1748 (vgl. S. 15). »Verklärung des hl. Johannes Nepomuk« im rechten Seitenaltar von Franz Anton Zeiller und Gottfried Bernhard Goez. Orgel von Johann Philipp Seuffert 1747/48, Prospekt aus der Werkstatt des Martin Gutmann, Mittelteil mit dem Schönbornwappen von Rainer Wirl (Zahlungen 1750/51). Von ihm auch die Schnitzereien der Kanzel.

Geisfeld
Kath. Pfarrkirche
St. Maria und St. Markus
Erbaut 1753/54 nach leicht veränderten Plänen Neumanns von 1753 durch Maurermeister Lorenz Pauli aus Trier. Mit Stichkappentonne überwölbtes Langhaus; der dreiseitig schließende Chor erst 1767/68 hinzugefügt. An der Südseite des Chores der mittelalterliche Turm des Vorgängerbaus.

Gemeinfeld
Kath. Pfarrkirche Mariae Geburt
1737 als Baubürowerk Neumanns errichtet, dabei der im Kern spätgotische Turm einbezogen. Vierachsiges flachgedecktes Langhaus mit Giebelfront nach Norden, eingezogener Chor mit Kreuzgratgewölbe.

Glosberg
Kath. Pfarr- und Wallfahrtskirche
St. Mariae Geburt
Turmaufbau 1733–1735 nach Neumanns Entwurf.

Gössweinstein
Kath. Pfarr- und Wallfahrtskirche
zur Hl. Dreifaltigkeit
Planung 1729, Bauzeit 1730–1739, Innenausstattung erst 1768 abgeschlossen (vgl. S. 71ff.). – Hochaltar nach Entwurf Johann Jacob Michael Küchels 1740. Auch die Seitenaltäre und die Kanzel nach Küchels Entwurf.

Hallstadt
»Mainschlößchen«
Das Gartenhaus des Ludwig Carl Graf von Ostein mit Mansarddach 1735 durch zwei Eckpavillons nach Neumanns Entwurf erweitert.

Heidenfeld
Ehem. Augustinerchorherrenstift
(jetzt Erholungsheim)
1723–1733 (vgl. S. 176f.). Seit 1935 moderner Südtrakt anstelle der nach der Säkularisierung abgebrochenen Kirche.

Heusenstamm
Kath. Pfarrkirche St. Cäcilia und St. Barbara
1739–1744 (vgl. S. 82ff.).

Hofheim am Ried
Ehem. Simultankirche St. Michael
(jetzt kath. Pfarrkirche)
1747–1750. Erster Entwurf 1743. Der Ausführungsentwurf verzichtet auf eine Einwölbung. Fassadenturmkirche mit dreiachsigem Langhaus und eingezogenem Chor mit innen gerundetem, polygonalem Schluß.

Holzkirchen

Ehem. Benediktinerpropsteikirche St. Sixtus
(jetzt kath. Pfarrkirche St. Michael) 1728–1730 (vgl. S. 57f.).

Ingolstadt (Unterfranken)

Kath. Pfarrkirche
Unbefleckte Empfängnis
1751–1753. Schlichte, gut proportionierte Fassadenturmkirche. Der Turm mit Zwiebelhelm tritt risalitartig vor. Dreiachsiges Langhaus, eingezogener fünfseitiger Chor, beide mit Voutendecke.

Kitzingen-Etwashausen

Kath. Heiligkreuzkirche
Entwurf 1740, Bauzeit 1741–1745 (vgl. S. 86ff.).

Klosterdorf

Kath. Franziskaner-Minoritenkirche
Mariae Geburt mit Wallfahrtskapelle Maria Hilf
Entwurf aus Neumanns Baubüro 1731/32. Einwölbung 1734, Weihe 1735. Turmloses vierjochiges Langhaus mit gegurteter und segmentierter Stichkappentonne auf Wandpfeilern. Einjochiger, gleichartig gewölbter Chor mit dreiseitigem Schluß. Anbau der Maria-Hilf-Kapelle am Chorhaupt 1743–1745.

Koblenz-Ehrenbreitstein

Festung
Die sog. Schönbornwerke an der Nordseite seit 1733 durch Neumann und später durch Johannes Seiz erbaut.

Dikasterialgebäude (heute Finanzamt)
1739–1748 (vgl. S. 181ff.).

Kronach

Festung Rosenberg
Umbau der im Südflügel der Kernburg gelegenen ehem. Kemenate (Teile wohl zweite Hälfte 13. Jahrhundert, im wesentlichen 15. Jahrhundert) nach Neumanns Entwurf zur dreigeschossigen Neuen Kaserne mit einer einfachen Fassadengliederung 1730–1733.

Maria-Limbach

Kath. Wallfahrts- und Pfarrkirche
Mariae Heimsuchung
Baubeginn 1751, Weihe 1755 (vgl. S. 114ff.). – Sparsame Stuckierung noch nach Neumanns Angaben. Großartige Ausstattung von Peter Wagner 1761.

Meersburg

Treppenhaus des Neuen Schlosses
1740/41, erneuert 1759–1762 (vgl. S. 174).

Merkershausen

Kath. Pfarrkirche St. Martin
1737 erster Neubauplan Neumanns und von ihm überarbeiteter Riß des Maurermeisters Johann Michael Schmitt aus Bad Königshofen. Ausführung 1737 nach dem Riß Schmitts begonnen, Weihe 1743. Einschiffige Wandpfeilerkirche mit Stichkappentonnengewölbe, der Turm nördlich am eingezogenen Chor im Kern 14. Jahrhundert, Obergeschoß 1601.

Michelau

Kath. Kirche St. Michael und St. Georg
1738–1742, Weihe 1752. Elegant gezeichnete schlichte Fassade mit risalitartig vortretendem Turm, von eingeschnürtem Zwiebelhelm gekrönt, hier erstmals bei einer Landkirche Neumanns. Zweijochiges Langhaus mit Stichkappentonne auf Wandpfeilern, ein geplantes drittes Joch wohl aus finanziellen Gründen nicht verwirklicht. Eingezogener einjochiger Chor mit dreiseitigem Schluß, von einer Stichkappentonne mit Kappenschluß gewölbt. – Schöner Bandlwerkstuck. Die Raumfarbigkeit 1969 nach Befund erneuert (vgl. S. 91f.).

Münsterschwarzach

Ehem. Klostermühle der Benediktinerabtei
1744–1749. Zweigeschossiger Baukörper zu 13 Achsen an der Langseite, drei an der Schmalseite, Lisenengliederung, Mansarddach (vgl. S. 59f.).

Neresheim

Benediktinerabteikirche Heiligkreuz
Auftrag 1745, Bauzeit 1747–1792 (vgl. S. 118ff.).

Die Bauarbeiten nach Neumanns Tod von Dominikus Wiedemann, Johann Georg Conradi und Johann Baptist Wiedemann fortgeführt. – Kuppelmalereien von Martin Knoller 1769–1775. Stuckierung von Thomas Scheithauf 1776–1778.

Oberzell
Ehem. Prämonstratenserabtei
(jetzt Kloster der Dienerinnen der Kindheit Jesu)
Entwürfe 1742, Bauzeit 1744–1760 (vgl. S. 174f. und 176f.).

Randersacker
Gartenpavillon Balthasar Neumanns
1743 (vgl. S. 181f.).

Retzbach
Kath. Pfarrkirche
St. Laurentius
1736–1740. Bei der Ausführung eigenmächtige Vereinfachungen durch den Maurermeister Mathes Kolb. Westfassade mit halb eingezogenem Turm, von einer Zwiebelhaube gekrönt, das Ortsbild beherrschend. Dreijochiges Langhaus mit Kreuzgratgewölben auf toskanischen Pilastern zwischen flachen Wandnischen. Einjochiger eingezogener Chor mit Kreuzgratgewölbe, dreiseitiger Chorschluß mit Stichkappengewölbe. Die rechte Emporentreppe durch die zweischalig aufgebaute Westfassade noch alt. Das Äußere mit gelbgefaßtem Putz und roter Sandsteingliederung.

Saffig
Kath. Pfarrkirche St. Caecilia
1738–1742. Ausgeführt durch Johann Georg und Johannes Seiz. Fassadenturmkirche mit dreijochigem Langhaus und querhausartigen Anbauten, ursprünglich Sakristei und Ornatkammer. Im Langhaus gegurtetes Kreuzgratgewölbe. Eingezogener, gleichartig gewölbter Chor mit dreiseitigem Schluß. Separater Neubau 1958–1960.

Schonungen
Alte kath. Pfarrkirche St. Georg
1740. Entwurf aus Neumanns Baubüro. Dreiachsige Westfassade, Langhaus mit Voutendecke, Chor im übernommenen gotischen Ostturm des Vorgängerbaus.

Schraudenbach
Kath. Kirche
St. Jakobus d. Ä.
1752 nach Plan aus dem Baubüro Neumanns. Risalitartig vorspringender Fassadenturm mit eingeschnürtem Zwiebelhelm, dreiachsiges Langhaus mit Voutendecke, eingezogener einjochiger Chor – innen rund, außen dreiseitig geschlossen – mit gratigem Kreuzgewölbe und Kappenschluß. – Im Langhaus lebendiger Decken- und Wandstuck.

Seehof
Orangerie beim Schloß
1733–1737 (vgl. S. 180f.).

Tauberrettersheim
Tauberbrücke
1716, erneuert 1733 durch Neumann (vgl. S. 192ff.).

Trier
Ehem. Stiftskirche St. Paulin
(jetzt kath. Pfarrkirche)
1734–1743, Weihe 1757 (vgl. S. 89).

Unterwittighausen
Kath. Pfarrkirche Allerheiligen
Neubauentwürfe aus dem Baubüro Neumanns seit 1738 nachzuweisen. Ausführung 1739–1741 als einschiffige Fassadenturmkirche. Die Stichkappentonne auf Wandpfeilern des dreijochigen Langhauses und das Gewölbe des eingezogenen dreiseitig geschlossenen Chores 1790 wegen Baufälligkeit durch eine Voutendecke ersetzt. Die Reste gurtartiger Quertonnen der alten Einwölbung an der Eingangswand erhalten.

Veitshöchheim
Ehem. Sommerschloß der Würzburger Fürstbischöfe – Erweiterung 1749–1753 (vgl. S. 176ff.).

Vierzehnheiligen
Kath. Pfarr- und Wallfahrtskirche Mariae Himmelfahrt
1743–1772 (vgl. S. 100ff.). – Hochaltar 1768–1770 wohl nach Entwurf Johann Michael Feichtmayrs von dessen Werkstatt ausgeführt. Nebenaltäre wohl nach Entwurf Johann Jacob Michael Küchels in der Üblher-Werkstatt 1768–1770 ausgeführt. Seitenschiffaltäre aus der Werkstatt Feichtmayrs nach dessen Entwurf um 1770/71. Prachtvolle Kanzel ebenfalls aus der Feichtmayr-Werkstatt.
Die Turmhelme und das Dach 1835 durch Brand nach einem Blitzschlag in den südlichen Fassadenturm zerstört, 1838 neues, aber niedrigeres Dach. Rekonstruktion der Turmhauben im Zuge der Außenrestaurierung 1893–1910.

Waghäusel
Eremitage (heute Bürogebäude der Süddeutschen Zucker-Aktiengesellschaft, Werk Waghäusel)
Für das sechzehneckige Hauptgebäude, nach Plänen von Johann Michael Ludwig Rohrer zwischen 1723 und 1731 errichtet, entwirft Neumann 1747 ein Umbau- und Erweiterungsprojekt, wobei er im Osten und Westen zwei ungleichseitig achteckige Pavillons hinzufügt. Dieses Projekt wird verworfen. In der endgültigen Planung der Erweiterung werden die Proportionen der Anbauten verändert, zwei weitere auf der Nord- und Südseite ergänzt und alle Kranzpavillons mit Mansarddächern versehen.

Werneck
Ehem. Sommerresidenz der Würzburger Fürstbischöfe (jetzt Krankenhaus)
1733–1744 zusammen mit Johann Lucas von Hildebrandt (vgl. S. 143ff.).
Hochaltar der Schloßkapelle 1750/51 von Antonio Bossi. Seitenaltäre um 1780 und Kanzel um 1790 von Materno Bossi.

Wiesentheid
Kath. Pfarrkirche St. Mauritius
1725–1732 von Johann Georg Seiz erbaut. Neumanns Anteil ist umstritten. Ein Entwurf der Turmfassade (SE 175) von 1727 trägt seine Signatur; er stimmt jedoch mit der Ausführung nicht in allen Einzelheiten überein. Außerdem liefert Neumann einen Entwurf für das Dachwerk, den Johann Jacob Schübler im ersten Band seiner »Zimmermannskunst« (Nürnberg 1731) veröffentlicht.

Worms
Dom St. Peter (jetzt kath. Pfarrkirche)
Hochaltar 1738–1740 (vgl. S. 125ff.). Figuren von Johann Wolfgang van der Auvera 1741.

Würzburg
Dom St. Kilian
Sakristei und Ornatkammer am Hauptchor 1749 (vgl. S. 176).

Schönbornkapelle am Dom
1721–1724 und 1729–1736 (vgl. S. 53ff.). – Kuppelgemälde »Jüngstes Gericht« 1733, Altarbild »Auferstehung Christi« 1734 von Johann Rudolf Byss. Stukkaturen von Antonio Bossi. Schmiedeeiserne Prunkgitter von Johann Georg Oegg 1734/35.

Augustinerkirche (ehem. Dominikanerkirche)
1741–1744 (vgl. S. 89f.). – Die reiche Ausstattung des 18. Jahrhunderts. beim Brand der Kirche 1945 zerstört.

Kath. Wallfahrtskirche Mariae Heimsuchung auf dem Nikolausberg, »Käppele«
1748/49 (vgl. S. 109ff.). – Hochaltar 1797–1798 nach Entwurf Johann Georg Wintersteins. Seitenaltäre 1758 nach Riß Feichtmayrs. Orgel um 1750.

Ursulinenkloster (Augustinerstraße 17)
1738–1740 Neubau der Klostergebäude nach Plänen aus dem Baubüro Neumanns. 1945 ausgebrannt, Wiederherstellung 1947 ff.

Maschikuliturm der Festung Marienberg
Spätestens von 1724 an nach Plänen Maximilian von Welschs (vgl. S. 192f.).

Ehem. fürstbischöfliche Residenz
1720–1744, Ausstattung bis 1766, nach umfangreicher Zerstörung 1945 schrittweise Restaurierung und Rekonstruktion (vgl. S. 130ff.).

Hofkirche in der Residenz
1732–1743 (vgl. S. 61ff.). – Gewölbefresken von Jo-

hann Rudolf Byss. Stukkaturen von Antonio Bossi. Skulpturen der Altäre von Johann Wolfgang van der Auvera. Gemälde der Seitenaltäre »Engelssturz« und »Himmelfahrt Mariae« von Giovanni Battista Tiepolo 1752. Kanzel von Materno Bossi 1774/75.

Ehem. fürstbischöfliches Jagdzeughaus
(Zellerstraße 40).
1722. Rechteckiges, ursprünglich zweigeschossiges Gebäude mit bescheidener Architekturgliederung. An der westlichen Schmalseite ein Portal mit toskanischen Pilastern und bekrönender Diana-Gruppe von Jacob van der Auvera nach Entwurf von Anton Clemens Lünenschloß. 1922/23 stark umgebaut, der Dachstuhl in den 1960er Jahren erneuert.

Ehem. Dietricher Spital (Marktplatz 36–38)
Der allein erhaltene Nordflügel am Oberen Markt 1725–1727 errichtet nach Überarbeitung des Entwurfs von Georg Bayer durch Neumann. Dreigeschossiger Baukörper mit Mezzanin, Eckpilastern und Mansarddach.

Ehem. Domherrenhof Marmelstein
(jetzt Bischöfliches Ordinariat, Domerschulstraße 2 /Ecke Plattnergasse)
1747 (vgl. S. 187ff.). Wappenstein über dem Portal von Lucas van der Auvera 1749. Hinter der Einfahrt dreischiffiges, zum Hof offenes Vestibül mit Gewölbe auf toskanischen Säulen. 1945 ausgebrannt, wiederaufgebaut 1949.

Wohn- und Geschäftshaus (Marktplatz 14–16)
1739–1741 (vgl. S. 190f.). Im Äußeren wiederhergestellt nach Kriegszerstörung 1945.

Ehem. »Gasthof zum Hirschen«
(jetzt Dresdner Bank, Beim Grafeneckart 11)
1726–1727 (vgl. S. 185). Im Äußeren wiederhergestellt nach Kriegszerstörung 1945.

Wohnhäuser in der Burkarderstraße
Nr. 22. Dreigeschossiger, fünfachsiger Putzbau mit Mansarddach, großes Portal mit Madonna auf der hochschwingenden Bekrönung des Rahmens, um 1745. Nach Kriegszerstörung Wiederaufbau 1954. – Nr. 28–32. Reihenhausbebauung 1719 mit erstem Eigenhaus (das linke Eckhaus, Nr. 32), vgl. S. 11. Wiederhergestellt nach 1945.

Wohnhäuser in der Kapuzinerstraße
Nr. 2, Eigenhaus 1722/23 (heute Rotkreuzklinik); vgl. S. 184. – Nr. 4. Etwa gleichzeitig mit Nr. 2 entstanden (ehem. Zobelscher Hof, nachmals sog. Hueberspflege, jetzt Altersheim), die beiden Flankenmauern mit Tordurchfahrten deuten auf den Gebäudetyp Neumanns. Mittelachse der Fassade 1794 klassizistisch verändert, Portalrelief mit Darstellung der Spitalstiftung von Balthasar Heinrich Nickel. – Nr. 3. Wohnhaus des Kunstschmieds Johann Georg Oegg. Dreigeschossiger, neunachsiger Putzbau mit Mansarddach und großem Portal, ähnlich wie an Burkarderstraße Nr. 22, um 1750. Wohl unter Einfluß Neumanns.
Alle Häuser im Äußeren wiederhergestellt nach Kriegszerstörung 1945.

Wohnhäuser in der Neubaustraße
Nr. 6, 8, 10, 12. Dreigeschossige Reihenhäuser mit Mansarddach, errichtet unter Neumanns Oberleitung um 1724/25 (Nr. 6) und ab 1734 (Nr. 8, 10, 12). Nr. 10 wird Joseph Raphael Tatz zugeschrieben. Nach Kriegszerstörung 1945 im Äußeren heute wiederhergestellt.

Theaterstraße
Nr. 4. Fassade nach Neumanns Entwurf 1743. Rokokoportal mit Madonna um 1760 von Lucas van der Auvera. Das Gebäude 1945 ausgebrannt, wiederhergestellt 1947.

Zeuzleben

Kath. Pfarrkirche St. Bartholomäus
1753–1755 Neubau von Chor und Langhaus unter Einbeziehung eines älteren Turmes nach einem Entwurf aus Neumanns Baubüro. Westfassade dreiachsig durch Pilaster gegliedert, Langhaus vierachsig mit Voutendecke, zweijochiger Chor mit innen gerundetem dreiseitigem Schluß und Stichkappentonne mit Kappenschluß. – Vorzüglicher sparsamer Stuck von Antonio Bossi. Von ihm auch Altäre und Kanzel um 1755.

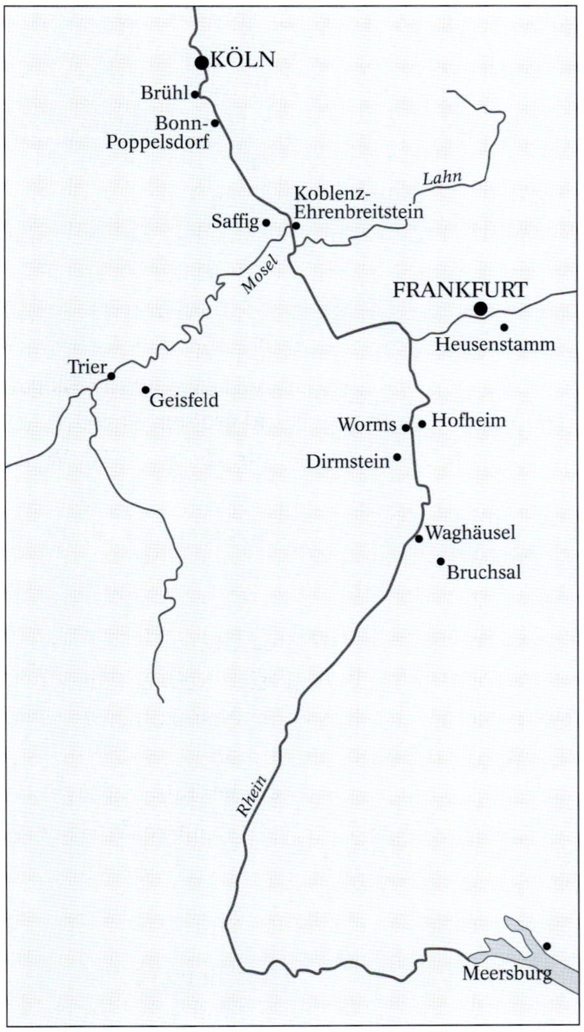
KÖLN
Brühl
Bonn-
Poppelsdorf
Koblenz-
Ehrenbreitstein
Lahn
Saffig
Mosel
FRANKFURT
Heusenstamm
Trier
Geisfeld
Worms
Hofheim
Dirmstein
Waghäusel
Bruchsal
Rhein
Meersburg

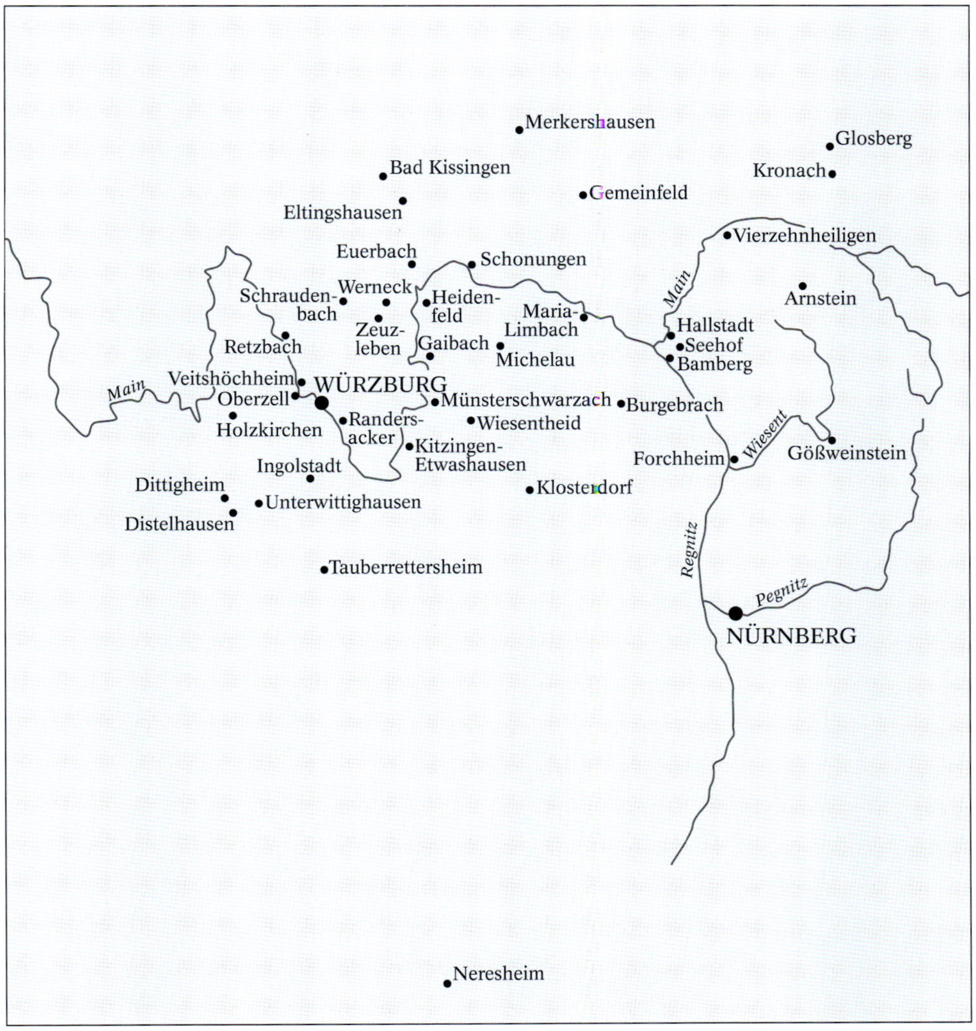
Merkershausen
Glosberg
Bad Kissingen
Kronach
Gemeinfeld
Eltingshausen
Vierzehnheiligen
Euerbach
Schonungen
Main
Arnstein
Schrauden-
bach
Werneck
Heiden-
feld
Maria-
Limbach
Hallstadt
Seehof
Bamberg
Zeuz-
leben
Retzbach
Gaibach
Michelau
Veitshöchheim
WÜRZBURG
Main
Oberzell
Münsterschwarzach
Burgebrach
Holzkirchen
Randers-
acker
Wiesentheid
Wiesent
Kitzingen-
Etwashausen
Forchheim
Gößweinstein
Ingolstadt
Dittigheim
Klosterdorf
Unterwittighausen
Distelhausen
Regnitz
Tauberrettersheim
Pegnitz
NÜRNBERG
Neresheim

Namenregister

Fotonachweis

Archiv des Autors Abb. S. 11 u., 24, 26, 33, 41, 54 o., 54 u. li., 59, 66, 73, 101 o., 103 re., 146 u., 149, 196
Außenstelle des Staatlichen Hochbauamtes I, Karlsruhe Abb. S. 168
Bayerisches Landesamt für Denkmalpflege (Foto: Maria Linseisen) Abb. S. 89
Bibliothèque Nationale, Paris Abb. S. 22
Bildarchiv Foto Marburg Abb. S. 34, 61, 203 o.
Bildarchiv Preußischer Kulturbesitz, Berlin Ft. S. 50, Abb. S. 27, 38, 70 u., 143, 147, 149 o., 150, 166 o., 167, 182 u., 185 o.
Deutsches Museum, München Abb. S. 10, 20
Generallandesarchiv Karlsruhe Abb. S. 148
Foto Gundermann, Würzburg Abb. S. 8, 88 o., 149 u., 203 u.
Lisa Hammel, Dortmund Ft. S. 84/85
Ingeborg Limmer, Bamberg Abb. S. 101 u.
Mainfränkisches Museum, Würzburg Abb. S. 86, 90, 98, 99, 109, 114 u., 120, 130 li., 131
Wolf Christian von der Mülbe, Dachau Ft. S. 4
Rolf Nachbar, Reichenberg Ft. S. 54 u. re., 121
Rheinisches Amt für Denkmalpflege, Pulheim-Brauweiler Abb. S. 21 li., 93, 125, 157
Rheinisches Bildarchiv, Köln Abb. S. 21 re., 49
Staatsarchiv Würzburg Abb. S. 25, 137
Universitätsbibliothek Würzburg Abb. S. 35, 146 o., 185 u., 187 M., 188 u., 190, 191 li. und M.
Ludwig Wamser, München Abb. S. 145
Württembergische Landesbibliothek, Stuttgart Abb. S. 198
Foto Zwicker-Berberich, Würzburg Abb. S. 11 o., 12, 60

Alle übrigen Aufnahmen stammen, sofern sie nicht den u. g. Publikationen entnommen wurden, von Florian Monheim

Max H. von Freeden, Festung Marienberg, Würzburg 1982 Abb. S. 192
Max H. von Freeden/Carl Lamb, Das Meisterwerk des G. B. Tiepolo. Die Fresken der Würzburger Residenz, München 1956 Abb. S. 79
Karl Lohmeyer, Die Briefe Balthasar Neumanns an Friedrich Karl von Schönborn, Fürstbischof von Bamberg und Würzburg, und Dokumente aus den ersten Baujahren der Würzburger Residenz, Saarbrücken 1921 Ft. S. 52
Balthasar Neumann. Leben und Werk. Gedächtnisschau zum 200. Todestage in der Residenz zu Würzburg 21. Juni – 18. Oktober 1953 Abb. S. 166 u.
Erich Schneider, Die barocke Benediktinerabteikirche Münsterschwarzach, Neustadt/Aisch 1984 Abb. S. 17
Richard Sedlmaier/Rudolf Pfister, Die fürstbischöfliche Residenz zu Würzburg, München 1923 Abb. S. 130 re., 133

Vordere Umschlagabbildung:
Würzburger Residenz. Treppenhaus

Hintere Umschlagabbildungen:
Schloß Augustusburg, Brühl.
Gartenansicht und Treppenhaus

Bibliografische Information der Deutschen Bibliothek
Die Deutsche Bibliothek verzeichnet diese Publikation in der Deutschen Nationalbibliografie; detaillierte bibliografische Daten sind im Internet über <http://dnb.ddb.de> abrufbar.

Lektorat: Karin Thomas
Layout: Birgit Haermeyer
Produktion: Marcus Muraro

Reproduktionen: Daiber GmbH, Sigmaringendorf
Druck: Rasch, Bramsche
Buchbinderische Verarbeitung: Bramscher Buchbinder Betriebe

Printed in Germany ISBN 3-8321-7167-3